“十二五”国家重点图书出版规划项目
长江黄金水道建设关键技术丛书

长江口航道淤积机理及近底水沙监测技术

戚定满　顾峰峰　王元叶　著

人民交通出版社股份有限公司
China Communications Press Co.,Ltd.

内 容 提 要

本书依托长江口深水航道整治工程，采用资料分析、近底水沙观测、数值模拟等研究手段，针对长江高浊度河段航道淤积机理及水沙监测技术等关键技术问题开展了深入、广泛的探索和研究。书中系统介绍了长江口高浊度河段大量的实测水沙基础资料和资料数据的分析处理方法、近底水沙监测的技术和方法、三维悬沙数值模拟技术和方法，并记述了相关研究成果在长江口航道近底层泥沙输运及回淤影响因子等研究分析中的应用实例。

本书可作为河口海岸工程、航道工程治理技术人员的参考书，也可供相关专业院校的师生学习参考。

Abstract

Based on deep waterway regulation engineering in the Yangtze Estuary, taking data analysis, near-bottom water and sediment observation and numerical simulation as research methods, this book profoundly explores and researches key techniques as waterway sedimentation mechanism and water and sediment monitoring techniques of the Yangtze River reaches with high turbidity, that is, it systematically introduces massive measured basic water and sediment data and their analysis and processing methods, near-bottom water and sediment monitoring techniques, numerical simulation of three-dimensional suspended sediment in high turbidity reaches of the Yangtze Estuary, it also records and narrates applications using related achievements in near-bottom sediment transport in the Yangtze Estuary and sedimentation influencing factors analysis.

Thanks to the sturdy researches and available achievements, this book can serve as reference for estuary, coast and waterway engineering technicians, as well as teachers and students of related specialties in colleges and universities.

图书在版编目 (CIP) 数据

长江口航道淤积机理及近底水沙监测技术 / 戚定满，顾峰峰，王元叶著. —北京：人民交通出版社股份有限公司，2015.12

（长江黄金水道建设关键技术丛书）

ISBN 978-7-114-12567-6

Ⅰ. ①长… Ⅱ. ①戚… ②顾… ③王… Ⅲ. ①长江口－淤积 ②长江口－含沙水流－监测 Ⅳ. ①TV882.2

中国版本图书馆 CIP 数据核字 (2015) 第 255424 号

长江黄金水道建设关键技术丛书

书　　名：长江口航道淤积机理及近底水沙监测技术
著 作 者：戚定满　顾峰峰　王元叶
责任编辑：韩亚楠　丁润铎
出版发行：人民交通出版社股份有限公司
地　　址：（100011）北京市朝阳区安定门外外馆斜街 3 号
网　　址：http://www.ccpress.com.cn
销售电话：（010）59757973
总 经 销：人民交通出版社股份有限公司发行部
经　　销：各地新华书店
印　　刷：北京盛通印刷股份有份公司
开　　本：787 × 1092　1/16
印　　张：14.25
字　　数：320 千
版　　次：2015 年 12 月　第 1 版
印　　次：2015 年 12 月　第 1 次印刷
书　　号：ISBN 978-7-114-12567-6
定　　价：45.00 元

《长江黄金水道建设关键技术丛书》
审定委员会

《长江黄金水道建设关键技术丛书》主要编写单位

交通运输部长江航务管理局

交通运输部水运科学研究院

南京水利科学研究院

交通运输部长江口航道管理局

交通运输部天津水运工程科学研究院

中交第二航务工程勘察设计院有限公司

武汉理工大学

重庆交通大学

长江航道局

长江三峡通航管理局

长江航运信息中心

上海河口海岸科学研究中心

《长江黄金水道建设关键技术丛书》编写协调组

组　长　杨大鸣（交通运输部长江航务管理局）

成　员　高惠君（交通运输部水运科学研究院）

裴建军（交通运输部长江航务管理局）

丁润铎（人民交通出版社股份有限公司）

序

（为《长江黄金水道建设关键技术丛书》而作）

河流，是人类文明之源；交通，推动了人类不同文明的碰撞与交融，是经济社会发展的重要基础。交通与河流密切联系、相伴而生。在古老广袤的中华大地上，长江作为我国第一大河流，与黄河共同孕育了灿烂的华夏文明。自古以来，长江就是我国主要的运输大动脉，素有“黄金水道”之称。水路运输在五大运输方式中，因成本低、能耗少、污染小而具有明显的优势。发展长江航运及内河运输符合我国建设资源节约型、环境友好型社会以及可持续发展战略的要求。目前，长江干线货运量约 20 亿 t，位居世界内河第一，分别为美国密西西比河和欧洲莱茵河的 4 倍和 10 倍。在全面深化改革的关键期，作为国家重大战略，我国提出“依托长江黄金水道，建设长江经济带”，长江黄金水道又将被赋予新的更高使命。长江经济带覆盖 11 个省（市），面积 205.1 万 km^2，约占国土面积的 21.4%。相信长江经济带的建设将为“黄金水道”带来新的发展机遇，进一步推动我国水运事业的快速发展，也将为中国经济的可持续发展提供重要的支撑。

经过 60 余年的努力奋斗，我国的内河航运不断发展，内河航道通航总里程达到 12.63 万 km，航道治理和基础设施建设不断加强，航道等级不断提高，在我国的经济社会发展中发挥了不可估量的作用。长江口深水航道工程的建成和应用，标志着我国水运科学技术水平跻身国际先进行列。目前正在开展的长江南京以下 12.5m 深水航道工程的建设，积累了更多的先进技术和经验。因此，建设长江黄金水道具有先进的技术积累和充足的实践经验。

《长江黄金水道建设关键技术丛书》围绕“增强长江运能”这一主题，从前期规划、通航标准、基础研究、航道治理、枢纽通航，到码头建设、船型标准、安全保障与应急监管、信息服务、生态航道等方面，对各项技术进行了系统的总结与著述，既有扎实的理论基础，又有具体工程应用案例，内容十分丰富。这套丛书是行业内集体智慧之力作，直接参与编写的研究人员近 200 位，所依托课题中的科研人员超过 1 000 位，参与人员之多，创我国水运行业图书之最。长江黄金水道的建设是世界级工程，丛书涉及的多项技术属世界首创，技术成果总体处于国际先进水平，其中部分成果处于国际领先水平。原创性、知识性和可读性强为本套丛书的突出特点。

该套丛书系统总结了长江黄金水道建设的关键技术和重要经验，相信该丛书的出版，必将促进水运科学领域的学术交流和技术传播，保障我国水路运输事业的快速发展，也可为世界水运工程提供可资借鉴的重要经验。因此，《长江黄金水道建设关键技术丛书》所总结的是我国现代水运工程关键技术中的重大成就，所体现的是世界当代水运工程建设的先进文明。

是为序。

南京水利科学研究院院长
中国工程院院士
英国皇家工程院外籍院士
张建云

2015年11月15日

前　言

长江口深水航道治理工程是我国水运建设事业的伟大壮举。“治理长江口，打通拦门沙”，充分发挥长江黄金水道优势，是伟大革命先行者孙中山先生的治国理想，也是几代科技工作者、仁人志士长达50多年孜孜以求的抱负和夙愿。2010年3月14日，作为国家“十一五”期重点工程，长江口深水航道治理三期工程正式交工验收。长江口实现了12.5m深水航道全槽贯通并开始试验通航。这项历时12年、几代领导人均十分关注的世界级大型河口整治工程将全面发挥其整体效益，成为长三角地区经济发展及经济带形成的助推器。但是长江口航道由于同时受到流域来沙和本地滩涂泥沙的不断补给和海域涨潮流输沙的影响，宽阔的河口区域水体含沙量通常较大，形成较为明显的泥沙浓度高于上下游区域的浑浊带，使得河口航道淤积明显，并呈现较为明显的中段“集中”特征，需常年疏浚维护。航道淤积问题是长江口深水航道维护乃至长江口沿岸经济发展的瓶颈性问题。针对长江口航道回淤泥沙以悬移质泥沙占主体，最大浑浊带含沙量高、泥沙粒径细和垂线分布随潮汐动力变化极不均匀、底部出现几十倍于垂线平均值的高浓度特点，开展长江口航道淤积机理及近底水沙监测技术研究具有十分重要的意义。

本书主要内容依托于长江口深水航道整治工程，采用资料分析、近底水沙观测、数值模拟等研究手段开展长江口航道淤积机理及近底水沙特性研究。书中系统介绍了长江口大量的近底水沙观测基础资料和资料数据的分析处理方法、近底水沙特性、长江口三维水沙盐数学模型及其长江口航道淤积机理研究成果。

本书各章节编写分工如下：前言、第1章、第2章由戚定满编写，第3章～第6章由王元叶编写，第7章～第10章由顾峰峰编写，第11章由戚定满编写。本书的编写得到交通运输部西部项目管理中心的关心和帮助，得到了长江航道局的大力支持和协助，同时也得到行业内有关专家的热情帮助与指导，在此谨向各级领导和专家表示衷心感谢！

本书列举了长江口航道治理工程阶段大量、翔实的实测资料，提供了长江口航道治理工程研究的实例，书中内容科研扎实、成果可靠，可作为河口海岸航道工程治理技术人员的参考书。热忱欢迎专家学者和读者对本书的缺点、不足甚至错误提出宝贵的指正意见。

作　者

2015 年 8 月

目录

1 概 述

1.1 长江口航道淤积问题提出

长江口是典型的多沙高浊度河口，呈多级分汊型态势，受中等强度潮汐影响，径流潮流作用明显，泥沙运动特性复杂，河口动力过程和地形地貌演变过程在世界众多河口中显现出独特的运动规律。经过几代人近 50 多年艰苦的科研攻关和 12 年的系统治理，举世瞩目，也是迄今为止我国最大的水运工程——长江口深水航道治理工程（图 1–1）于 2010 年 3 月成功实现长 92.2km、宽 350 ~ 400m、水深 12.5m 航道的顺利贯通，并通过了交通运输部组织的交工验收。经过为期一年的试通航，长江口深水航道已进入正式通航阶段。

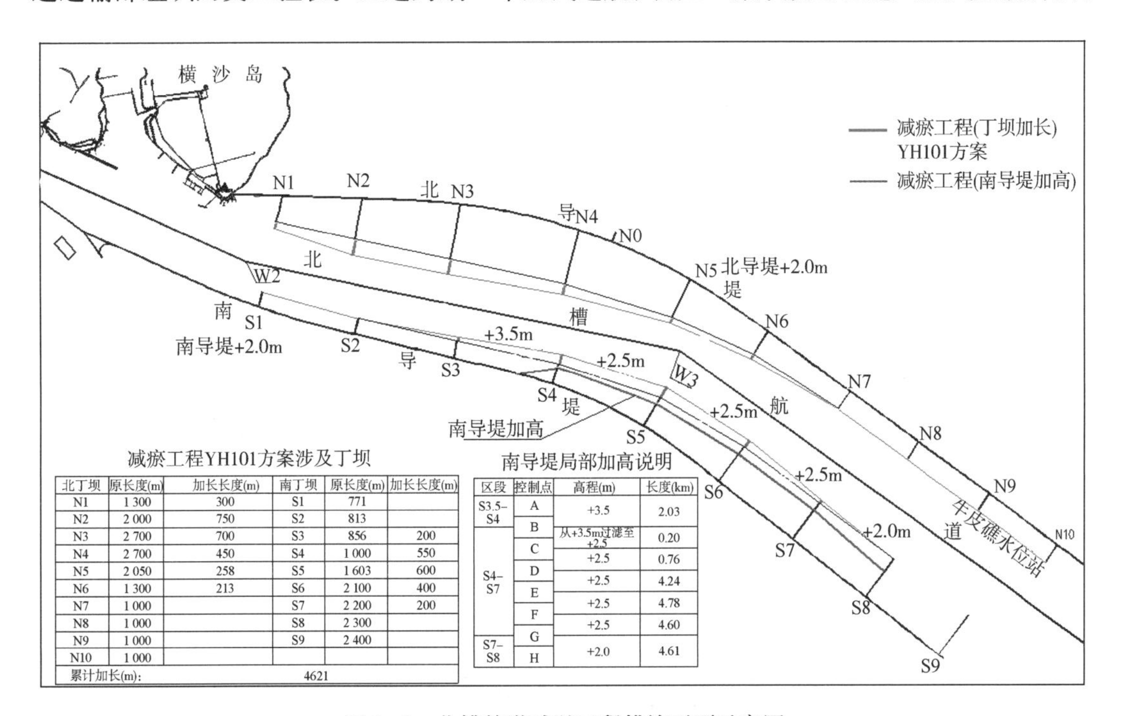

减瘀工程YH101方案涉及丁坝

北丁坝	原长度(m)	加长长度(m)	南丁坝	原长度(m)	加长长度(m)
N1	1 300	300	S1	771	
N2	2 000	750	S2	813	
N3	2 700	700	S3	856	200
N4	2 700	450	S4	1 000	550
N5	2 050	258	S5	1 603	600
N6	1 300	213	S6	2 100	400
N7	1 000		S7	2 200	200
N8	1 000		S8	2 300	
N9	1 000		S9	2 400	
N10	1 000				
累计加长(m):			4621		

南导堤局部加高说明

区段	控制点	高程(m)	长度(km)
S3.5–S4	A	+3.5	2.03
	B	从+3.5m过滤至+2.5	0.20
S4–S7	C	+2.5	0.76
	D	+2.5	4.24
	E	+2.5	4.78
	F	+2.5	4.60
S7–S8	G	+2.0	4.61
	H		

图 1–1 北槽航道减淤工程措施平面示意图

注：图中粉红色和蓝色线分别为三期工程中的 YH101 和南导堤加高工程。

长江口深水航道治理工程建设中，解决了一系列重大技术难题，形成了一整套的技术创新成果，是国内外大型河口治理的成功典范，为国内水运工程及其他相关工程领域的技术进步起到巨大的示范和推动作用。目前，长江口总体河势较为稳定；已建整治建筑物保持稳定，持续发挥着“导流、拦沙、减淤”的功能；深水航道航槽稳定、回淤量可控。2010 年 3 月交工验收以来，成功经受了洪季长时间大流量和“圆规”等台风的考验，到目前为止，长江口 12.5m 航道水深保持了 100%的通航深度保证率。今后，长江口深水航道还将为我国经济社会的可持续发展发挥日益巨大的保障和促进作用。

长江口航道由于同时受到流域来沙和本地滩地泥沙的不断补给和海域涨潮流输沙的影响，宽阔的河口区域水体含沙量通常较大，明显形成泥沙浓度高于上下游区域的浑浊带，使得长江口航道淤积明显，并呈现较为明显的中段“集中”特征，需常年疏浚维护。

根据试通航期现场监测和数学模型计算，深水航道三期工程 12.5m 航道贯通后，航道年回淤量仍维持在 6 000 万 m^3 以上，加上台风的骤淤，每年需投入的疏浚费用在 10 亿元以上。同时，台风和洪水还有可能造成航道一度淤浅，影响航道畅通，不利于上海国际航运中心和长江黄金水道的建设。因此，航道淤积问题是长江口深水航道维护乃至长江口沿岸经济发展的关键性问题。针对长江口航道回淤物质以悬移质泥沙占主体、最大浑浊带含沙量高、泥沙粒径细和垂线分布随潮汐动力变化极不均匀、底部出现几十倍于垂线平均值的高浓度等特点，开展长江口航道淤积机理及近底水沙监测技术研究具有重要意义，其研究成果可丰富工程泥沙、港口航道工程治理的理论与实践，也是开展航道减淤技术研究的基础。本书在总结前人研究成果的基础上，系统分析长江口深水航道治理工程实施以来 10 多年丰富的现场水文、地形、航道回淤实测资料，研究长江口航道回淤原因及机理、建立符合长江口特点的三维水沙盐数值模型、研究径流、潮流、整治建筑物对北槽航道回淤的影响，并在此基础上结合近底水沙观测技术，开展长江口现场水文泥沙调查，获取近底水沙资料，弄清床面冲淤变化规律，为国内外类似河口航道治理与开发提供经验。

1.2　长江口近底水沙监测技术研究现状

相对于使用传统海流计观测水流流速，使用声学多普勒流速剖面仪（ADCP）可做到高分辨率、无扰动的高效水流流速观测，且现场操作及数据处理均十分简便，故该类型的设备在河川、海洋水文观测中已得到了广泛应用。考虑到 ADCP 测流的声学原理，一些学者很早就意识到它具有观测水体悬沙浓度剖面的潜力，并开始了相关的理论研究及应用尝试[1, 2]。

ADCP 接收到的回声强度并不能直接用于反演悬沙浓度，由于声信号在水体中运行的过程中能量会发生损耗及吸收（包括水体吸收、泥沙吸收、能量扩散等），故在应用时需要对回声强度进行能量损耗补偿，推算出各水层的声学后向散射强度，然后才能使用声学后向散射强度反演悬沙浓度。而声学能量损耗与环境因素及仪器参数有关，例如悬沙浓度、水体含盐度、水体温度、水压以及仪器功率、换能器体积、频率等。早期的研究多数只考虑水体吸收、声束扩散造成的能量损耗，而忽略了泥沙吸收、换能器近场能量扩散等损耗项，故补偿结果并不理想。

Jay 等[13]在研究中引入考虑换能器近场能量扩散的补偿方法，以期得到更好的计算结果；而 Holdaway[14] 则在利用 ADCP 估测悬沙浓度时引入了泥沙吸收补偿，并对 ADCP 及透射式浊度计的悬沙浓度测量结果进行了比较，认为 ADCP 的测量结果与浊度计结果相近，具有直接测量悬沙浓度的潜力；Hill 等 [15] 在研究中同时考虑了近场能量扩散及泥沙吸收补偿。前期这些研究仅针对短期悬沙浓度估测，Gartner[16] 在美国加州旧金山湾应用此技术开展中长期悬沙浓度估测，将 ADCP 观测得到的悬沙浓度与光学后散射探头的结果进行比较，偏差为 8% ~ 10%。国内研究方面，为了探讨低悬沙浓度条件下使用宽幅 ADCP 走航观测悬沙浓度的可行性，汪亚平等 [17] 在胶州湾口门进行了相关现场观测研究，所得悬沙浓度的相对误差为 32%，与目前的测沙手段相当，故可认为在走航状态和低悬沙浓度条件下，用 ADCP 测定悬沙浓度是可行的。高建华等 [18] 将 ADCP 悬沙浓度观测技术应用于长江口，借此分析得到了长江口悬沙输运的一般规律。由于目前的研究表明声学能量损耗受悬沙粒径的影响较大，兰志刚等 [19] 利用现场粒径分析仪 LISST—100 结合 ADCP 观测，提出了基于现场粒径观测的修正计算方法。原野等 [20] 在其研究的基础上，讨论了 LISST—100 结合 ADCP 观测方法在黄河口的应用及观测成果的相关影响因素。

在理论计算模型方面，Thorne 和 Hanes[21] 根据多年的 ADCP 测沙研究结果，提出随机相位声学后散射模型（random phase acoustic backscatter model），用于建立后散射强度与悬沙浓度的关系。Merckelbach[22] 发现将随机相位声学后散射模型应用于强流环境时测得的悬沙浓度偏大，故其在该模型的基础上发展，提出了高频 ADCP 在强流环境下的转换模型。

1.3 长江航道淤积机理研究现状

长江口航道淤积的动力机理的描述，包括了水、沙运动的基本运动规律等研究内容，即复杂的泥沙起动、水流挟沙力、床面形态和阻力等研究。在现阶段，常用的主要理论和公式都是在恒定均匀流条件下建立起来的，而实际上泥沙都是在非恒定非均匀流中输运、输移的，人们往往只能通过采用经验关系估算泥沙起动、悬移质输沙率、推移质输沙率、水流挟沙力、泥沙沉速、阻力系数等，这些参数的选择又必须要把微观运动力学与宏观河床演变的关系进行结合才能把握准确的方向，进而使得这类河口航道淤积的动力机理研究比较复杂。

1.3.1 河口航道淤积动力机理的数值模拟方法

研究河口航道淤积的动力机理，往往需要在对水沙运动规律进行深入研究的基础上发展和完善非恒定非均匀不平衡泥沙输移数学模型；通过数值模型对动力机理进行验证和反演，分析和评价影响高浊度航道淤积的动力指标。数值模拟的过程实际就是对水沙动力机理的认识、研究和描述的过程，所以深入开展基础理论研究、资料分析研究以及提高数值模拟技术，对高浊度河口航道淤积的动力机理研究、发展水流泥沙基本理论研究和解决工程实际问题都具有重要的意义。

现有航道泥沙回淤数值模拟技术，无论是利用经验公式计算还是实际泥沙场模拟来计算泥沙回淤情况，基本都是建立在描述泥沙输运的对流扩散方程的基础上，其中包括了水平 x、y 和垂线 z 三个方向的泥沙运动。在利用泥沙输运模型开展的泥沙数学模拟研究方面，目前工程上由于考虑计算量，所以基本以二维模型为主；但随着计算机水平和研究技术的发展，三维泥沙数值模拟也逐步得到运用。

在以单向流为主的内河航道中，流量变化相对较小，纵向水面坡降接近水流能坡，水流接近均匀流，水体含沙量基本接近饱和平衡输沙状态，水平方向的泥沙交换相对垂线泥沙输运来说是个小量，因此，通常可以利用忽略水平输运的垂线泥沙运动方程来控制垂线泥沙分布。但对于长江口这样的河口地区来说，潮汐和径流双重作用下的水流和泥沙纵向分布差异较大，纵向断面流速分布偏离均匀流，存在明显的水沙水平方向的净输运，因此必须同时考虑泥沙的水平及垂线输运。

在水平方向上，二维泥沙输运以垂线平均流速和含沙量来计算泥沙水平运动交换，建立在水流和泥沙的垂线分布基本符合一定规律的基础之上；其中流速垂线分布一般可以用对数及指数分布来描述，并假设泥沙垂线分布应与流速分布相对应。在黄骅港区域内，由于平均流速较小，使得水沙的水平输运较小，从而使得航道泥沙回淤的问题和泥沙垂线交换密切相关。在长江口，水平流速较大且纵向分布差异较大，水、沙净输运较为明显，而且潮汐河口的水沙的垂线分布瞬时变化剧烈，使得泥沙水平输运计算的运用局限性也较为明显。对于不符合泥沙垂线分布一般规律的底部泥沙，以底部高浓度或底沙来单独考虑是较为常用的一种方法。

在垂线方向，计算泥沙的悬浮和沉降可从能量守恒的角度得到理论计算公式，也可以从底部切应力出发得到常用的经验公式，即通常所说的挟沙力及切应力两种模式。两者分别以挟沙力[23～26]及临界起动、止动剪切力[23，24]来判断泥沙冲刷、落淤及动态平衡状态；前者国内应用较为普遍，如黄骅港[23，24，27]；后者国外应用较多，包括 MIKE21 及 Delft3D 等国外成熟商业软件也采用这种模式。这两种计算模式中的计算参数及计算公式，如泥沙沉速，临界底部起、止动（淤积）剪应力，挟沙力公式，恢复饱和系数等的确定较为关键。

当采用由挟沙力控制的泥沙底边界计算模式时：首先，由于特定区域的潮汐、径流及波浪特征不同，通常需要率定本区域适用的水流挟沙力公式[28～34]；其次，长江口的泥沙中值粒径较细，易起悬、难落淤，适用非平衡输沙理论描述。非平衡输沙过程中含沙量沿程恢复饱和问题较为复杂，韩其为通过实测资料及理论推导平衡时的恢复饱和系数介于 0.02 与 1.78 之间[30]，其余学者研究推荐的值也基本在 0.45 ～ 1.5 范围之间[31～33]。关于泥沙沉速的取值，长江口泥沙静水沉速根据中值粒径通常取值在 0.0005m/s 左右，但由于北槽地区受到盐度及水温的影响，絮凝沉速不容忽视，根据泥沙垂线分布曲线推算[35～37]，洪、枯季的泥沙沉速的比值可达 1.5[38]，因此，窦国仁院士的全沙模型对北槽深水航道一期工程的回淤进行预测时，对洪、枯两季选取不同沉速来进行计算。

当采用切应力控制时：首先，冲刷系数取值较为关键，通常采用试验室或现场冲淤平衡计算来率定，取值一般在 2.0×10^{-4} ～ 4.0×10^{-3}kg/m^2/s[39] 之间，但按杭州湾的资料显示 m 取值为 0.30×10^{-4}kg/m^2/s[40]。其次，临界底部起、止动（淤积）剪应力的确定一般采用试验的方法，如曹祖德对黄骅港不同细颗粒泥沙进行的环形水槽试验[23]；对于起动剪应力，窦国仁院士[42]通过理论推导了考虑水头的泥沙起动应力理论公式，其结果和万兆惠[43]的试验发现一致。

天然情况下水流一般都是处于非恒定非均匀流条件，不同区域水流非均匀性的不同对泥沙参数取值有所影响。相对均匀流来说，针对非恒定非均匀流的水流及泥沙运动的国内外研究成果相对较少，目前的研究理论也还很不成熟。然而，非恒定非均匀流回淤数值模拟研究是河口航道必须面对的难题之一。近年来，随着水沙数值模拟研究的发展，非恒定非均匀流条件下，床面剪应力、糙率系数，及冲刷和淤积的临界剪应力等值的选取与计算方法的研究受到越来越多学者的重视。例如：非恒定非均匀流条件下河口地区水体，受潮汐作用下的流速或盐度梯度的影响，垂向上动量交换较之均匀流有明显差异，从而造成床面剪应力的变化；根据荷兰水利研究院的相关研究，落潮时和在最大浑浊带，这种效应尤为突出：落潮时床面剪应力将减小约 40%。实际床面剪应力的减小将会导致计算淤积量的增加，其中包括了浮泥对航槽回淤影响的增加。但一般水深平均的数学模型中，并不能直接考虑流速或是盐度的垂向梯度所引起的水流结构的变化，因此，在应用切应力 Partheniades 和 Krone 公式时，需要改变冲刷和淤积的临界剪应力。乐培九[45～46]的研究结果也表明：恒定非均匀流条件下实际床面剪应力的计算以及垂向流速分布，可分解为均匀流和垂向环流带来的“次生流”两者的综合；这种非均性可解释潮汐河口的某些现象，如涨水时冲、落水时淤、流量变率愈大冲淤幅度也愈大；海滩上的航槽，当其与潮流有一定夹角时，涨潮流的迎水坡受涨潮及逆坡双重加速影响，冲刷加剧，落潮流的背水坡受落潮及水流扩散双重减速影响，淤积加剧。宋志尧[47]从曼宁系数的差异出发，考虑潮流垂线分布的不均匀性，对二维潮流运动方程的非恒定非均匀流的底床摩阻系数进行了修正，考虑了河床组成、水深分布、水面升降和流向等对糙率的影响。

1.3.2 河口航道淤积特有的底部高浓度泥沙特征分析

从笼统的概念上来说，底沙为在底部输运的泥沙，既为底部就不会与上层泥沙进行交换；一般认为是在河床上跳跃移动，但又无法进入上层参与悬浮的泥沙为底沙。对于内河来说，动力纵向变化相对均匀，底沙只在底部输移，可以利用专门针对底沙的输移方程，可参见窦国仁院士推导的底沙输运公式。

然而，对于长江口来说，存在底沙吗？显然也有，沙粗不足以被悬浮的泥沙总是存在的。但拦门沙航段航道中淤积物是主要底沙输移的结果吗？实测资料显示：不是。长江口的潮汐动力足以使航道淤积泥沙中绝大部分粒径的泥沙悬浮，以悬浮的泥沙输移的形式运动，这种悬浮运动和水体移动一样快速。因此，在长江口，存在任何时刻都无法被悬浮的较粗底沙输移，其本身相对悬浮泥沙的输运的量占比很小。在长江口，任何计算以底沙回淤为航道主要回淤原因之一的结果，均不很妥当。

那底部高浓度泥沙是从哪里来的？必然是上下左右输运来的，但是以什么形式输运过来的，学者意见不一。长江口细颗粒泥沙的来源必然是水平输移形成，但现有的实测资料并不足以说明底部高浓度较细颗粒泥沙的贴底输运，更可能的是由于垂线泥沙运动而形成。

通常，在泥沙浓度高且动力变化幅度大的区域，在动力由大到小变化时，饱和状态的挟沙力值通常是变化很大的，可达几公斤每立方米，因此，反映到泥沙浓度上，其值变化也会较大。假设10m水深时（图1–2），上层悬沙含沙量由2kg/m³变化到1kg/m³（假设近底泥沙浓度测不到而不计）时，如底部泥沙没有达到临界淤积应力（细颗粒泥沙临界淤积应力较小），则不存在泥沙落淤到河床现象；不考虑水平净输移，又假设底部高浓度泥沙厚度1m，则垂线泥沙交换促使1m内泥沙浓度增幅达到9kg/m³。由此可见，垂线泥沙交换可轻易形成底部高浓度泥沙层。

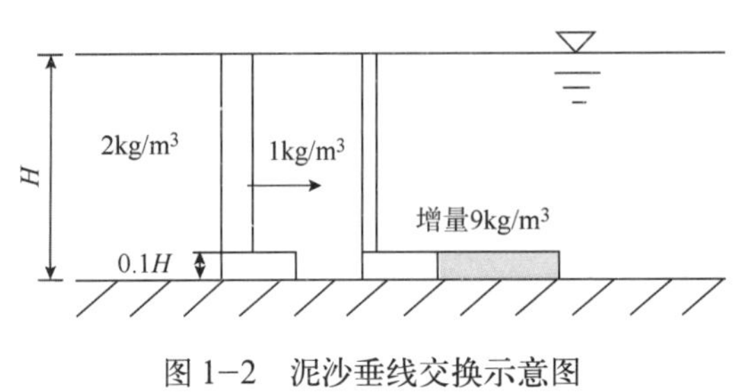

图1–2　泥沙垂线交换示意图

H—水深

上面的例子表明，大量的泥沙在水动力较强时，运动以水平输移的形式为主；当水动力较小时，泥沙逐步在底部汇聚，高浓度的泥沙在底部流速较小使得泥沙输运速度大大减小。在憩流时刻以高浓度泥沙的形式落淤，此时泥沙运动以垂线输运的形式为主。以长江口憩流时间为1h为例，根据泥沙沉降速度0.000 5～0.001m/s的范围，其对于航道回淤起作用的泥沙分布在底部1.8～3.6m的范围内，显然考虑底部泥沙浓度比考虑平均含沙量更加有意义。

准确模拟高浓泥沙形成的位置，即可推断航道回淤主要淤积部位。这种位置移动，显然和动力场密切相关。这里动力场的变化，最主要的还是与纵向分布有关，但也受到包括了某一天内的潮汐变化，大、中、小潮，上游流量等大小变化，以及口外旋转流形成的横向输移的影响。如果航道回淤总是以底部高浓度泥沙的形式落淤于河床形成，则传统的以断面平均含沙量和挟沙力控制的底部泥沙通量计算方法显然有误差的。

1.3.3　长江口航道淤积明显的洪、枯季差异分析

长江口航道淤积洪、枯季差异与泥沙沉速以及动力对不同粒径泥沙的自然分选密切关联。不同粒径的泥沙临界起动流速和淤积流速不同：一般细粒径泥沙中，相对较粗的泥沙由于受力面积较大，通常易于起动，又由于沉速较大而易于落淤。因此，洪季泥沙细于枯季，其可能的主要原因是：由于洪季平均动力强于枯季，洪季细颗粒泥沙占比将会增加。另外，洪季粗颗粒泥沙的沉速增幅要大于细颗粒泥沙，更易于落淤，水体中细颗粒泥沙含量进一步增大。这和实测的粒径资料相吻合。

洪枯季明显不同的温度差异也会对泥沙沉速产生明显的影响，不同粒径的泥沙沉速随温度的变化见表1–1。由于水的黏性变化，洪季的沉速普遍增大，泥沙的垂线输运速度加快，底部高浓度泥沙的浓度显著提高。因此，洪季回淤量的大大增加将不单纯是和泥沙沉速的线性相关，一般认为其受洪季絮凝沉速的影响的观点也并不全面，泥沙沉速变化导致的泥

沙垂线分布变化和底部高浓度的泥沙的差异，以及由此造成的水平输移的不同最终导致最大浑浊带位置偏移，也是洪枯季回淤量出现巨大差异的重要影响因素之一。实测资料显示：浑浊带区域通常只有在洪季才会出现较为明显的底部高浓度沙，这与上述分析的规律较为一致。

泥沙控制参数计算示例 表 1-1

中值粒径(mm)	起动流速(m/s)	起动应力(0.02mm 粒径泥沙与之)比值	泥沙沉速 ω(mm/s)	泥沙沉速 ω(mm/s)	泥沙沉速 ω(mm/s)	泥沙沉速 ω(mm/s)	泥沙沉速 ω(mm/s)	泥沙沉速 ω(mm/s)
			υ=1.52 T=5℃	υ=1.31 T=10℃	υ=1.14 T=15℃	υ=1.00 T=20℃	υ=0.89 T=25℃	υ=0.8 T=30℃
0.02	1.084	1	0.17	0.19	0.22	0.25	0.28	0.32
0.03	0.908	1.425	0.37	0.44	0.50	0.57	0.64	0.71
0.04	0.81	1.79	0.67	0.77	0.89	1.01	1.13	1.26
0.05	0.750	2.09	1.04	1.21	1.38	1.57	1.76	1.97

注：υ——不同温度条件下的运动黏性系数。

另外，从表 1-1 也可以看出，随着动力的强弱变化，不同泥沙粒径所占比重也是动态变化的，不同粒径将对应不同的泥沙沉速、泥沙垂线分布规律和底部高浓度特征。因此，不进行泥沙粒径分组的复杂计算，任何单一粒径的泥沙数学模型都只是近似，需要按洪枯季、不同区域分别选取不同参数。

由上简述可知，目前条件下针对河口航道地区的水沙动力机理的基础研究和数值模拟技术，已经具备了相对较为完整的理论基础，即对水沙运动规律的机理和过程的数学描述是完整的；然而实际计算过程中，由于计算的复杂性和考虑到效率只能对某些过程进行概化，而不同情况下模型选用的计算参数变化范围较大，具有明显的经验性，经常需要根据当地的实际情况来选取。这也反映了上述理论研究在应用时需要考虑其理论假设的局限性，所以机理理论研究还需要通过不断的理论分析研究，进行进一步的修正。如非均匀流条件下的床面剪切应力的计算方法调整、阻力系数的修正、泥沙沉速的调整、泥沙垂线分布规律曲线模型的优化等，这些都对航道淤积的动力机理描述和数值模型模拟航道回淤提出了更高的技术要求，也使得任何地区适用的理论研究成果和数值模型应用都越来越依赖仔细的机理研究和全面的实测资料分析。

2 长江口深水航道治理工程介绍

2.1 长江口深水航道工程建设情况

按照国务院“一次规划，分期建设，分期见效”的要求，长江口深水航道治理工程分三期实施（表 2–1）。一期工程航道实现 8.5m 水深，航道底宽 300m；二期工程航道水深增深至 10m，航道底宽 350 ~ 400m；三期工程进一步增深至 12.5m，航道底宽 350 ~ 400m。自 1998 年 1 月 27 日一期工程开工以来，经历了 12 年、共三期工程的艰苦建设，工程建设目标已全面实现。长江口南港北槽河段共建造导堤、丁坝等整治建筑物 169.165km，完成基建疏浚方量约 3.2 亿 m^3，航道水深由 7m 逐步增深至 12.5m。2010 年 3 月 14 日，长江口深水航道治理三期工程交工验收，全长 92.2km、宽 350 ~ 400m、水深 12.5m 的长江口深水航道全面建成，长江口航道建设实现了历史性的突破。

长江口深水航道治理工程主要建设内容一览表 表 2–1

实施阶段		一期工程		二期工程		三期工程		合计	
		计划	实际	计划	实际	计划	实际	计划	实际
分流口	南线堤（km）	1.6	1.6					1.6	1.6
	堵堤（km）	0.73	0.73						0.73
	潜堤（km）	3.2	3.2					3.2	3.2
南导堤（km）		20	30	18.08	18.08			48.08	48.08
北导堤（km）		16.5	27.89	21.31	21.31			49.2	49.2
护滩丁坝及促淤潜堤（km）		0.5	0.5	8.09	8.09			8.59	8.59
长兴潜堤（km）						1.84	1.84	1.84	1.84
南坝田挡沙堤（km）							21.22		21.22
丁坝	数量（座）	6	10	18	14		11		19
	总长（km）	9.17	11.19	20.51	18.90		4.62		34.71
航道疏浚长度（km）		44.8	46.13	59.77	59.5	92.2	92.2	92.2	92.2
航道长度（km）		51.77	51.77	73.45	74.471	92.2	92.2	92.2	92.2
疏浚量（万 m^3）		4 684	4 386	6 854	5 921	17 208	21 849	28 746	32 156

目前，长江口总体河势较为稳定，已建整治建筑物稳定、持续地发挥着“导流、拦沙、减淤”的功能；2010 年 3 月交工验收以来，成功经受了洪季长时间大流量和“圆规”等台风的考验，到今年为止，长江口 12.5m 航道水深保持了 100%的通航保证率。今后，长江口深水航道还将为我国经济社会的可持续发展发挥日益明显的保障和促进作用。

一期工程于2002年9月竣工验收，共兴建整治建筑物75.11km。其中鱼嘴及堵堤5.53km；南、北导堤57.89km，丁坝11.19km，其他护滩堤坝0.5km；开挖8.5m水深航槽51.77km，完成基建疏浚工程量共4 386m^3。与“工可”相比，一期工程主要新增了一期完善段工程，工程内容包括延长南北导堤21.39km，建设丁坝4座共5.2km。

二期工程于2005年11月竣工验收，共兴建整治建筑物66.374km。其中导堤39.39km，丁坝18.9km（新建下游段南北丁坝9座，续建上游段北侧丁坝5座），北导堤外促淤潜堤8.087km，开挖10m水深航槽74.471km，完成基建疏浚工程量共5 921万m^3。二期工程实际完成工程量与“工可”基本一致，其中完成航道疏浚量较“工可”的6 854万m^3略有减小。

三期工程于2010年3月交工验收，共兴建整治建筑物27.681km。其中导堤（即南坝田挡沙堤、长兴潜堤）23.06km，丁坝4.621km（延长N1～N6，S3～S7共11座丁坝），开挖12.5m水深航槽92.2km，完成基建疏浚工程量共21 849万m^3。与“工可”相比，三期工程增加了减淤工程的建设，包括调整丁坝4.621km和南坝田挡沙堤21.22km，疏浚工程量增加了4 600万m^3。

除整治建筑物和航道疏浚外，长江口深水航道治理工程还新建、调整吹泥站4座，灯桩基础53座，灯浮48个，建设灯船1座，新建长江口潮位站1座，完成了外高桥施工基地和横沙施工基地的建设，新建航标航政巡逻艇1艘，保证了工程的建设和安全运营，增强了长江口深水航道的保障能力。

一期工程位于北槽中上段（图2-1），主要包括分流口工程，南、北导堤工程（部分），丁坝工程（部分），疏浚工程等。长51.77km的航道目标水深为8.5m。

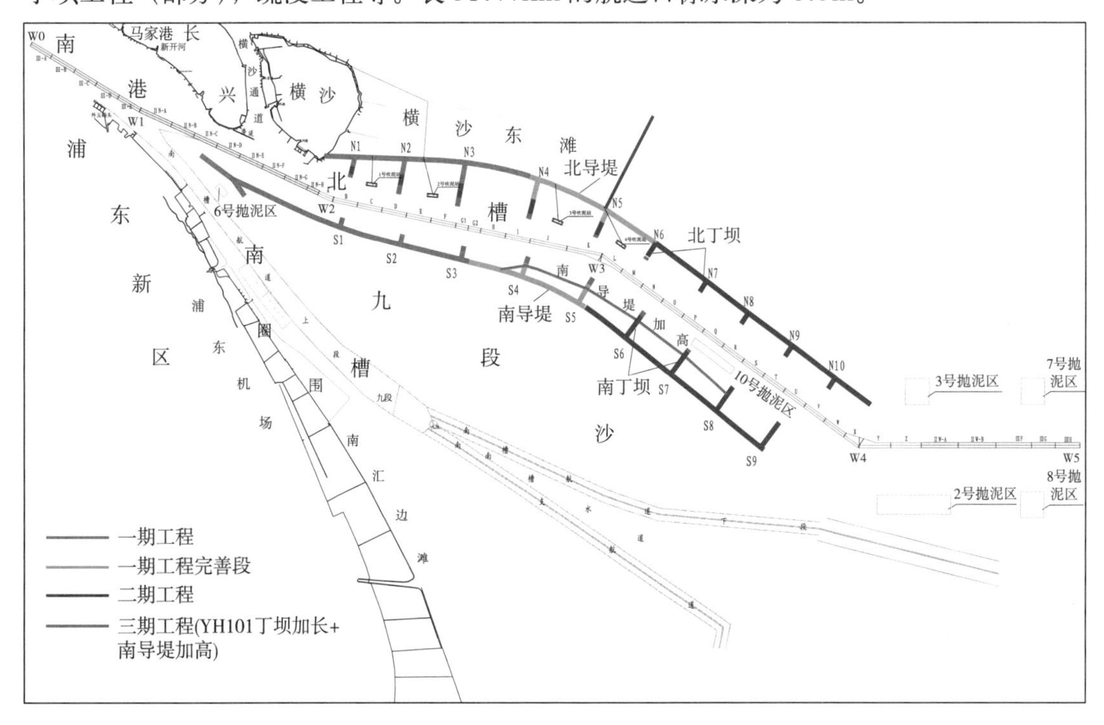

图2-1 长江口深水航道治理一～三期工程的平面位置示意图

一期工程实施后的主要治理效果如下：

分流口工程实施后，工程前江亚南沙头部冲刷后退的局势迅速被遏止，分流口鱼嘴头部和潜堤两侧由冲转淤，北槽分流口河势得到稳定。

南导堤封堵了江亚北槽和九段沙串沟，拦截了北槽由该两处串沟进入南槽的落潮分流，并通过丁坝进一步归集漫滩落潮水流进入主槽，增大了航槽的单宽流量和落潮流优势。由于主槽水流动力的增强，河床发生了明显的冲刷，断面形态向窄深方向调整（图 2–2、图 2–3），北槽上段的拦门沙浅段形态趋于消失。

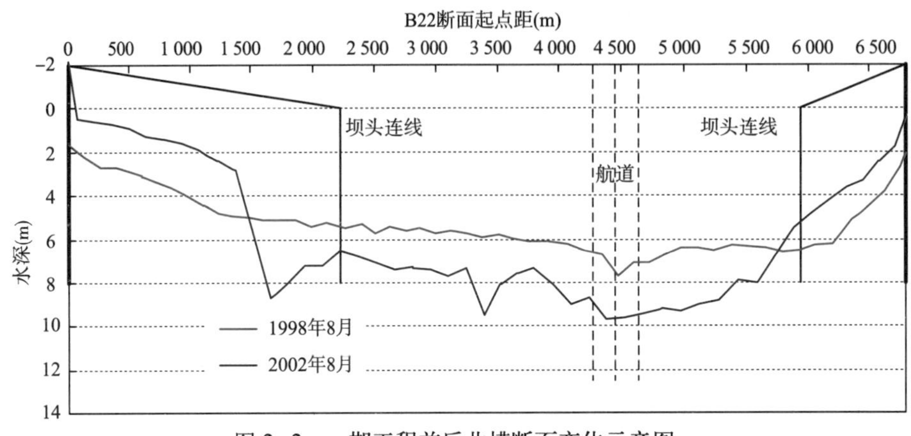

图 2–2　一期工程前后北槽断面变化示意图

南、北导堤形成了北槽上段两侧的稳定边界，减少了本段北槽两侧滩地风浪掀沙对航槽回淤的直接影响，为 8.5m 航道维护创造了良好条件，航道回淤总量受到了控制。

一期工程的实施，对相邻的南槽和北港河段河势无明显不利影响。南槽上段主槽有所冲刷，下段淤浅，南槽航道拦门沙滩顶水深总体变化不大，北港河势无明显变化。

一期工程 8.5m 水深航道在 2000 年 3 月贯通，进入试验性通航。但当年洪季一度在南北新建 3 对丁坝的下游段出现了较严重淤积，水深一度达不到 8.5m，2000 年 10 月至 2001 年 6 月追加实施了完善工程（南北导堤分别延长至 S30+000 和 N27+890，增建 N4、N5 和 S4、S5 两对丁坝）后，8.5m 航道水深迅速恢复，并一直有效维护至二期 10.0m 的航道水深贯通。

一期工程预定目标总体得以实现，整治建筑物在稳定河势方面发挥了积极的作用，为后续二期、三期工程的实施奠定了良好的基础。

二期工程航道治理目标水深为 10m。开挖航道长度为 74.47km，建成总体治理方案中下游段的全部南、北导堤及 9 座丁坝，并延长了上游段 N1 ~ N5 5 座丁坝。二期工程实施后的主要治理效果如下：

进一步稳定了北槽南、北边界，使北槽下段水流流态由旋转流调整为往复流，继续维持了北槽的落潮流优势。工程实施后，整治段主槽冲刷，坝田淤积，断面形态进一步向窄深方向调整（图 2–4、图 2–5），深泓水深进一步增大。二期工程建成后，河势稳定性得到增强，南、北导堤的导流、挡沙、减淤功能得到进一步的发挥，为三期工程的实施提供了有利的河势条件。

尽管二期工程坝田淤积引起了北槽河槽总容积的减小，使北槽落潮分流比有所降低，但因丁坝缩窄了河宽，增加了主槽水流动力，北槽 5m 以下河槽总容积尚有所扩大，主槽单宽流量增大、动力增强，达到了预期的治理效果。

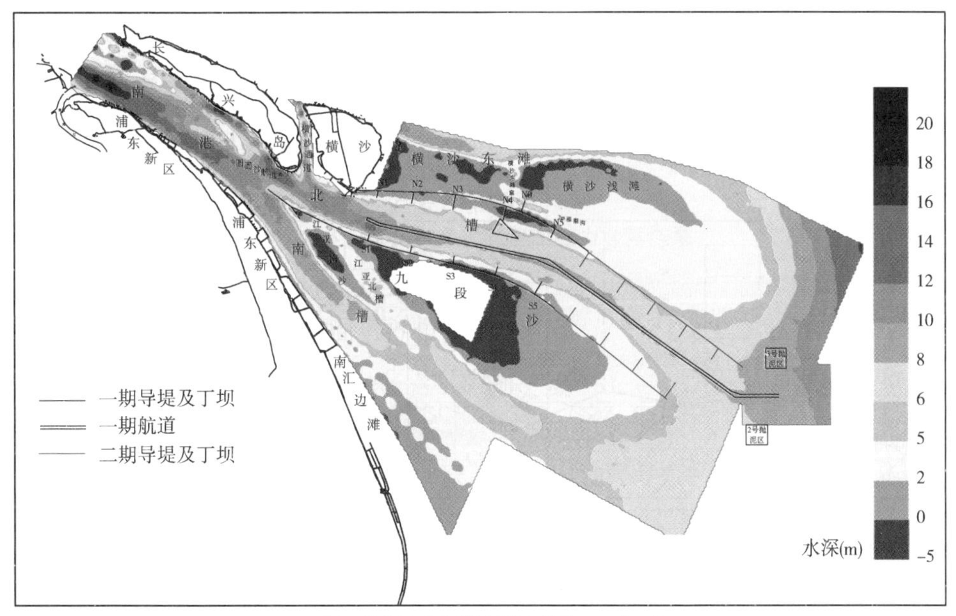

a) 一期工程实施后北槽地形示意图(2002年8月)

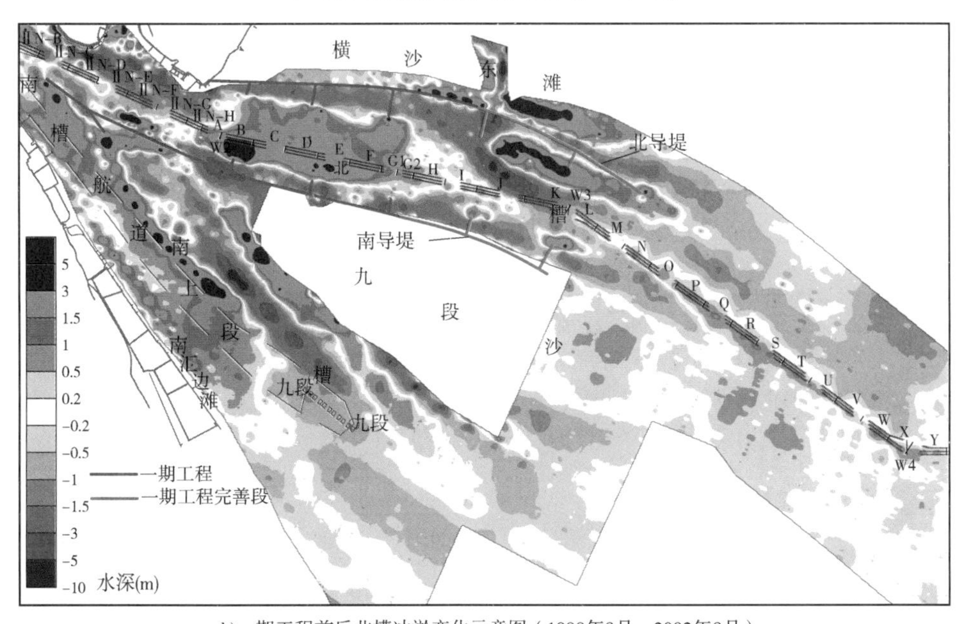

b)一期工程前后北槽冲淤变化示意图（1998年8月 ~ 2002年8月）

图 2-3　一期工程实施后北槽地形及冲淤变化图

二期工程进一步消除了北槽中段的拦门沙地形，北槽形成了上下衔接，具有相当宽度并覆盖航道的微弯深泓。河槽形态的调整变化，与工程前的预期基本一致。

二期工程的实施，对相邻的南槽和北港河段河势无明显不利的影响。

原计划三期工程以疏浚为主，航道治理目标水深为12.5m。三期工程开工以后遇到了回淤量逐渐增大的问题，超出了工程前的预期，且分布高度集中于中段，直至2008年底，航道未能有效增深，仅能勉强维持10.0m水深以保障通航。为减少北槽航道回淤，2009年上半年实施了YH101减淤工程（图2-1），2009年下半年完成了南坝田挡沙堤工程和部分航段的航道轴线调整。

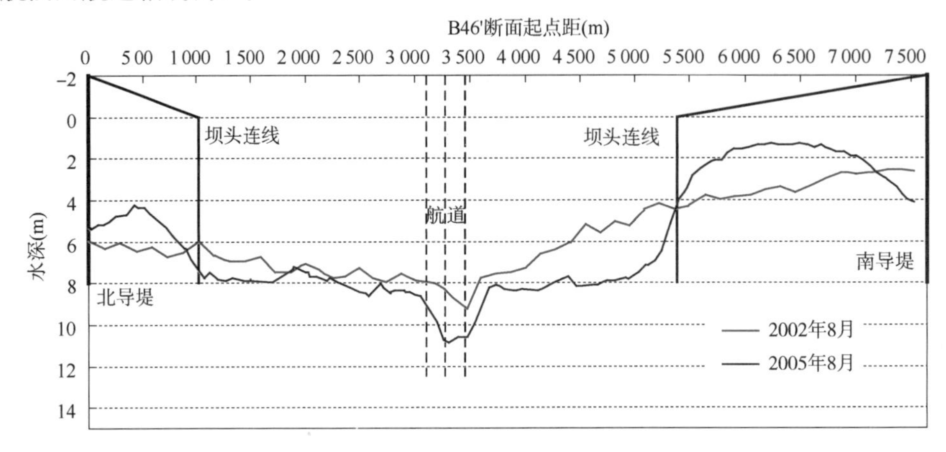

图2-4　二期工程前后北槽断面变化（断面位置在N7～S7丁坝附近）

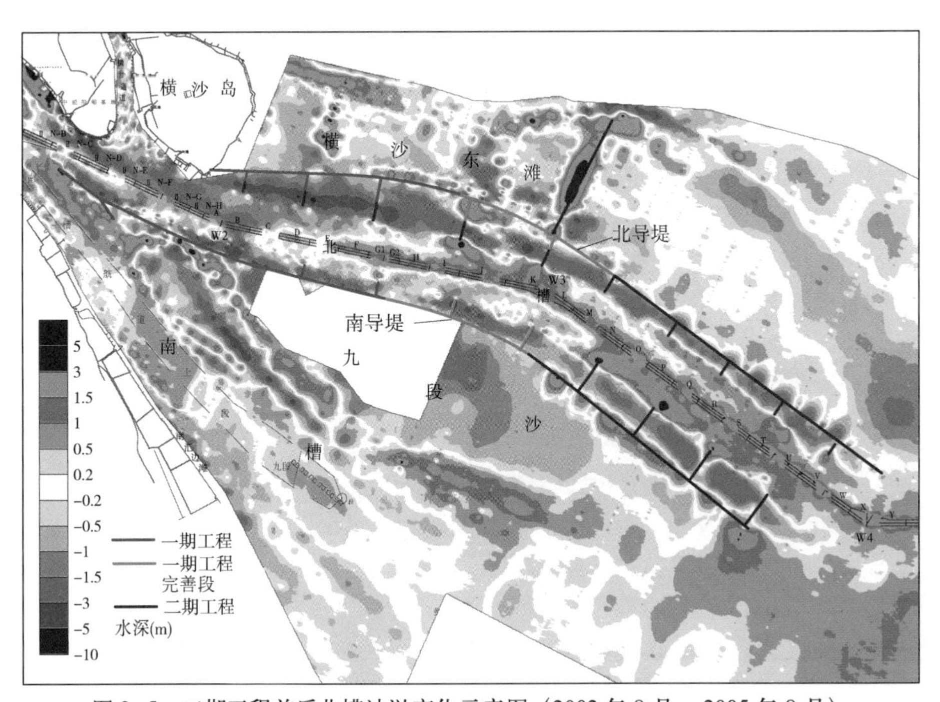

图2-5　二期工程前后北槽冲淤变化示意图（2002年8月～2005年8月）

北槽减淤工程YH101方案对北侧N1～N6丁坝、南侧S3～S7丁坝，共计加长4 621m。丁坝加长部分的堤顶高程为±0.0m（吴淞基面）。工程于2009年1月开工，主体工程于2009年4月23日完工。南导堤加高工程在南坝田S3～S8之间建设挡沙堤总长21.22km，堤身高程2.0～3.5m。工程于2009年7月开工，工程采用动态平衡堤新型结构，主体工程在 2009 年 10 月底达到设计高程。三期航道部分区段的航道轴线调整在 2009 年 12 月完成。

减淤工程实施后，航道增深明显，回淤总量减少、回淤分布得到改善，12.5m 航道于 2010 年 3 月全槽贯通。三期工程的实施效果分述如下：

（1）三期 12.5m 航道增深效果明显。

（2）现场流场、地形变化与原预测成果基本一致。

（3）已形成的 12.5m 深水航道不致因台风骤淤而产生灾难性的断航后果。

（4）交工验收后的 12.5m 航道得到了有效维护，通航保证率实现了 100%。未来，12.5m 航道的有效维护是有保障的。

2.2 长江口深水航道工程地形调整情况

图 2-6 和图 2-7 是长江口深水航道治理工程实施前后的冲淤图以及 2010 年 8 月北槽地形图。

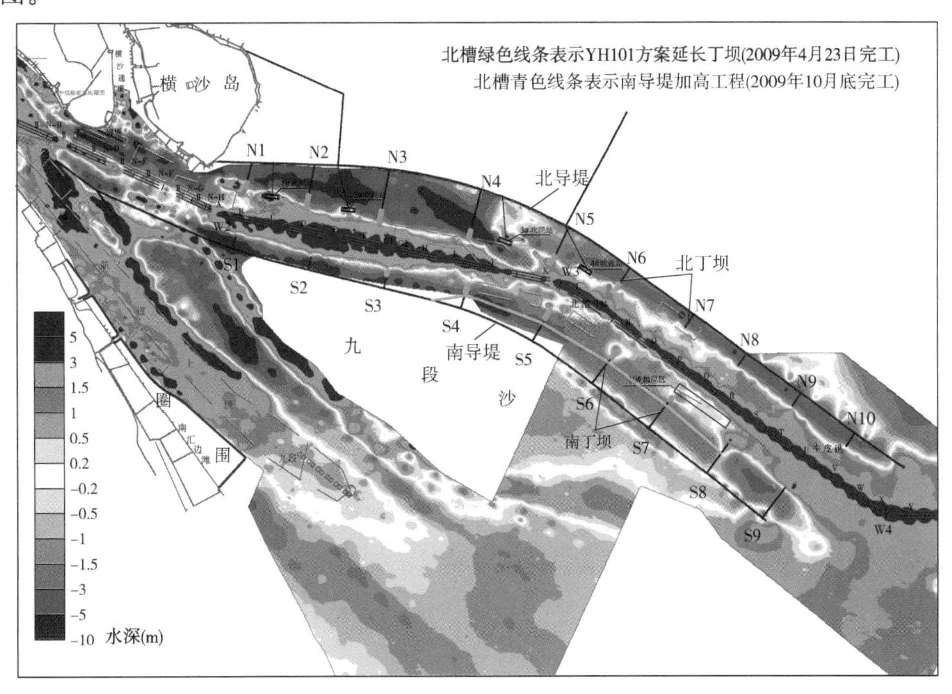

图 2-6　1998 年 8 月～2010 年 8 月北槽冲淤变化图

一期～三期工程的治理效果可概括为：

（1）遏制了江亚南沙头部的冲刷后退，南北槽分流口河段河势得到有效控制，保障了邻汉的自然功能，维持了长江口总体河势的稳定。

（2）北槽河势稳定，北槽拦门沙河段得到有效治理，拦门沙地形形态消失，实现了 12.5m 水深航道的治理目标。

（3）整治建筑物工程发挥了对流场的调节作用，有效地增强了北槽主槽落潮动力，使河床主槽容积和平均水深增加，北槽河床形态由宽浅向窄深方向调整；北槽全槽已形成了一条上下段连续、稳定、平顺相接的微弯深泓，且以相当的宽深尺度覆盖了北槽深水航道。

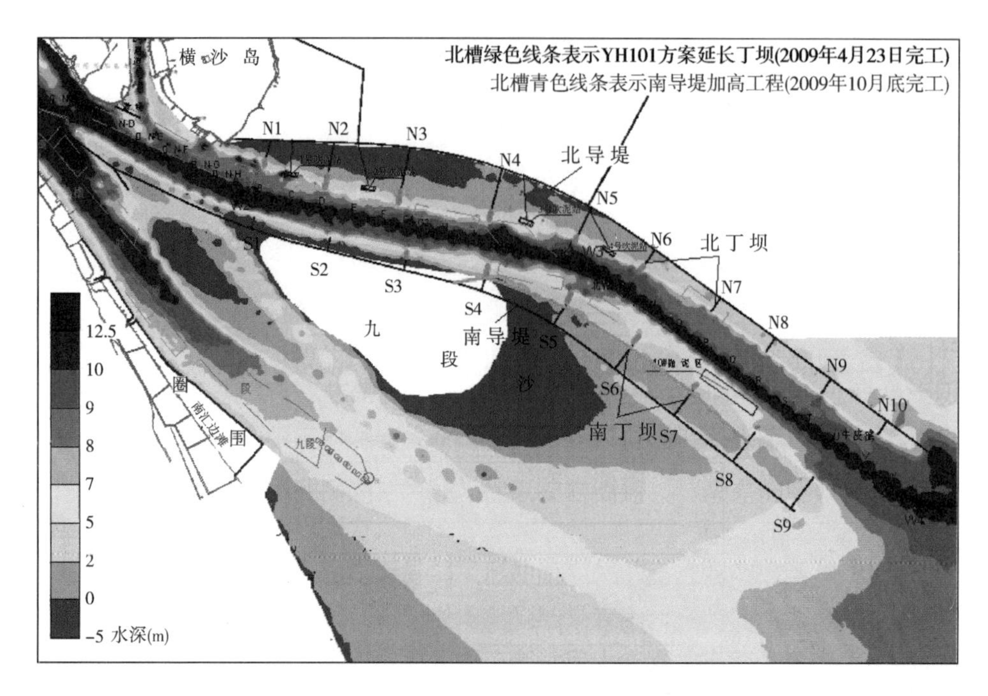

图 2-7　2010 年 8 月长江口北槽地形

（4）北槽淤积环境得到改善，为 12.5m 航道增深和有效维护创造了条件。

根据一期、二期和三期工可研究阶段的泥沙数模预报，一期 8.5m 水深航道时全槽回淤量约 1 000 万 m^3，实测回淤量约 1 500 万 m^3，预测值偏小；二期 10.0m 水深航道时全槽回淤量约 1 500 万 m^3，二期完工初期的实测回淤量约 2 000 万 m^3，而到了 2007 ~ 2008 年，则达到了约 6 000 万 m^3，远大于实测值；三期 12.5m 水深航道时全槽回淤量约 3 000 万 m^3，而在实施了减淤工程之后，年航道维护量同样约为 6 000 万 m^3，也是远大于预测值。总体上看，泥沙数模的预测精度较低，预测量偏小。一期、二期和三期工程的数模预测成果和实践表明，数学模型的预测是一个“实践—认识—再实践”的循环过程，需要根据理论水平的不断提高和工程实践的检验，不断完善和优化模型，以提高计算精度。这也反映了当前泥沙数学模型还存在着一定的局限性。

2.3　长江口深水航道工程航道回淤情况

长江口 12.5m 深水航道治理三期工程于 2010 年 3 月 14 日通过国家交工验收，经一年试通航期检验后于 2011 年 5 月 18 日通过国家竣工验收。长江口 12.5m 深水航道（平面布置详见图 2-8）全长 92.2km，沿程共分为 46 个疏浚单元，自上而下可分为南港段、圆圆沙段、北槽段及口外段（表 2-2）。

长江口 12.5m 深水航道在发挥巨大经济效益和社会效益的同时，航道回淤量大、时空分布高度集中的问题非常突出。12.5m 深水航道开通后年均回淤量约 8 900 万 m^3，主要集中在洪季的北槽中下段，航道水深维护施工困难，每年需投入大量的维护疏浚费用。

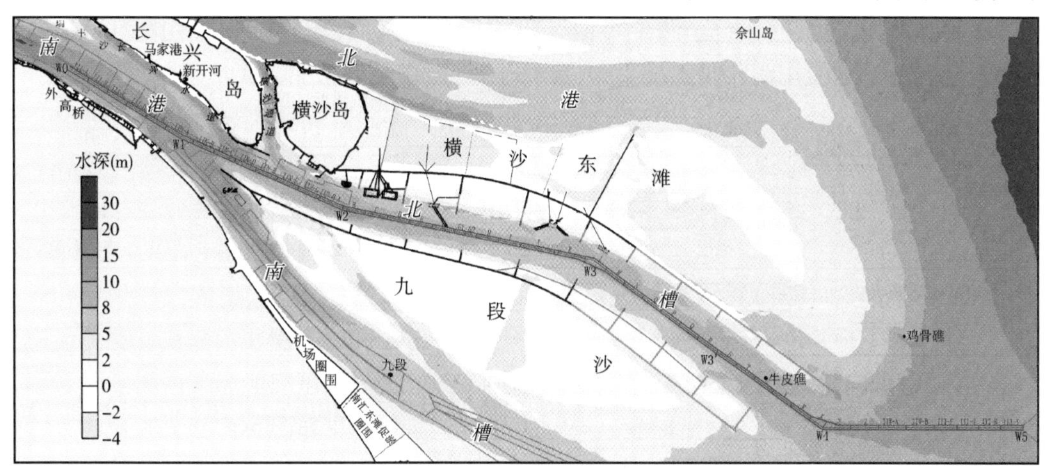

图 2–8　长江口 12.5m 深水航道平面布置示意图

长江口 12.5m 深水航道分段情况　　表 2–2

疏浚标段	范　围	疏浚单元	长　度（km）
南港段	W0 ~ W1	III–A ~ IIN–A	11.55
圆圆沙段	W1 ~ W2	IIN–A ~ A	15.44
北槽段	W2 ~ W4	B ~ X	47.28
口外段	W4 ~ W5	Y ~ III–I	18.00

（1）航道回淤总量大

根据统计结果，2010 ~ 2012 年全长 92.2km 的 12.5m 深水航道年回淤量分别为 8 015 万 m^3、8 546 万 m^3 和 10 080 万 m^3，平均约 8 900 万 m^3，见表 2–3。维护疏浚量分别为 7 526 万 m^3（已扣除 2009 年 12 月 24 日 ~ 2010 年 3 月 5 日基建方量 3 227 万 m^3）、7 857 万 m^3 和 9 596 万 m^3（上述方量均已扣除超过规定允许超挖深度而不予计量支付的船方量）。

12.5m 航道回淤量时空分布统计表　　表 2–3

年　份	回淤总量（万 m^3）	空间分布		时间分布	
		南港及圆圆沙和 H ~ O 单元回淤量（万 m^3）	占回淤总量比例（%）	6 ~ 11 月回淤量（万 m^3）	占年回淤总量的比例（%）
2010 年	8 015	6 099	76	6 223	78
2011 年	8 546	6 800	80	7 244	85
2012 年	10 080	7 266	72	8 532	85
平均	8 880	6 722	76	7 333	83

注：①表中回淤量为上海海事局海测大队航道考核测图统计数据，是维护量的第三方考核依据，含常态回淤量和台风寒潮等恶劣因素引起的短期骤淤量。

②因海测大队考核测图频次较低（每月为 1 ~ 2 次），为维护疏浚施工，安排的航道施工检测测图每月有 4 次，测图资料更加丰富，故在回淤原因研究中将采用施工检测测图统计回淤资料。

(2) 回淤量沿程分布高度集中

从航道回淤的沿程分布来看，12.5m 深水航道开通以来航道回淤分布有两个峰值区(图 2-9)：位于航道中段（H ～ O 单元）及航道上段的南港及圆圆沙航道段（III-C ～ A），合计约 40km，占全长的 43%。两个峰值区段的回淤量（约占全航道总回淤量的近 80%，见表 2-3），造成疏浚作业区段高度集中，维护疏浚工作难度增大。

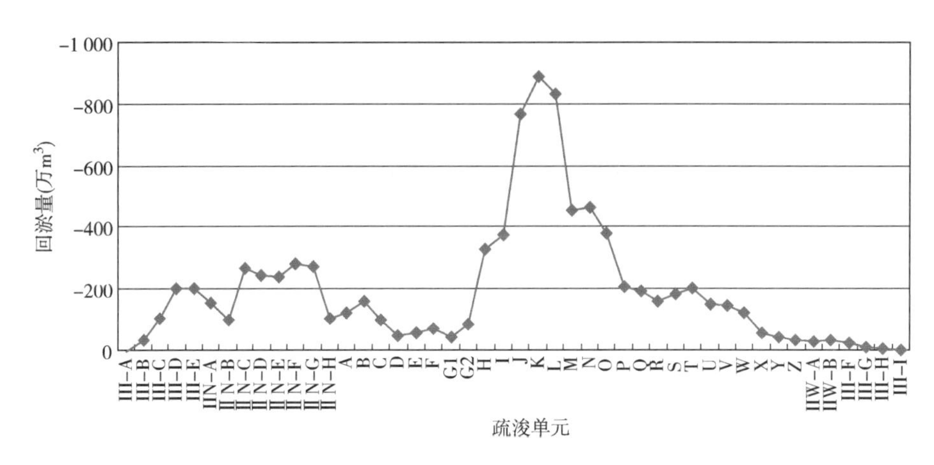

图 2-9　12.5m 深水航道 2010 ～ 2012 年平均回淤量沿程分布图

(3) 回淤量在年内不同时段的分布差异显著

每年 6 ～ 11 月 6 个月的回淤量约占全年的 80%（表 2-3、图 2-10），导致每年 6 ～ 11 月份 H ～ O 单元的维护疏浚强度很高，投入船机较多，相应地增大了维护的组织难度。但南港及圆圆沙航道段回淤量的季节性差异并不明显。

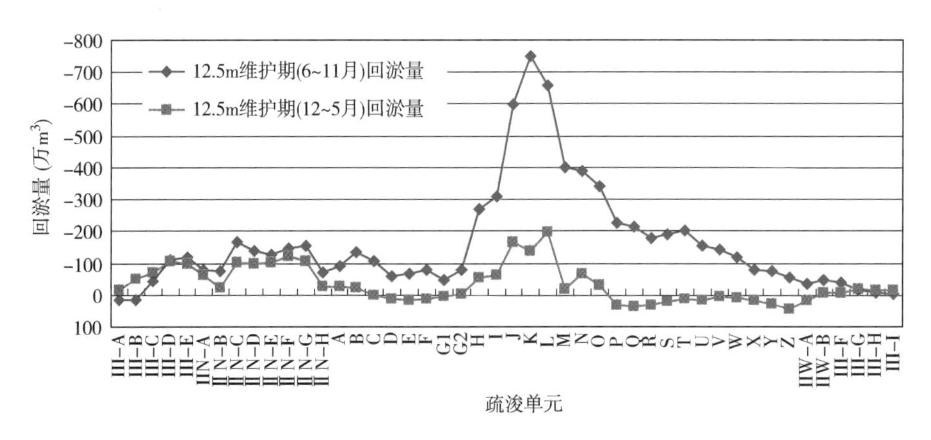

图 2-10　12.5m 航道回淤量年内分布比较

(4) 回淤物粒径沿程分布特征不同

2012 年 9 月航道回淤土取样资料表明（图 2-11），南港及圆圆沙河段回淤物粒径较粗，受推移质输移的影响明显；而北槽回淤集中的中下段，回淤土粒径明显小于南港及圆圆沙段。经初步分析，北槽回淤以悬沙落淤为主。

图 2–11　南港—北槽航道内回淤土粒径（D_{50}）沿程分布图（2012 年 9 月）

3 长江口近底水沙特性监测技术与方法

本章主要通过分析现场观测资料，以获得长江口北槽现场泥沙临界起动切应力、临界沉降切应力、冲刷和淤积速率等现场泥沙特性。

3.1 近底水沙监测仪器

近底水沙运动观测主要侧重于观测近底水流运动过程、近底含沙量过程、近底盐度过程和温度变化过程等。基于近底水沙运动观测的重要性以及长江口深水航道工程建设和维护的需要，上海河口海岸科学研究中心在前人研究的基础上，设计了一套“坐底水沙观测系统”，见图 3–1。

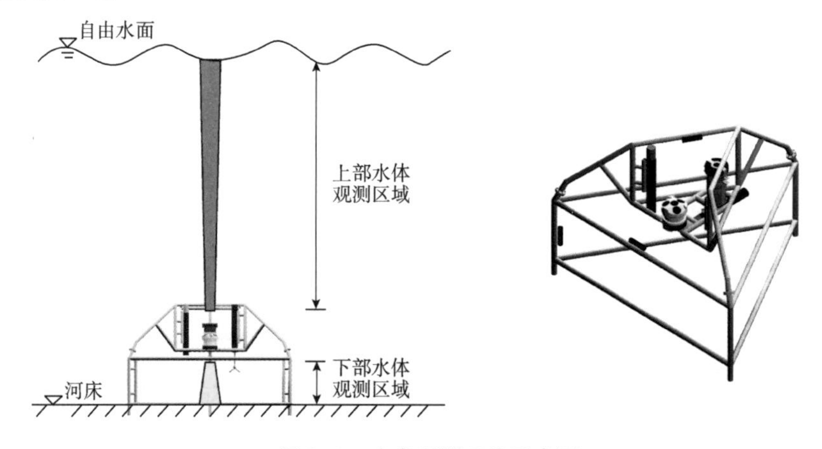

图 3–1 坐底观测系统示意图

“坐底水沙观测系统”可以克服传统水文、泥沙观测手段的不足（时空分辨率低、作业受天气影响较大），实现长时间系列、高时空分辨率及精度、不受天气条件制约（台风、寒潮天气均可观测）的现场水文、泥沙、波浪数据观测。“坐底系统”由一系列水流、泥沙、波浪观测仪器设备组成，主要分为三个部分：全水深流速观测仪、近底悬浮泥沙浓度观测仪、近底声学多普勒点流速仪。

相较于传统的观测方法，“坐底系统”有以下特点：

(1)“坐底系统”观测数据时空分辨率高：时间方面，最小间隔可达秒级；空间上，最小流速分层可达厘米级。

(2)“坐底系统”不受天气影响，可以在台风或寒潮大风天进行连续观测。

(3)“坐底系统”可以结合不同的研究需要，组合不同的观测仪器，获取丰富的近底水沙连续观测资料，以研究水流、泥沙运动规律（如泥沙的运动和沉降过程及床面冲淤变化等过程）。

“坐底系统”使用了大量的先进声学和光学观测仪器，主要包括坐底观测系统上配置的流速仪（如 Nortek AWAC AST、Nortek AquaPro HR、Nortek Vector 等）、浊度仪（如 OBS3A、OBS3+ 和 OBS5+ 等）。具体配置情况见表 3-1 和图 3-2。

坐底三脚架观测系统仪器　　表 3-1

编号	仪器名称及型号	数量	仪 器 作 用	性能参数说明
1	Nortek AWAC AST	1套（系统）	观测潮位、波浪、系统上层水体垂向流速，及探头附近水温等现场资料	采用声学表明跟踪法（AST，Acoustic Surface Track）测量波浪，避免了传统压力法会随着水深的增加而降低对短周期波浪的敏感度。AST 方法直接通过声波在水表面的反射测量水面波动，是一种直接的测量方法，测量精度相比压力法更高
2	Nortek AquaPro 2MHz（HR）	1套（系统）	测量潮位、系统下层水体（近底）垂向流速，及探头附近水温等现场资料	采用 HR（High Resolution 模式），可以获取近底 1 ~ 2cm 最小单元分层的高空间分辨率垂向流速分布资料
3	Nortek Vector 6MHz	1套（系统）	测量潮位、水温和近底三维（3D）紊动流速	该设备采样频率高达 25Hz，可以方便地获取近底紊动流速，能为近底水沙运动过程的分析提供很有价值的观测资料
4	OBS5+	若干（系统）	测量潮位、定层水体含沙量和水温等现场资料	采用 ND 和 FD（近端和远端）探测器可以解决 OBS3A 含沙量测量范围不高的缺陷，OBS5+ 在长江口北槽含沙量测量范围高于 40kg/m^3
5	OBS3A 或 OBS3+	若干（系统）	测量潮位、定层水体含沙量、水温和盐度等现场资料	浊度（NTU）量程：0.2 ~ 4 000；精度：2.0%；泥 D_{50}=20μm（mg/l）量程：0.1 ~ 5 000；精度：2.0%；砂 D_{50}=250μm（mg/l）量程：2 ~ 100 000；精度：3.5%
6	其他设备			根据需要可以配备其他水文泥沙观测仪器，以实现观测目的或需求

图 3-2　坐底三脚架观测系统仪器配置图

3.2 近底水沙监测内容

观测最为核心的观测数据为观测区域局部床面冲淤变化过程资料以及近低水流紊动过程资料。为实现项目研究目的，我们采用了坐底三脚架观测系统开展现场连续观测。每套坐底观测系统（每个站点）主要观测内容如下。

（1）全剖面流速连续过程资料，包括三脚架系统上层水体（0.7m 以上）分层流速过程（流速分层大小为 0.5m）和下层水体（0.5m 以下）分层流速过程（流速分层大小为 0.01m）。

（2）近低区域（0.25m 以下）单点流速连续过程以及紊动过程资料（采样频率 8Hz）。

（3）近低区域多层（距离床面 0.25m、0.5m 和 1.2m）含沙量连续过程资料。

（4）观测区域局部床面冲淤变化过程资料。

（5）其他资料，包括水温过程、水位过程资料和三脚架系统。

所获取的现场水沙过程资料、局部地形冲淤变化过程资料和高频水流和泥沙变化过程资料，被用于分析现场泥沙临界起动切应力、临界沉降切应力、冲刷和淤积速率及现场沉降速度等现场泥沙特性。

2012 年 2 月份测次共布置了 3 个站点，分两阶段实施（原计划 2 个站点），其中 TR1 站点在长江口北槽 W3 弯道北侧约 300m 位置处，TR2 站点在北槽弯道下段疏浚单元 N 单元北侧约 350m 位置处。在枯季原计划测次结束后，通过初步分析现场观测数据，发现 2 个站点的观测系统在观测期间均有轻微的晃动，局部河床冲淤过程不连续，因此为了获取可靠的局部河床冲淤连续变化过程，我们又补充了第二阶段的观测。第二阶段观测布置了 1 个观测站点（TR3 站点），站点位于 TR2 站点垂直航道方向北侧约 150m 位置处（图 3–3）。

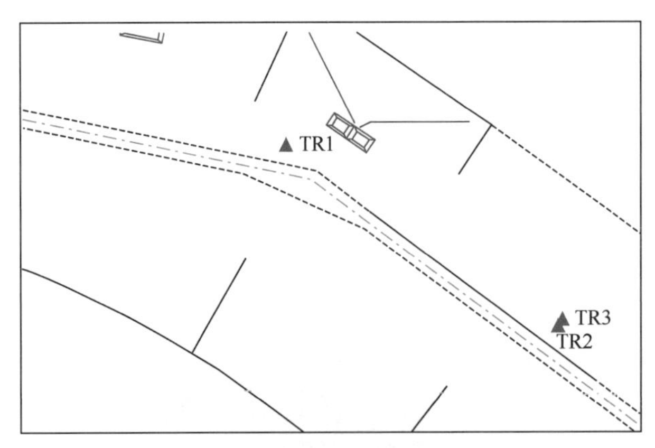

图 3–3　2012 年 2 月份现场泥沙特性监测研究站点布置示意图

2012 年 2 月份观测时间段为 2012 年 2 月 17 日～3 月 5 日，分两个阶段进行。第一阶段：2012 年 2 月 17 日～2 月 24 日，历时 8d，现场布置 2 个观测站点（TR1 和 TR2）；第二阶段：2012 年 2 月 25 日～3 月 6 日，历时 11d，现场布置 1 个观测站点（TR3）。

3.3　近底水沙监测数据分析方法

3.3.1　临界起动和淤积应力

涨落潮周期性变化过程中，随涨落潮流速增大减小，床面发生有规律的冲淤变化，即当水流动力达到临界起动剪切应力（τ_{ce}）时发生冲刷，当水流动力小于临界沉降剪切应力（τ_{cd}）时发生淤积。因此可以根据床面的冲淤变化规律及近底剪切应力的变化过程，分析得到相对应的临界起动应力和临界沉降应力。

近底剪切应力的计算方法有多种，本章基于拟布置的观测仪器和拟观测得到的资料，利用雷诺应力法（Reynolds stresses）计算剪切应力。

$$\tau=\rho\sqrt{(-\overline{u'w'})^2+(-\overline{v'w'})^2} \tag{3-1}$$

式中：　τ——近底剪切应力；

ρ——水体密度；

u'、v'、w'——分别为通过高频次测量获取的 x、y 和 z 方向的流速。

雷诺应力法同样基于常应力层的假设，要求所测紊动流速处于常应力层。根据 Vector 测量获得的紊动流速资料，采用式（3-1）可以计算得到相对应的近底剪切应力。

3.3.2　冲刷淤积速率

以往多次观测资料表明，床面随动力（涨落潮过程和大小潮过程）会发生有规律的冲淤变化，即在涨落潮过程中，流速增大阶段床面发生冲刷，流速减小阶段床面发生淤积，从小潮到大潮阶段床面发生冲刷，从大潮之后的中潮到小潮阶段床面发生淤积。因此，根据一定时间内（t），冲刷（淤积）厚度（d 或 h），结合表层沉积物的密度（ρ_m），可以得到单位时间单位面积冲刷（淤积）速率 [E_0（D_0），kg/（$m^2 \cdot s$）]，即：

$$E_0(D_0)=\frac{\rho_m \cdot d(h)}{t} \tag{3-2}$$

（1）根据 Vector 和 AquaPro　HR 的声强剖面资料，分析床面冲淤变化过程，结合涨落潮及大小潮动力过程，分析冲刷和淤积速率。

（2）根据 Vector 得到的高频含沙量过程（C' 和平均含沙量 C）和高频流速过程（w'），结合泥沙质量方程，估算现场沉降速度。

（3）根据 Vecotr 得到的高频流速过程（u'、v' 和 w'）和 AquaPro　HR 获得的近底高分辨率流速垂向分布资料，分别采用雷诺应力法和墙定律法（对数流速公式）计算近底剪切应力，结合床面冲刷和淤积过程，分析临界起动应力和临界淤积应力。

长江口北槽现场泥沙特性监测研究技术路线详见图 3-4。

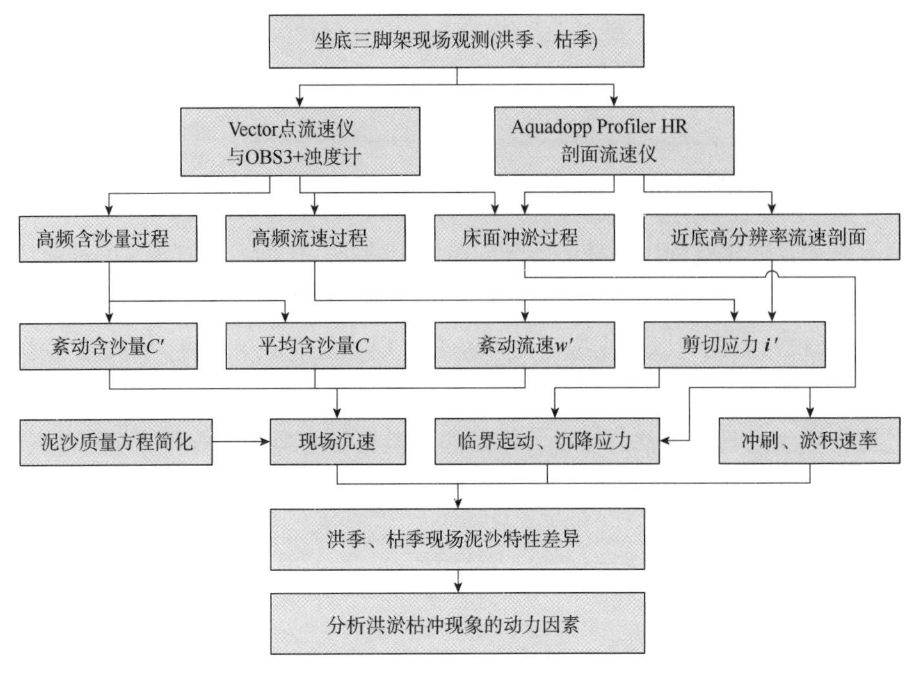

图 3-4　技术路线图

3.4　近底水沙监测数据处理方法

如前文所述，现场各站点全水深水流观测由观测上部水体的 Nortek AquaPro 或 Nortek AWAC 及观测下部水体的 Nortek AquaPro HR 同步观测得到，计算中首先按观测时间将两台仪器观测数据合并得到全水深流速数据。同时，比较两台仪器实测相邻单元（分别为两台仪器的首个测量单元）的流速流向数据，作为流速测量校验。

完成垂线数据合成后，即可进行后续计算。首先将流向改正为真北方向，真北方位角为实测流向加上磁偏角改正值，本观测区域的磁偏角为西偏 −5.5°（即减 5.5°）。本次观测垂线方向分辨率较高，需按照 6 点法的测验要求采用矢量分解合成法插值得到相对水深为水面（0）、0.2H、0.4H、0.6H、0.8H 和水底（H）的流速、流向。具体方法为：先求出各测点流速东西、南北方向的分量，随后采用线性插值得到 6 点法各层流速东西、南北方向的分量；再根据各分量的垂线平均值进行合成计算，求出垂线平均流速和平均流向。计算式如下（6 点法公式）：

$$\bar{v}_{xm}=\frac{1}{10}(v_{0.0}\sin\alpha_{0.0}+2v_{0.2}\sin\alpha_{0.2}+2v_{0.4}\sin\alpha_{0.4}+2v_{0.6}\sin\alpha_{0.6}+2v_{0.8}\sin\alpha_{0.8}+v_{1.0}\sin\alpha_{1.0}) \quad (3-3)$$

$$\bar{v}_{ym}=\frac{1}{10}(v_{0.0}\cos\alpha_{0.0}+2v_{0.2}\cos\alpha_{0.2}+2v_{0.4}\cos\alpha_{0.4}+2v_{0.6}\cos\alpha_{0.6}+2v_{0.8}\cos\alpha_{0.8}+v_{1.0}\cos\alpha_{1.0}) \quad (3-4)$$

$$\alpha_{m}=\arctan\frac{v_{xm}}{y_{ym}} \quad (3-5)$$

根据上述处理方法，可得到各测站实测流速、流向成果，见图 3-5 ～图 3-7。

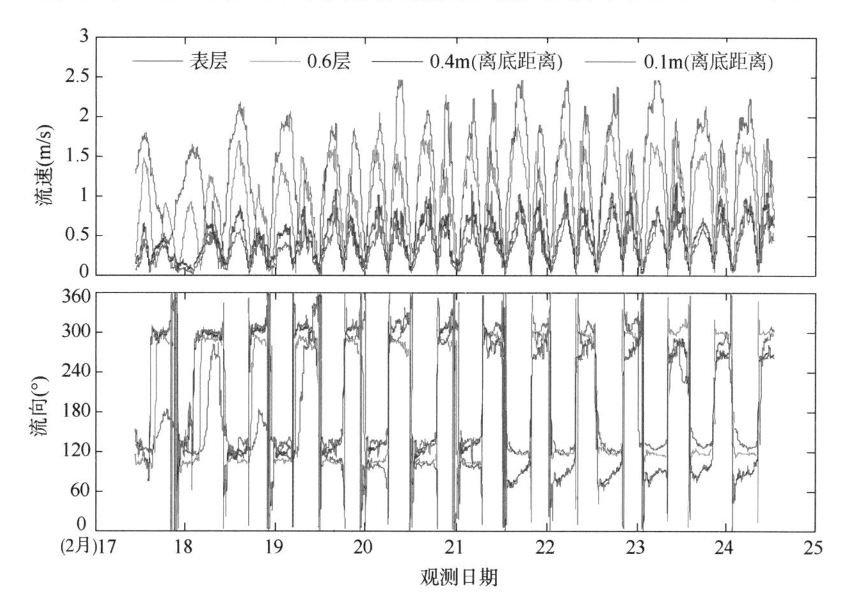

图 3-5　TR1 分层流速流向图

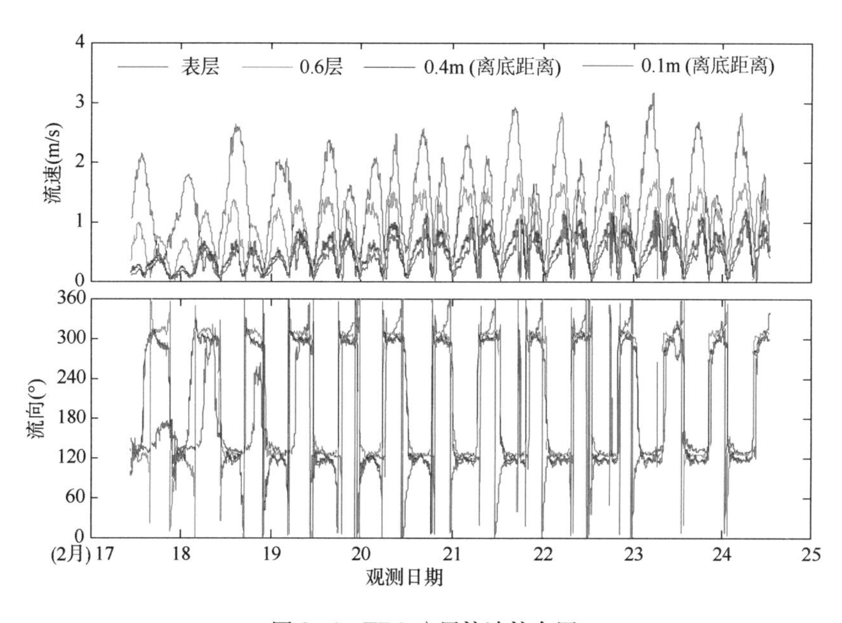

图 3-6　TR2 分层流速流向图

坐底三脚架观测系统以及越堤流观测系统上含沙量的监测均采用 OBS 光学浊度计开展。由于 OBS 光学浊度计给出的是随含沙量变化的电压信号（Counts 值）或 NTU 值，为了得到含沙量数据，需要对其进行率定处理。经过率定计算后，2012 年 2 月 TR1 ～ TR3 站点获得的含沙量过程分别见图 3-8 ～图 3-10。

坐底三脚架观测系统上配置的各型仪器均内置压力传感器，将仪器在空气中设置压力零点后抛设入水，即可记录仪器所在位置的水深，根据仪器安装位置即可计算得到三脚架各位置在水下的水深过程。图 3-11 ~图 3-13 为各观测站点观测期间压力探头测量得到站点位置处的水深过程。

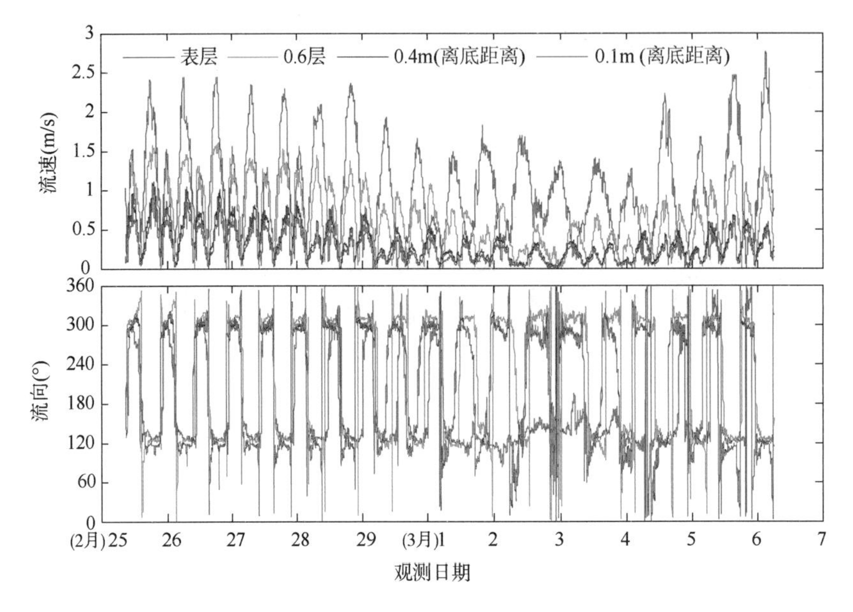

图 3-7 TR3 分层流速流向图

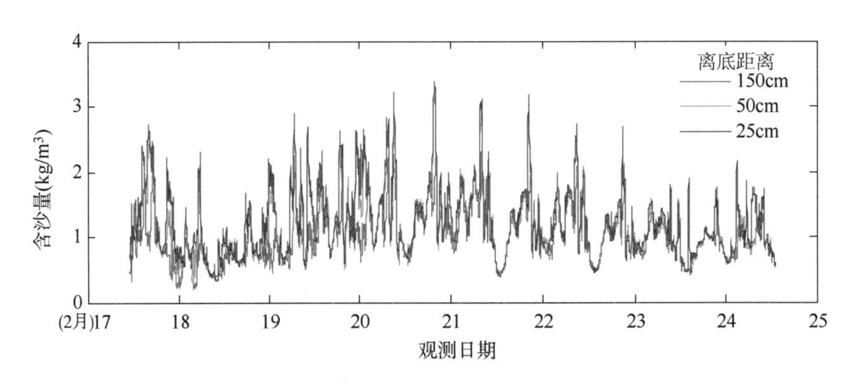

图 3-8 TR1 近底分层含沙量过程图

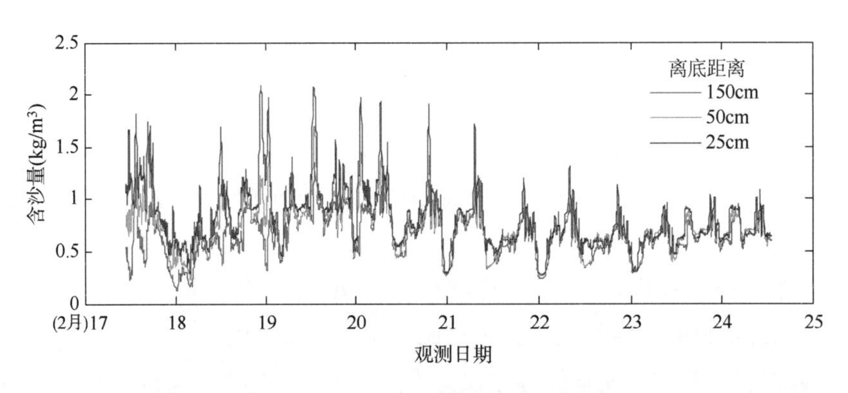

图 3-9 TR2 近底分层含沙量过程图

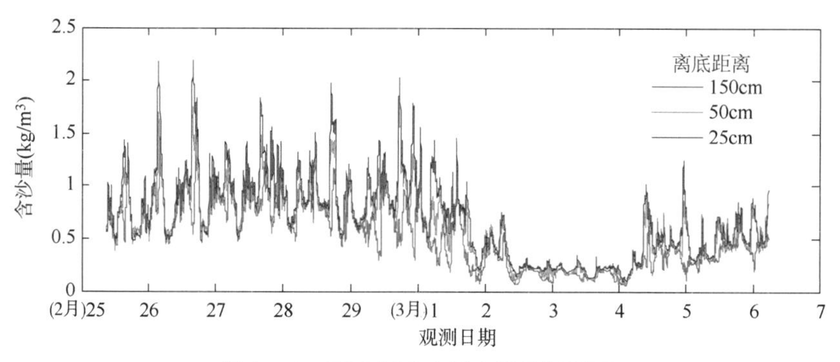

图 3-10 TR3 近底分层含沙量过程图

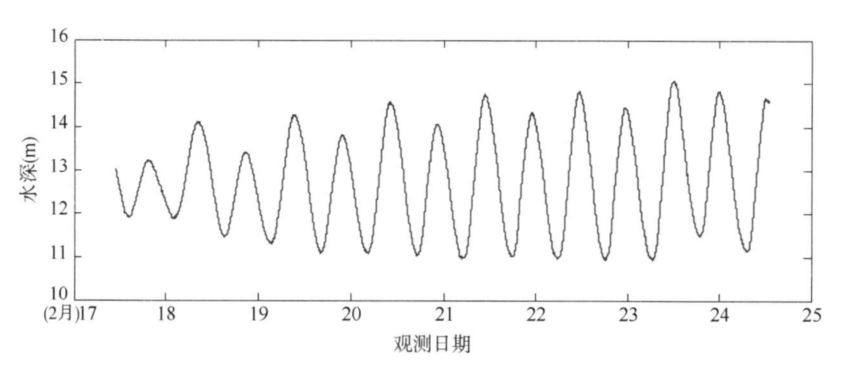

图 3-11 TR1 站点实测水深过程

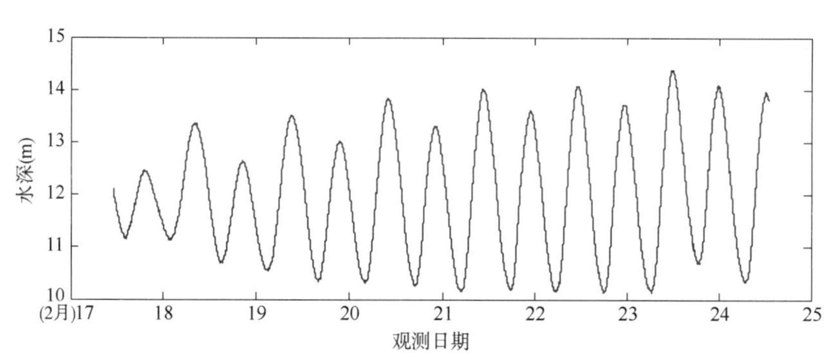

图 3-12 TR2 站点实测水深过程

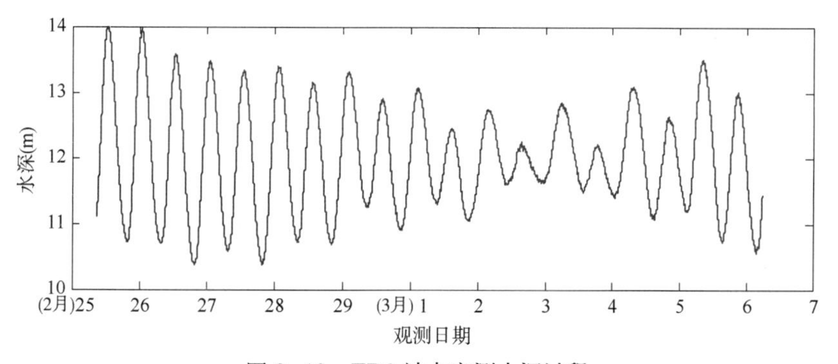

图 3-13 TR3 站点实测水深过程

4 长江口近底水沙特性监测成果与分析

4.1 长江口近底水流剪切应力观测

近底剪切应力的计算方法有多种，如对数流速剖面法、紊动能量法、雷诺应力法等。这几种计算方法的准确性和稳定性各不相同。Kim 等对这几种方法进行了比较研究，结果表明，RES 方法和 TKE 法是较准确的估算方法，且 TKE 方法是计算结果最连续和稳定的估算方法。有分层情况下，根据 LP 方法计算得到的摩阻流速一般都会偏大，例如 Friedrichs and Wright（1997）在 Eckernforde Bay 温盐分层情况下计算的结果偏大 30%。考虑到观测站点近底含沙量较高，含沙量分层的现象经常出现，在小潮期间往往还存在盐度分层，因此本书中剪切应力的计算采用 TKE 方法和 COV 方法。计算结果见图 4-1 ～图 4-3。

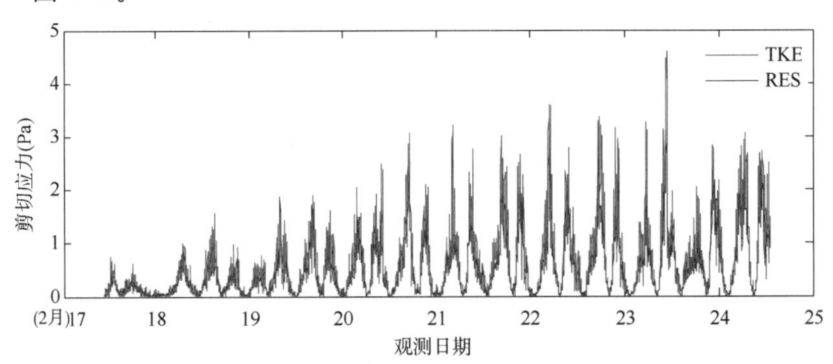

图 4-1 TR1 站点近底剪切应力计算结果

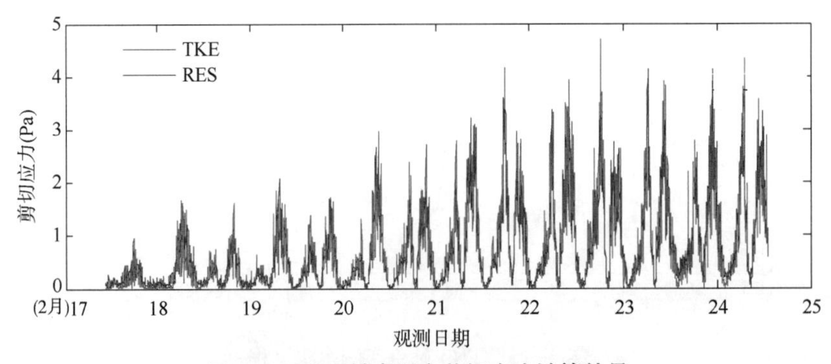

图 4-2 TR2 站点近底剪切应力计算结果

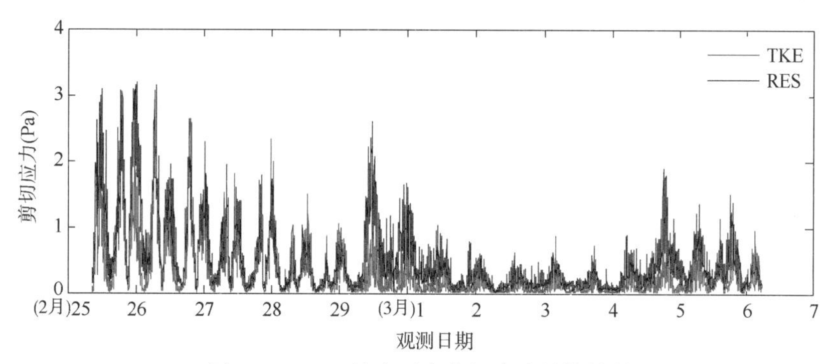

图 4-3　TR3 站点近底剪切应力计算结果

4.2　长江口近底床面冲淤特征观测

根据坐底三角架上的 Nortek AquaPro HR 或 Nortek Vector 可以获取观测区域的床面波动情况，本节将根据测量得到的有效床面波动过程，并结合同步测量计算得到的水深过程、流速和流向过程、含沙量过程、底部切应力过程等资料分析观测区域床面冲刷和淤积特征。

4.2.1　涨落潮冲淤特征

观测结果还表明，微观上每一个涨潮过程和落潮过程均存在明显的两个阶段，即冲刷阶段和淤积阶段。床面的冲刷阶段发生在涨落潮过程中流速加速阶段，床面的淤积阶段发生在涨落潮过程中的流速减速阶段，及涨落潮加速阶段中近底水流切应力小于临界冲刷应力阶段。从冲淤幅度或强度考虑，主要的冲刷过程和淤积过程分别发生在落潮的加速阶段和涨潮的减速阶段（在涨潮加速阶段末期或一开始进入减速阶段即开始发生淤积）。而在涨潮的加速阶段，床面稍有冲刷，但冲刷幅度不大；同样在落潮的减速阶段，床面发生淤积，但淤积幅度同样不大。上述过程详见图 4-4。

4.2.2　大、中、小潮冲淤特征

根据动力变化和床面冲淤变化过程，总结整个观测期间（从大潮至小潮的过程）床面局部地形冲淤特征，宏观上可以将冲淤变化过程分为三个阶段（图 4-5）。第一阶段为冲淤幅度较大的有冲有淤、冲淤平衡阶段，该阶段的冲淤幅度约为 1.5cm，主要发生在大潮、中潮期间；第二阶段为快速淤积阶段，该阶段涨落过程中冲少淤多，致使床面发生持续淤积，到下一阶段前，床面累积淤积约 2cm，发生在小潮期间；第三阶段为冲淤幅度相当小的平衡阶段，该阶段的床面冲淤幅度约为 0.4cm，发生在小潮至接下来的中潮阶段。

从测量结果分析来看，不同阶段的涨落潮加速和减速阶段的冲淤变化特征不同。

第一阶段：冲淤幅度较大的有冲有淤、冲淤平衡阶段。落潮加速阶段的冲刷厚度大于涨潮，而减速阶段的淤积厚度小于涨潮。综合涨落潮冲淤过程，落潮阶段以冲刷为主，涨潮阶段以淤积为主；落潮阶段的冲刷厚度和涨潮阶段淤积厚度相当，所以该阶段呈现有冲

有淤、冲淤平衡的冲淤特征。

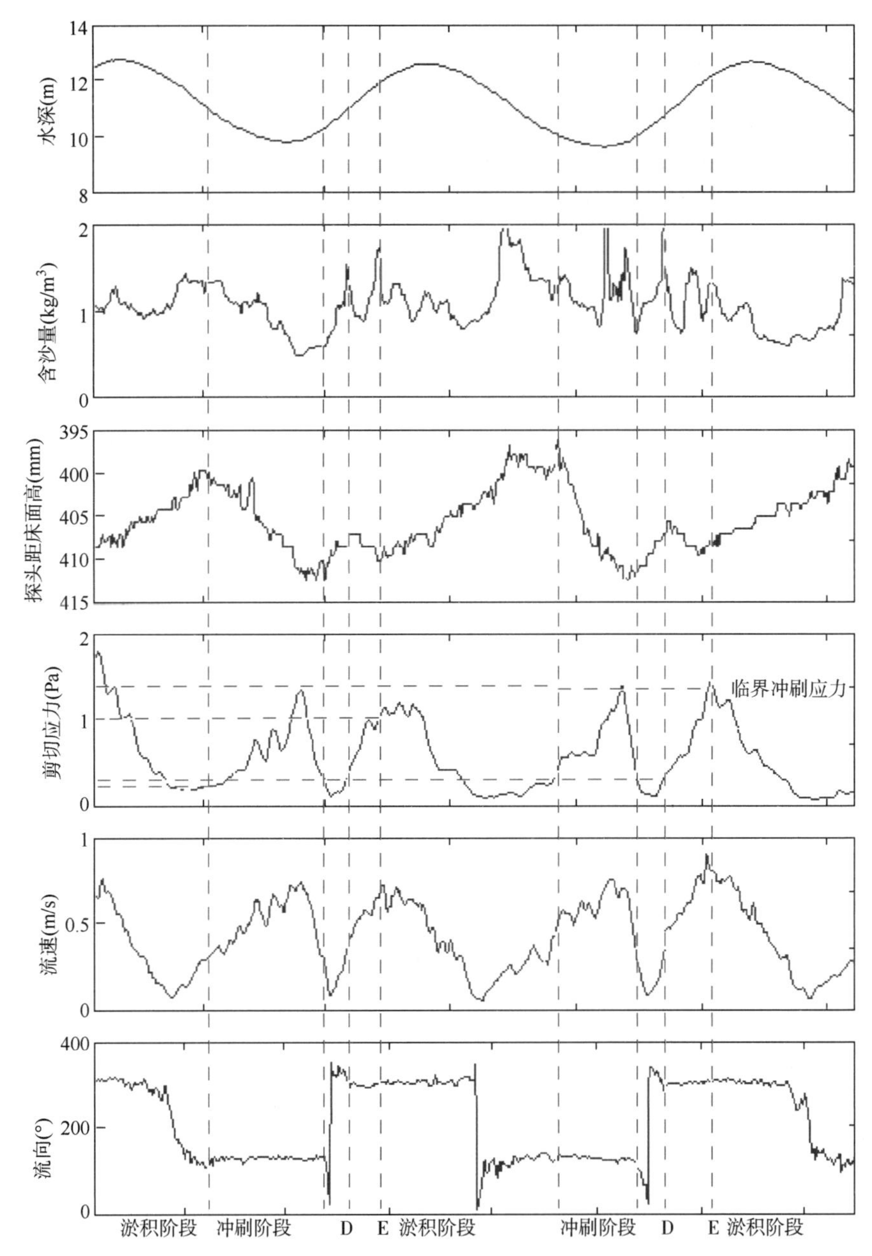

图 4-4　典型冲淤过程和水流动力过程对应关系

（限于图幅，图中 D 和 E 同样分别代表淤积阶段和冲刷阶段）

第二阶段：随着进入中小潮阶段，近底落潮的动力越来越弱（大潮到中潮阶段，近底的落潮动力大于涨潮；随着进入中潮直至小潮阶段，近底的落潮动力小于涨潮；在小潮阶段甚至在整个潮周期当中不见落潮过程），落潮加速阶段几乎没有发生冲刷，而涨潮减速阶段的淤积依然较大。综合涨落潮过程，该阶段呈现快速淤积的特征。

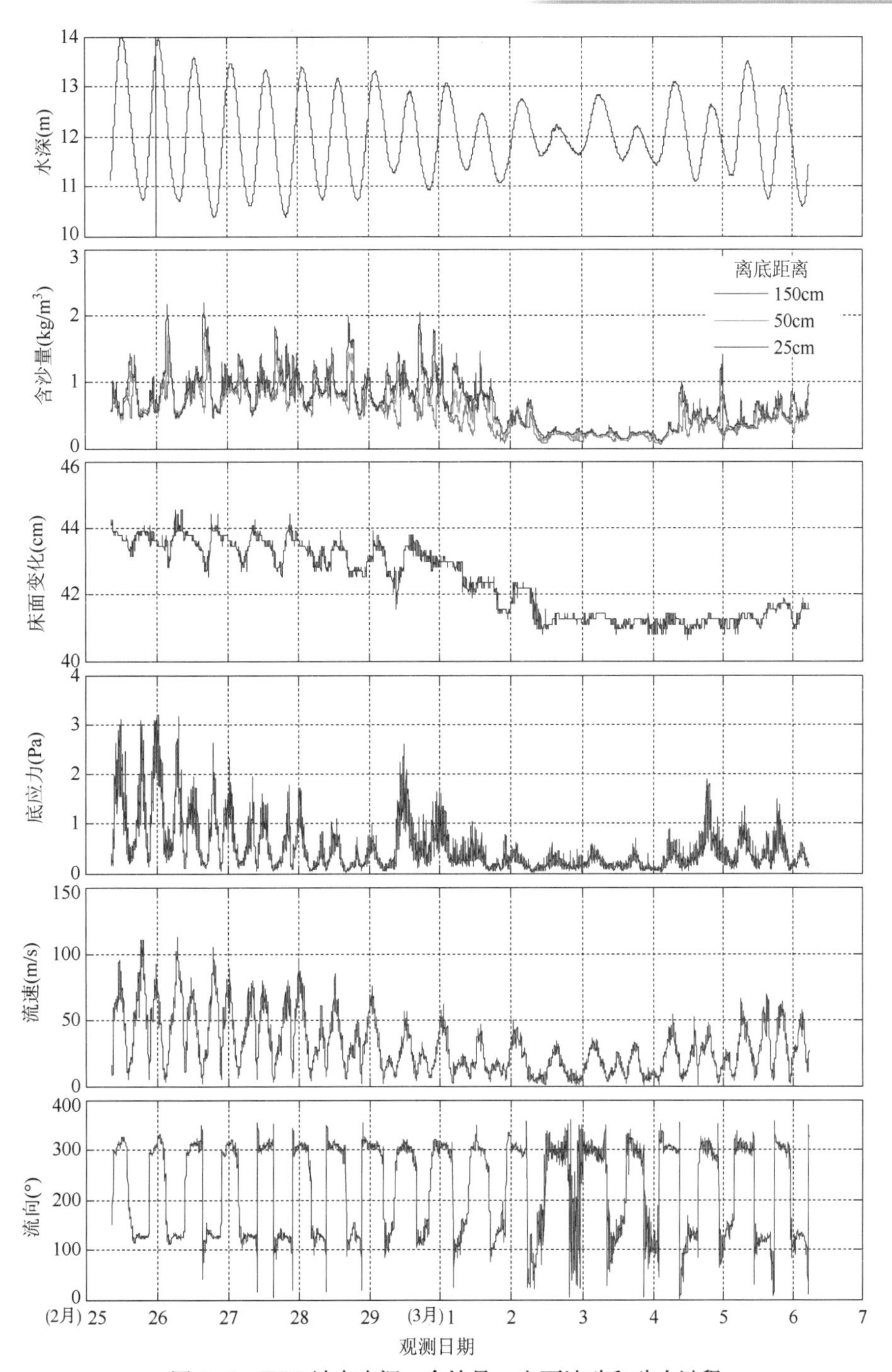

图 4-5 TR3 站点水深、含沙量、床面波动和动力过程

第三阶段：在经过了前期的快速淤积阶段之后，水体含沙量已经大幅下降（图 4-5）。虽然该阶段的水流动力依然较弱（甚至比上一阶段的动力还弱，第二阶段的平均潮差 1.63m，该阶段的平均潮差 1.25m，见表 4-1），但由于上层水体几乎无可沉降的含沙量，同时动力较小的情况下，床面冲刷量也很小，因此形成了该阶段的冲淤特征，即冲淤幅度相当小的平衡阶段。

冲淤阶段对应时间和潮差信息 表 4-1

阶　段	时　间	潮　差（m）	潮　型
第一阶段	2 月 24 日～29 日 （农历初三～初八）	2.06 ～ 3.27 （平均 2.86）	大潮、中潮
第二阶段	2 月 29 日～3 月 2 日 （农历初八～初十）	1.15 ～ 2.16 （平均 1.63）	小潮
第三阶段	3 月 2 日～3 月 5 日 （农历初十～十三）	0.64 ～ 2.01 （平均 1.25）	小潮～中潮

4.2.3　冲刷淤积模式

传统的冲刷淤积模式观点认为，床面的冲淤变化过程是水流动力（近底水流切应力）与临界冲刷应力和临界淤积应力对比关系造成的结果，即当近底水流切应力大于临界冲刷应力时，床面发生冲刷；当近底水流切应力小于临界淤积应力时，床面发生淤积；而且临界冲刷应力往往大于临界淤积应力。

本次现场观测资料分析表面床面局部地形冲淤变化的动力影响因素和传统认识稍有不同，即呈现不同的冲刷淤积模式。此次现场观测结果表明，观测区域涨落潮过程中均存在明显的临界冲刷应力，但临界淤积应力仅在落潮过程中存在，而涨潮过程中不明显（如果定义为存在临界淤积应力的话，该淤积应力相当大，基于此，本书认为“涨潮过程中临界淤积应力不存在或不明显”）。因此，基于现场观测资料概化的新冲刷淤积模式为：不论涨潮还是落潮加速过程中，当近底水流切应力大于临界冲刷应力时，床面开始发生冲刷；在落潮减速过程中，当近底水流切应力小于临界淤积应力时，床面开始发生淤积；而几乎在整个涨潮减速过程中，床面均发生淤积。

综上分析，可以归纳出主要的冲刷和淤积时机。

（1）冲刷发生时机

涨潮或落潮加速阶段，当近底剪切应力大于临界起动应力时发生冲刷。

（2）淤积发生时机

涨潮减速阶段至下一个落潮加速阶段前期（小于临界起动剪切应力）发生淤积。该期间的淤积又可以分为两阶段：①小幅淤积阶段，发生在近底剪切应力大于临界淤积应力阶段；②大幅淤积阶段，发生在近底剪切应力小于临界淤积应力并且大于落潮阶段的临界起动剪切应力阶段。

4.3　长江口近底河床冲刷淤积速率观测

前述分析结果表明，第一阶段最大的冲刷和淤积时段分别发生在落潮加速阶段和涨潮减速阶段。涨落潮加速阶段的冲刷厚度和减速阶段的淤积厚度相当，所以该阶段呈现冲淤幅度较大、有冲有淤、冲淤平衡的特征。详细的冲淤厚度和速率计算见表 4-2。

第二阶段（2 月 29 日～ 3 月 2 日，约 2d）发生持续淤积，该阶段的淤积厚度为 23mm，淤积速率为 12mm/d。

第一阶段（冲淤平衡阶段）冲淤厚度与速率计算表 表 4-2

阶　段	冲淤厚度范围(mm)	冲淤厚度平均值(mm)	冲淤速率范围(mm/d)	冲淤速率平均值(mm/d)
落潮加速阶段冲刷	2 ～ 14	9	27 ～ 107	63
落潮减速阶段淤积	2 ～ 6	4	31 ～ 139	84
涨潮加速阶段冲刷	1 ～ 9	4	9 ～ 77	44
涨潮减速阶段淤积	8 ～ 11	10	35 ～ 55	44

注：冲淤厚度统计值为图 4-5 中 2 月 25 ～ 28 日，探头距床面高度的变化值；冲淤速率根据式（3-6）计算所得，其中表层沉积物密度取值为 1 903kg/m^3。

4.4 长江口近底临界冲刷应力观测

观测数据分析得到的临界冲刷应力为 0.09 ～ 0.46Pa，平均 0.20Pa。前述冲淤变化特征的第二阶段（快速淤积阶段）和第三阶段（冲淤幅度很小的平衡阶段）近底水流切应力变化范围为 0.008 ～ 0.59Pa，平均值 0.13Pa，大于 0.20Pa 的时间段为占整个阶段的 19.8%。从这两阶段的应力和冲淤特征分析，观测数据分析得到该区域的临界冲刷应力 0.20Pa 具有一定的可靠性。

5 长江口北槽四侧水沙通量监测技术与方法

长江口 12.5m 深水航道自 2010 年 3 月 14 日试通航以来，航道疏浚维护量依然较大，回淤量分布仍主要集中在洪季的北槽中段，航道维护费用较高。为减少航道维护量、降低航道维护费用，交通运输部长江口航道管理局组织开展长江口北槽 12.5m 航道回淤原因分析研究，在此基础上开展后续的航道减淤工程方案研究。为配合做好航道回淤原因分析研究工作，交通运输部长江口航道管理局先后于 2011 年洪枯季、2012 年洪季和 2013 年洪季开展了长江口北槽泥沙通量观测研究，以分析长江口北槽的主要泥沙来源，研究长江口北槽泥沙运移动态，并为长江口 12.5m 航道的常年维护提供技术支撑。

5.1 长江口北槽四侧水沙通量观测

长江口北槽水沙通量研究现场观测中将北槽封闭成一个有 4 边（北槽上口断面、北槽下口断面、南导堤和北导堤）的“盒子”，通过在南北导堤上布放小型越堤流观测系统及在上下口采用船载 ADCP 走航和加密垂线含沙量观测的方法，近似地获取 4 个断面（南导堤、北导堤、北槽上口和北槽下口）的（净）潮通量和（净）沙通量。图 5-1 是长江口北槽水沙通量研究观测“盒子”示意图。

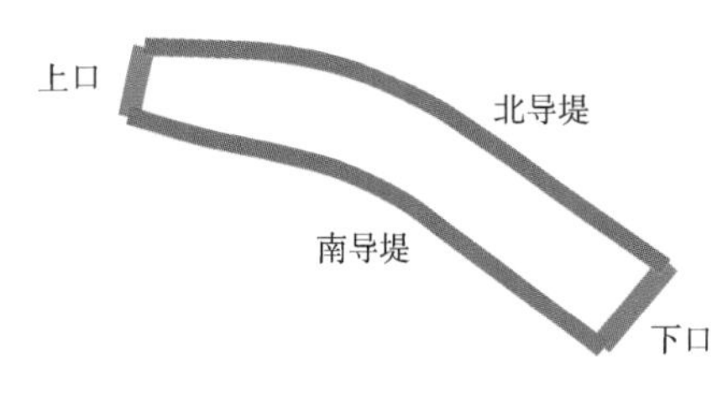

图 5-1 长江口北槽水沙通量观测封闭“盒子”示意图

其主要研究目的是为了寻找长江口北槽的主要泥沙来源。完整的北槽泥沙通量观测研究包括两项主要内容：一是长江口北槽上下口泥沙通量观测研究；二是长江口北槽深水航道南、北导堤越堤流水沙观测研究。通过对北槽深水航道上下口和南北导堤 4 个方向的水沙运动过程开展现场通量观测，以获取各个方向的水沙通量，从而了解进入长江口北槽的主要泥沙来源。

5.1.1 长江口北槽上下口泥沙通量观测研究

在北槽上口和下口各布置 2 个 ADCP 测流测沙断面，以获取断面流速和含沙量分布及过程，同时在上下口断面各设置 1 个坐底三角架，测量近底流速分布，用以计算 ADCP 近底盲区推算系数。上下口断面各设置多条垂线（4 ~ 8 条）进行动船取沙（悬沙），结合流速资料和含沙量资料，计算整个断面的水沙通量。坐底架观测时间持续 8 ~ 9d，进行一个完整的大、中、小潮观测。每个潮型中，在观测断面上进行1次完整的ADCP潮周期（要求28h）观测，以分析研究北槽上口和下口的潮流通量和泥沙通量。

坐底观测架配备自容式观测仪器，观测近底流速和含沙量等水文泥沙要素。断面观测采用船载ADCP走航获取整个断面的流速分布资料，采用OBS和结合采水样的方法获取各个设置的垂线位置处的垂线含沙量分布、温度分布和盐度分布。

5.1.2　长江口北槽深水航道南北导堤越堤流水沙观测研究

研究人员分别在南导堤堤顶和北导堤堤顶设置多套越堤流观测架，连续观测涨落潮流及输沙过程。观测的参数包括堤顶上约50cm高度处的含沙量、堤顶垂线流速流向或50cm高度处的流速流向。观测与"北槽上下口泥沙通量观测"同步实施。

结合2011年和2012年的观测经验和观测的不足之处，2013年全部越堤观测站点进行了如下优化：

（1）全部越堤流观测站点都获取了垂线流速分布资料，以弥补2011年和2012年观测中部分站点仅有50cm高度处的流速资料。

（2）全部越堤流观测站点均设置了垂向上三层含沙量观测设备，分别是底层（约5cm）、中层50cm高度处（和以往观测相同）以及水表层（采用新设计的自动水面跟踪浮动架进行观测）。

（3）在南导堤南侧（C5站点和C6站点）布置了越堤泥沙观测校核点，以检验越堤观测到的含沙量的准确性。

5.2　长江口北槽四侧水沙通量观测采用的平面、高程控制系统

现场观测平面控制系统采用1954年北京坐标系及高斯投影。测船采用GPS信标机定位，WGS-84经纬度与1954年北京坐标系转换参数采用以下值：

中央子午线：123°；

参数：ΔX=119.763 2m，ΔY=204.842 8m，ΔZ=130.716 4m，δX=−0.407 289″，δY= 4.474 546″，δZ=−2.508 209″，ΔS_{cale}=$-10.222\,4\times10^{-6}$。

高程系统采用测区当地理论深度基准面。

5.3　长江口北槽四侧水沙通量观测采用的仪器设备

使用的所有GPS信标机、声学多普勒流速仪、光学浊度仪及其他常规测量仪器、设备均在使用前提供质保资料或计量合格证明，各项技术指标满足技术标准要求，观测时各仪器均处于检验有效期内。选用的测量船只符合水上交通有关船舶航行、水上作业、水上安全等方面的要求，符合项目测区自然条件和技术标准要求。现场观测及内业分析中采用的主要仪器设备见表5-1～表5-3。

断面水沙通量走航观测仪器 表 5−1

编号	仪器名称及型号	数量	仪 器 作 用	性 能 参 数
1	RDI Workhorse ADCP WHR600−I (600kHz)	3 台	实时同步观测水流及泥沙分布	内置探头：温度、艏向、纵摇、横摇； 内置功能：水流剖面，河流 ADCP 观测； 通信参数端口：RS−232
2	Trimble AgGPS	3 台	记录走航断面坐标信息、导航	差分精度：<1m（DGPS 单频天线）； 冷启动：<2.5min；热启动：<30s；重捕获：5s； 通信端口：RS−232
3	OBS3A 浊度仪	3 台	观测垂线含沙量，率定 ADCP 数据	浊度（NTU）量程：0.2 ~ 4 000；精度：2.0%； 泥 D_{50}=20μm (mg/L) 量程：0.1 ~ 5 000，精度：2.0%； 砂 D_{50}=250μm (mg/L) 量程：2 ~ 100 000，精度：3.5%
4	横式采样器	4 只	采集 OBS 同步水样，率定 OBS	每船 1 只备用
5	现场工作计算机	4 台	记录观测数据、导航	记录数据 1 台，导航 1 台

越堤水沙观测系统仪器 表 5−2

编号	仪器名称及型号	数量	仪 器 作 用	性能参数说明
1	Nortek AquaPro 2MHz	1 套（系统）	测量堤顶以上垂向流速分布及探头附近水温等现场资料	AquaPro 2MHz 可以获取最小 10cm 单元分层的高空间分辨率垂向流速分布资料
2	OBS3A 或 OBS3+	若干（系统）	测量潮位、定层水体含沙量、水温和盐度等现场资料	浊度（NTU）量程：0.2 ~ 4 000；精度：2.0%； 泥 D_{50}=20μm（mg/L）量程：0.1 ~ 5 000，精度：2.0%； 砂 D_{50}=250μm（mg/L）量程：2 ~ 100 000，精度：3.5%
3	其他设备			根据需要可以配备其他水文泥沙观测仪器，以实现观测目的或需求

坐底式波浪潮流泥沙观测系统仪器 表 5−3

编号	仪器名称及型号	数量	仪 器 作 用	性能参数说明
1	Nortek AWAC AST	1 套（系统）	观测潮位、波浪、系统上层水体垂向流速，及探头附近水温等现场资料	采用声学表明跟踪法（AST −Acoustic Surface Track）测量波浪，避免了传统压力法会随着水深的增加而降低对短周期波浪的敏感度。AST 方法直接通过声波在水表面的反射测量水面波动，是一种直接的测量方法，测量精度相比压力法更高
2	Nortek AquaPro 2MHz （HR）	1 套（系统）	测量潮位、系统下层水体（近底）垂向流速，及探头附近水温等现场资料	采用 HR（High Resolution 模式），可以获取近底 1 ~ 2cm 最小单元分层的高空间分辨率垂向流速分布资料
3	Nortek Vector 6MHz	1 套（系统）	测量潮位、水温和近底三维（3D）紊动流速	该设备采样频率高达 25Hz，可以方便地获取近底紊动流速，能为近底水沙运动过程的分析提供很有价值的观测资料
4	OBS5+	若干（系统）	测量潮位、定层水体含沙量和水温等现场资料	采用 ND 和 FD（近端和远端）探测器可以解决 OBS3A 含沙量测量范围不高的缺陷，OBS5+ 在长江口北槽含沙量测量范围高于 40kg/m^3

续上表

编号	仪器名称及型号	数量	仪 器 作 用	性能参数说明
5	OBS3A 或 OBS3+	若干（系统）	测量潮位、定层水体含沙量、水温和盐度等现场资料	浊度（NTU）量程：0.2 ~ 4 000；精度：2.0%；泥 D_{50}=20μm（mg/L）量程:0.1 ~ 5 000，精度：2.0%；砂 D_{50}=250μm（mg/L）量程:2 ~ 100 000，精度：3.5%
6	其他设备			根据需要可以配备其他水文泥沙观测仪器，以实现观测目的或需求

5.4 长江口北槽四侧水沙通量现场观测情况

研究人员从2011年至2013年一共开展了4次长江口北槽泥沙通量现场观测，分别是2011年枯季、2011年洪季、2012年洪季和2013年洪季。各次现场观测情况简单分述如下。

5.4.1 2011年枯季

2011年枯季开展的北槽泥沙通量观测是第一次相对较为系统地针对寻找北槽泥沙来源开展的通量观测。此次观测没有设计北导堤观测站点，主要完成的观测内容为：

(1) 长江口北槽上下口水沙通量观测；

(2) 长江口北槽南导堤越堤流水沙通量观测。

详细的观测断面和站点布置见图5-2。通量的现场同步观测在2011年3月22日～30日期间开展，其中越堤流观测架于同步观测开展前布置完成。越堤流和断面通量观测的大潮、中潮和小潮同步观测时间见表5-4。

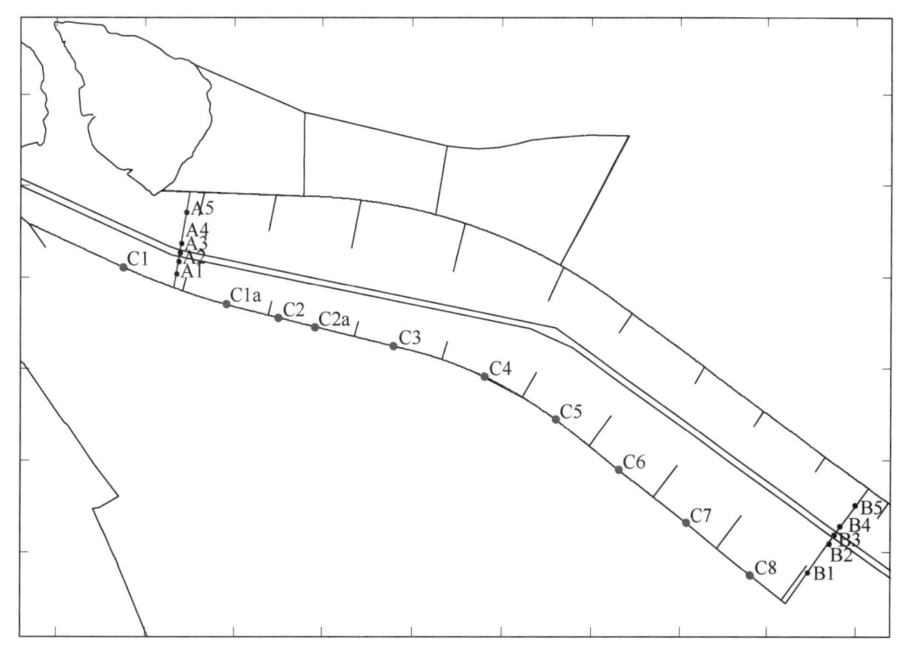

图5-2　2011年枯季北槽水沙通量观测断面和站点布置示意图

2011 年枯季大潮、中潮和小潮同步观测时间　　表 5–4

潮型	公　历	农　历	北槽中潮差 (m)	7d 前大通流量 (m^3/s)
大潮	2011 年 3 月 22 日 5：00 ~ 3 月 23 日 12：00	三月初一～初二	3.62	13 350
中潮	2011 年 3 月 25 日 7：00 ~ 3 月 26 日 13：00	三月初四～初五	2.30	13 250
小潮	2011 年 3 月 29 日 9：00 ~ 3 月 30 日 16：00	三月初八～初九	1.75	13 750

注：大通流量为测验期前 7d 数据，北槽中站潮差为潮周期内两涨两落潮差平均值。

5.4.2 2011 年洪季

2011 年洪季通量同步观测于 8 月 30 日（农历八月初二）~ 9 月 6 日（农历八月初九）期间开展，其中越堤流观测架于同步观测开展前布置完成。越堤流和断面通量观测的大潮、中潮和小潮同步观测时间见表 5–5。

2011 年洪季大潮、中潮和小潮同步观测时间　　表 5–5

潮型	公　历	农　历	北槽中潮差 (m)	7d 前大通流量 (m^3/s)
大潮	2011 年 8 月 30 日 6：00 ~ 8 月 31 日 12：00	八月初二～初三	4.24	21 200
中潮	2011 年 9 月 2 日 8：00 ~ 9 月 3 日 14：00	八月初五～初六	3.28	18 400
小潮	2011 年 9 月 5 日 10：00 ~ 9 月 6 日 16：00	八月初八～初九	1.48	19 600

注：大通流量为测验期前 7d 数据，北槽中站潮差为潮周期内两涨两落潮差平均值。

在观测开始前和观测期间分别受到了 2011 年第 11 号南玛都台风和 2011 年第 12 号台风塔拉斯的影响（表 5–6、图 5–3）。由于这两次台风距离长江口较远，观测前和观测期间仅受到了台风的边缘影响。尽管如此，现场观测前和观测期间的风力均达到了 5 ~ 6 级，尤其是 9 月 2 日 ~ 9 月 5 日，牛皮礁站观测到的风力持续维持在 6 ~ 10m/s（4 ~ 5 级）。上述过程对本次观测中大潮和中潮的测量结果有较大的影响。

2011 年洪季观测期间对长江口有影响的台风过程　　表 5–6

台 风 名	对长江口主要影响的期间	台 风 时 间	登 陆 时 间	登 陆 地
2011 年第 11 号 南玛都（NAMADOL）	8 月 29 日～8 月 31 日	2013 年 8 月 23 日～31 日	8 月 31 日 2：20	福建省晋江沿海
2011 年第 12 号 塔拉斯（TALAS）	9 月 2 日～9 月 6 日	2013 年 9 月 2 日～9 月 5 日	9 月 3 日 9：00	日本四国岛高知县

与 2011 年枯季相比，2011 年洪季观测主要有两点不同：

（1）在北导堤增加布置了 3 个越堤流观测站点，其中 C9 和 C11 只测含沙量，C10 同时测流速和含沙量；

（2）上下口断面的动船取水和 OBS 垂线由原来的 5 条增加成 7 ~ 8 条（上口 8 条，下口 7 条）。

尽管 2011 年洪季在北导堤上增加布置了 3 个站点，但遗憾的是北导堤上布置的 3 套设备都发生了海损事故，因此最后还是没有获取到北导堤的越堤水沙过程资料。总体上，2011 年洪季主要完成的观测内容为：

（1）长江口北槽上下口大中小潮水沙通量观测（7 ~ 8 条动船取水 OBS 垂线）；

（2）长江口北槽南导堤大中小潮越堤流水沙通量连续观测。

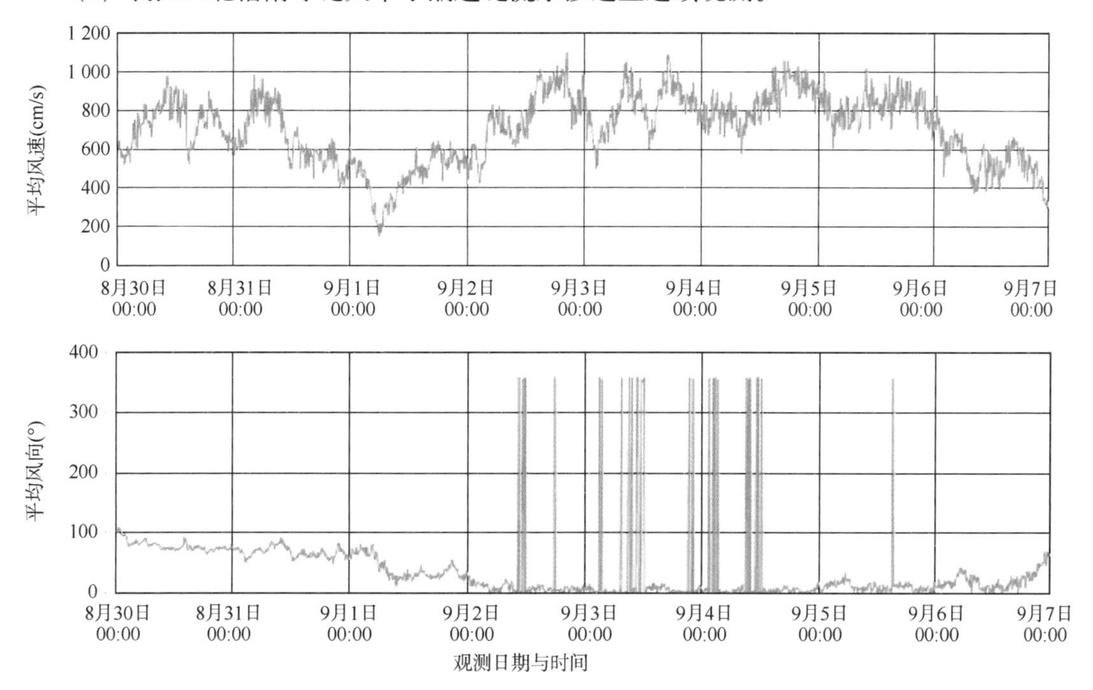

图 5–3　2011 年观测期间及前后牛皮礁站风速风向过程

详细的观测断面和站点布置见图 5–4。

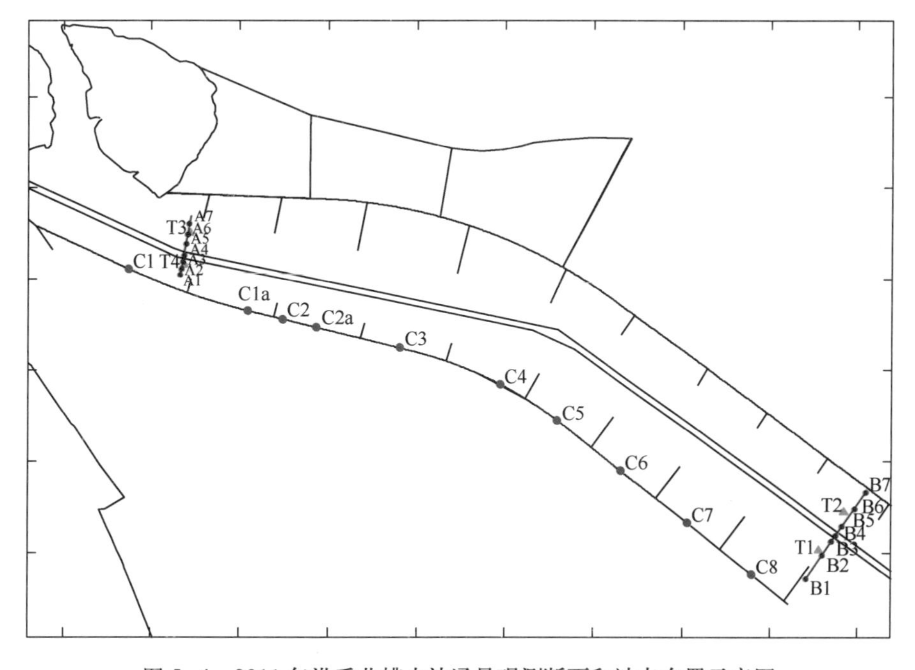

图 5–4　2011 年洪季北槽水沙通量观测断面和站点布置示意图

5.4.3 2012年洪季

2012年洪季通量同步观测于2012年9月18日(农历八月初三[1],原计划9月17日～9月18日进行测量)～9月6日（农历八月初九）期间开展，其中越堤流观测架于同步观测开展前布置完成。越堤流和断面通量观测的大潮、中潮和小潮同步观测时间见表5–7。

2012年洪季大潮、中潮和小潮同步观测时间 表5–7

潮型	公　历	农　历	北槽中潮差(m)	7d前大通流量(m^3/s)
大潮	2012年9月18日5：00～9月19日 12：00	八月初三～初四	4.16	38 000
中潮	2012年9月20日7：00～9月21日 13：00	八月初五～初六	3.51	37 150
小潮	2012年9月23日9：00～9月24日 16：00	八月初八～初九	1.84	37 700

注：大通流量为测验期前7d数据，北槽中站潮差为潮周期内两涨两落潮差平均值。

基于2011年的观测经验以及对北槽水沙通量观测重要性的认识基础上，2012年洪季通量观测设计更加注重确保完整获取全部4个断面（北槽上口、北槽下口、南导堤和北导堤）的水沙通量数据。上下口断面的动船取水取沙和OBS垂线依然为7～8条，越堤流观测架的固定安装方式由原来采用的钢丝绳改为膨胀螺栓（图5–5）。这一措施极大地提高了仪器的安全性，也确保了导堤上（尤其是北导堤）越堤水沙数据的完整获取。总体上，2012年洪季主要完成的观测内容为：

（1）长江口北槽上下口大中小潮水沙通量观测（7～8条动船取水OBS垂线）；

（2）长江口北槽南和北导堤大中小潮越堤流水沙通量连续观测。

a) 2011年越堤观测固定方式

b) 2012年越堤观测固定方式

图5–5 越堤水沙通量观测现场布置情况图

详细的观测断面和站点布置见图5–6。

2012年洪季通量观测前，长江口区域受到了2012年第16号三巴台风的影响。该台风过程统计见表5–8。该台风对长江口区域的影响较大，牛皮礁平台站观测到该台风对长江口的影响持续时间长（从9月13日～18日），风力大（台风影响期间观测到的最大风速超过20m/s，为8级风力），详见图5–7。该台风对后续通量观测的结果产生了重要的影响。

[1] 由于受到台风影响，大潮测量往后推迟了1d。

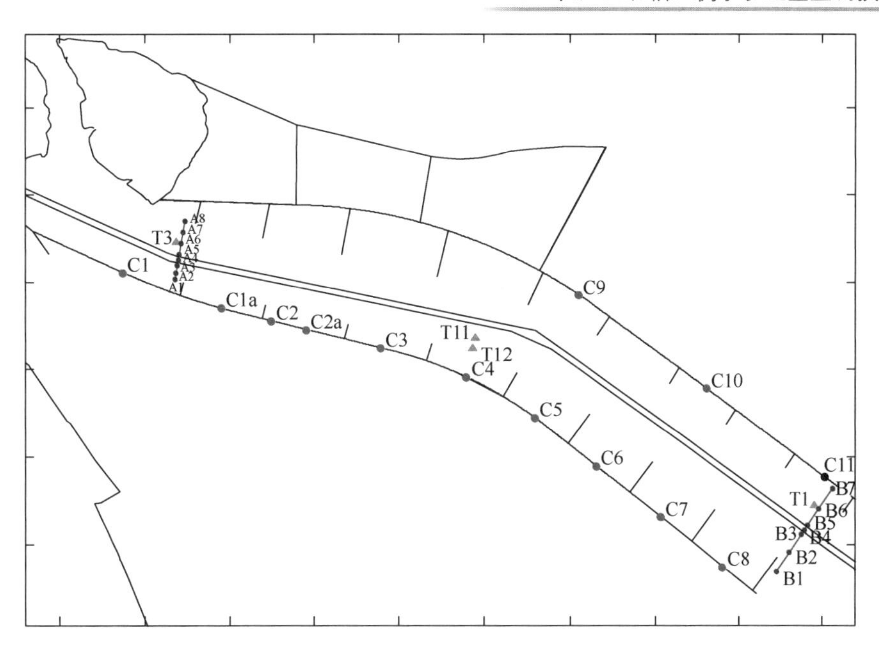

图 5-6　2012 年洪季北槽水沙通量观测断面和站点布置示意图

2012 年洪季观测期间对长江口有影响的台风过程　　表 5-8

台　风　名	对长江口主要影响的期间	台 风 时 间	登 陆 时 间	登　陆 地
2012 年第 16 号三巴(SANBA)	9 月 13 日～9 月 18 日	2013 年 9 月 11 日～18 日	9 月 17 日 21：00 前后	韩国庆尚南道西南部沿海

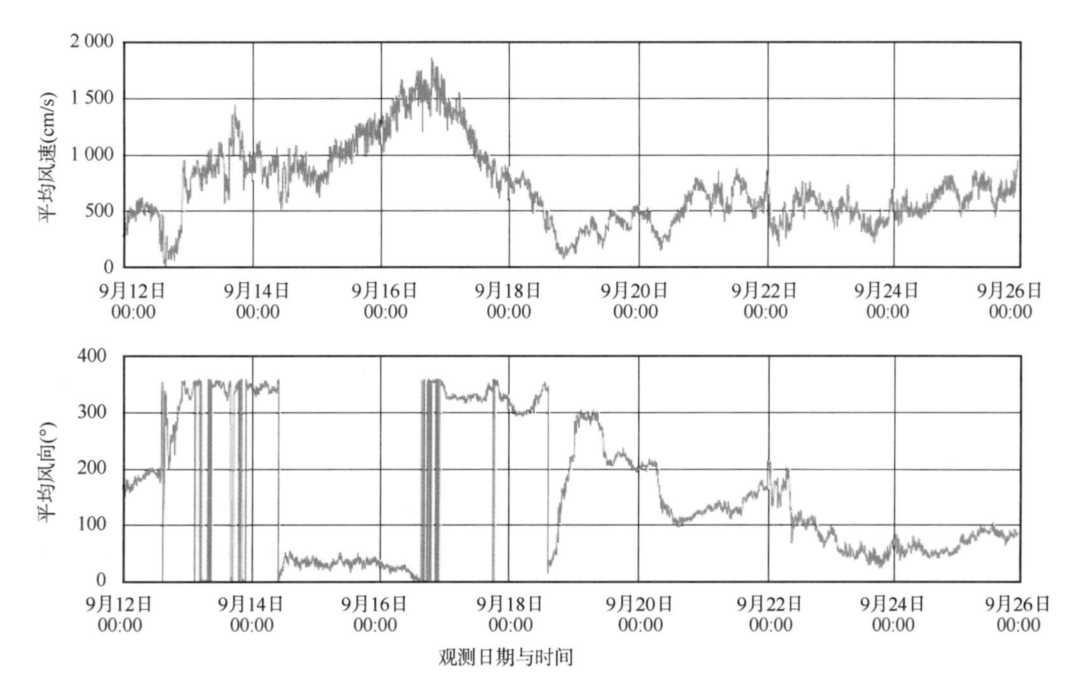

图 5-7　2012 年洪季观测期间及前后牛皮礁站风速、风向过程

5.4.4 2013年洪季

2013年洪季水沙通量观测中，继续保持了2012年观测中上下口断面的动船取水取沙和更加密的OBS垂线（7～8条）；同时为考察北槽纵向沿程的输水输沙情况，尝试性地增加了北槽中段2个断面，分别为位于H疏浚单元（南导堤S3～S4和北导堤N3～N4丁坝之间）的*C*断面及位于北槽中下段O疏浚单元（南导堤S6～S7之间、北导堤靠近N7丁坝西侧）的*D*断面；越堤流观测架的固定安装方式依然采用膨胀螺栓，以提高仪器的安全性，从而继续确保导堤上（尤其是北导堤）越堤水沙数据的完整获取。此外，结合2011年和2012年的观测经验和观测的不足之处，2013年全部越堤观测站点进行了如下优化。

（1）所有越堤流观测站点全部采用Nortek AquaPro2MHz声学多普勒剖面流速仪，以获取整个垂线流速分布资料，以弥补2011年和2012年观测中多个站点因采用的是Nortek Aquadopp声学多普勒点流速仪而只获取了50cm高度处流速资料的不足。

（2）全部越堤流观测站点均设置了垂向上三层含沙量观测设备，分别是底层（约5cm）、堤顶50cm高度处（和以往观测相同）以及水表面层。为了获取表层含沙量资料，研究人员专门设计了一套表层含沙量观测的浮动观测系统，见图5-8。

图5-8 表层含沙量浮动观测系统现场安装和布置照片

（3）在南导堤南侧（C5站点和C6站点南侧）布置了越堤泥沙观测校核点（C5-JH和C6-JH），以检验越堤观测到的含沙量的准确性。

总体上，2013年洪季主要完成的观测内容为：

（1）长江口北槽上下口、北槽中上段*C*断面和北槽中下段*D*断面的大、中、小潮水沙通量观测（7～8条动船取水OBS垂线）；

（2）长江口北槽南导堤和北导堤大、中、小潮越堤流水沙通量连续观测。

详细的观测断面和站点布置见图5-9。

2013年洪季水沙通量观测于2013年8月16日～9月8日期间开展，完成了南北导堤共计13个越堤流观测站点的垂线流速分布过程观测、垂向三层含沙量过程观测以及北槽多个断面的大、中、小潮同步水沙通量观测。整个观测期间，越堤流观测架于同步观测开展前布置完成。由于受到台风的影响，各越堤流观测站点的初始布置时间各不相同，见表5-9；越堤流和断面通量观测的大潮、中潮和小潮同步观测时间见表5-10。2013年洪季水沙通量观测内容和任务相较于以往的观测更加多、更加困难，同时观测期间分别受到了3次台风（表5-11）的影响，所以此次现场观测时间跨度最长，前后共计24d。原计划的同步观测时间（表5-12）也因为受到台风的影响相应进行了调整。

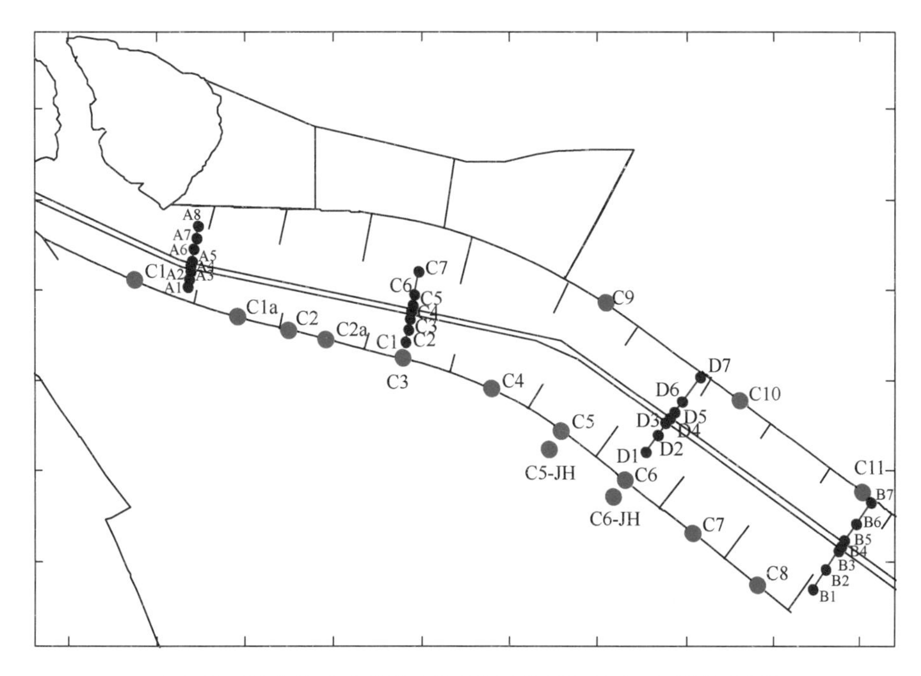

图5-9　2013年洪季北槽水沙通量观测断面和站点布置示意图

各个越堤流观测站点的观测时间　　表5-9

序号	站点名	观测期间	序号	站点名	观测期间
1	C1	8月24日～9月7日	8	C6	8月20日～9月7日
2	C1a	8月24日～9月7日	9	C7	8月20日～9月7日
3	C2	8月24日～9月7日	10	C8	8月25日～9月7日
4	C3a	8月24日～9月7日	11	C9	8月25日～9月7日
5	C3	8月24日～9月7日	12	C10	8月25日～9月7日
6	C4	8月16日～9月14日	13	C11	8月25日～9月7日
7	C5	8月20日～9月7日			

2013年洪季大潮、中潮和小潮实际同步观测时间　　表5-10

潮型	公　　历	农　　历	北槽中潮差（m）	7d前大通流量（m^3/s）
大潮	9月6日5：00～9月7日 10：00	八月初二～初三	3.85/3.71	29 600
中潮	8月26日19：00～8月28日1：00	七月二十～二十一	2.86/2.69	27 100
小潮	9月1日4：00～9月2日 10：00	七月二十六～二十七	2.47/1.78	30 200

注：大通流量为测验期前7d数据，北槽中站潮差为潮周期内两涨两落潮差平均值。

观测期间内对长江口有影响的台风过程　　表 5-11

台　风　名	对长江口主要影响的期间	台 风 时 间	登 陆 时 间	登　陆　地
2013 年第 12 号潭美（TRAMI）	8 月 21 日～ 8 月 24 日	8 月 18 日～ 8 月 23 日	8 月 22 日 2：40 分	福建省福清市沿海
2013 年第 15 号康妮（KONG-REY）	8 月 30 日～ 9 月 1 日	8 月 26 日～ 8 月 30 日	—	—
2013 年第 17 号桃芝（TORAJI）	9 月 2 日～ 9 月 4 日	9 月 2 日～ 9 月 4 日	9 月 4 日 2：00	日本国鹿儿岛沿海

2013 年洪季大潮、中潮和小潮计划同步观测时间　　表 5-12

潮型	公　　历	农　　历	北槽中最大（平均）潮差（m）	7d 前大通流量（m^3/s）
大潮	8 月 23 日 6：00 ～ 8 月 24 日 11：00	七月十七～十八	4.09（3.96）	30 950
中潮	8 月 26 日 7：00 ～ 8 月 27 日 12：00	七月二十～二十一	3.35（2.94）	30 200
小潮	8 月 30 日 10：00 ～ 8 月 31 日 16：00	七月二十四～二十五	1.58（1.17）	29 600

5.5　长江口北槽四侧水沙通量资料整编与内业计算

5.5.1　流速、流向数据整编

本次测量中，断面流速流向采用 ADCP 走航方式测得。由于 ADCP 测量中存在盲区，且其实测数据为固定水深分层数据，故需对实测数据盲区进行补充，并插值为 6 层法相对水深分层数据，以便开展进一步的整编工作。

（1）ADCP 盲区处理

ADCP 测量时安装在入水 1m 深度的位置，由于 ADCP 第一层有效测量数据与探头存在近场盲区，故 ADCP 实测垂线一般在水表面存在厚度为 1.5 ～ 2m 的表层盲区。与此同时，由于仪器探头发射角度与铅直方向存在一个固定夹角，造成近底区域受到旁瓣效应的影响，测得的流速数据失真，故仪器自带的 Winriver 测量软件一般将河床附近相对全水深约 12% 的水层标识为底层盲区，见图 5-10。

为了推算得到水深范围的流速分布，应结合流速分布公式及本测区历史观测数据建立本测区的流速分布模型，从而利用实测有效水层的流速计算得到缺测水层的流速。对于表层盲区，水面流速与 ADCP 首个有效单元流速的关系可表示为：

$$v_s=k_s v_1 \tag{5-1}$$

式中：v_s——水面流速（m/s）；

v_1——ADCP 首个有效单元的流速（m/s）；

k_s——水面流速折算系数，本次测量的测区可取 1。

底层流速与 ADCP 最后一个有效单元流速的关系可表示为：

$$v_b=k_b v_n \tag{5-2}$$

式中：v_b——底层流速（m/s）；

v_n——ADCP 最后一个有效单元的流速（m/s）；

k_b——底层流速折算系数，本次测量的测区可取 0.795。

（2）分层流速、流向数据计算

由于 ADCP 实测流速为固定水深分层数据，为便于流速、流向数据的整编及后续的统计分析，须将其插值到规范要求的各水层上去。插值前，应将 ADCP 实测各层（含插补的表层、底层）实测流速矢量 $\bar{v_i}$ 分解为东分量 $v_{iE}=v_i \cdot \sin\alpha$ 与北分量 $v_{iN}=v_i \cdot \cos\alpha$，（式中 α 为流向方位角）并插值得到 6 层法各分层的流速东分量 v'_{iE} 及北分量 v'_{iN}，然后矢量合成得到 6 层法各分层流速、流向。

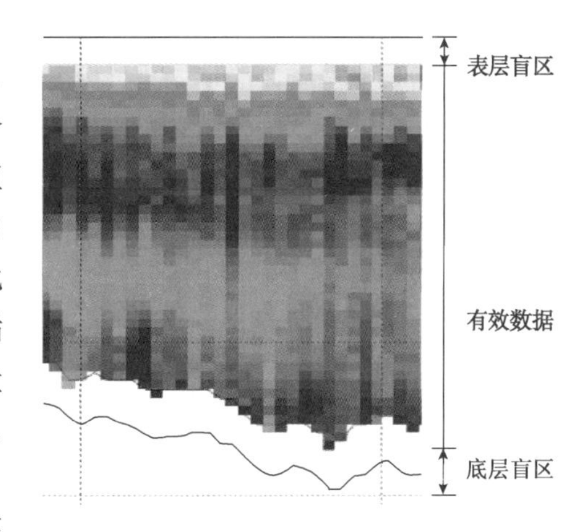

图 5-10　ADCP 数据盲区示意图

（3）垂线流速、流向提取

由于断面采用 ADCP 走航观测，无法保证断面上各点均在整点时刻进行流速测量；另一方面，由于测船走航过程中无法保证始终匀速航行，ADCP 各测点的分布距离也不一致，因此需计算提取需要的固定间隔点位的逐时整点流速、流向数据。计算分两步开展：

第一步，对于各测次的实测断面数据，将断面上各垂线的分层流速进行矢量分解，得到各垂线流速东分量及北分量，然后根据起点距插值得到各断面上自起点开始间隔为 100m 的采样垂线的流速东分量及北分量，最后矢量合成得到断面上间隔为 100m 的采样垂线的分层流速、流向。

第二步，对于各采样垂线，将其各测次的分层流速、流向进行矢量分解，并根据时间插值后矢量合成得到时间序列为整点时刻的分层流速、流向过程。至此即可得到观测断面上间隔为 100m 的各采样垂线的逐时分层流速、流向数据。

（4）垂线平均流速计算

各垂线的垂线平均流速采用矢量分解、合成方法计算，首先求出各分层测点流速东、北方向的分量，再根据各分量的垂线平均值进行合成计算，求出垂线平均流速和平均流向。计算公式如下：

$$\bar{v}_E=\frac{1}{10}(v_{0.0}\sin\alpha_{0.0}+2v_{0.2}\sin\alpha_{0.2}+2v_{0.4}\sin\alpha_{0.4}+2v_{0.6}\sin\alpha_{0.6}+2v_{0.8}\sin\alpha_{0.8}+v_{1.0}\sin\alpha_{1.0}) \tag{5-3}$$

$$\bar{v}_N=\frac{1}{10}(v_{0.0}\cos\alpha_{0.0}+2v_{0.2}\cos\alpha_{0.2}+2v_{0.4}\cos\alpha_{0.4}+2v_{0.6}\cos\alpha_{0.6}+2v_{0.8}\cos\alpha_{0.8}+v_{1.0}\cos\alpha_{1.0}) \tag{5-4}$$

$$\bar{v}=\sqrt{\bar{v}_E^2+\bar{v}_N^2}，\ \bar{\alpha}=\arctan\frac{\bar{v}_E}{\bar{v}_N} \tag{5-5}$$

式中：$\bar{v}_E$、$\bar{v}_N$——垂线平均流速东、北分量；

v_i、α_i——分层流速、流向；

$\bar{v}$、$\bar{\alpha}$——垂线平均流速、流向。

5.5.2 含沙量数据整编

（1）分层含沙量计算

本次测量中垂线含沙量采用光学浊度计测量，由于此类型仪器采样率较高，沿垂线方向实测数据点较多，故整编时根据水深将垂线实测数据插值得到规范要求的6层法各相对水深分层含沙量。

（2）垂线平均含沙量计算

由于本次测量的测区水流存在垂向分布差异，表底层流向并不一致，故计算垂线平均流速时不采用流速加权平均法计算，而是采用算术平均法进行计算。计算公式如下：

$$\bar{C}_s=\frac{1}{10}(C_{s0.0}+2C_{s0.2}+2C_{s0.4}+2C_{s0.6}+2C_{s0.8}+C_{s1.0}) \tag{5-6}$$

式中：C_s——垂线平均含沙量；

C_{si}——分层含沙量。

5.5.3 断面潮流量及涨、落潮潮量计算

（1）断面潮流量计算

本次测量中，断面潮流量分为两步进行计算：

第一步，计算断面上各垂线垂直断面方向单宽潮流量。首先将垂线平均流速、流向数据矢量分解为垂直断面方向及平行断面方向分量,然后计算垂线单宽潮流量。计算公式如下：

$$\bar{v}_n=\bar{v}\sin\beta \tag{5-7}$$

$$q_n=\bar{v}_n=H \tag{5-8}$$

式中：$\bar{v}_n$——垂线平均流速垂直断面方向分量（m/s）；

$\bar{v}$——垂线平均流速（m/s）；

β——观测断面与垂线平均流向的夹角；

q_n——垂直断面方向单宽潮流量（m^2/s）；

H——水深（m）。

第二步，利用各垂线单宽潮流量采用梯形法计算全断面潮流量。计算公式如下：

$$Q=\sum_{i=1}^{n=1}\frac{q_{ni}+q_{nj+1}}{2}\Delta L \tag{5-9}$$

式中：Q——断面潮流量（m^3/s）；

q_{ni}——第i条垂线垂直断面方向单宽潮流量（m^2/s）；

ΔL——两条垂线直接的间距，本次测量垂线间距100m。

（2）断面涨、落潮潮量计算

潮过程中，落憩至涨憩时段内通过断面的总水量为涨潮潮量，涨憩至落憩时段内通过断面的总水量为落潮潮量。潮量可根据断面逐时潮流量采用梯形法计算得到。计算公式为：

$$W=\sum_{i=1}^{n=1}\frac{q_i+q_{i+1}}{2}\Delta t \tag{5-10}$$

式中：W——断面潮量（m^3）；

q_i——第 i 时刻断面潮流量（m^3/s）；

Δt——两断面的时间差，一般为 1h，即 3 600s。

5.5.4 断面输沙率及涨、落潮输沙量计算

（1）断面输沙率计算

断面输沙率同样分两步进行计算：

第一步，计算断面上各垂线垂直断面方向单宽潮流量。首先将分层流速、流向数据矢量分解为垂直断面方向及平行断面方向分量，然后利用各分层垂直断面方向流速分量与分层含沙量计算垂线单宽输沙率。计算公式如下：

$$v_{ni}=v_i\sin\beta_i \tag{5-11}$$

$$q_{sn}=\frac{H}{10}(v_{n0.0}C_{s0.0}+2v_{n0.2}C_{s0.2}+2v_{n0.4}C_{s0.4}+2v_{n0.6}C_{s0.6}+2v_{n0.8}C_{s0.8}+2v_{n1.0}C_{s1.0}) \tag{5-12}$$

式中：v_{ni}——分层流速垂直断面方向分量（m/s）；

v_i——分层流速（m/s）；

β_i——观测断面与分层流向的夹角；

C_{si}——分层含沙量（kg/m^3）；

q_{sn}——垂直断面方向单宽输沙率（kg/m/s）；

H——水深（m）。

第二步，利用各垂线单宽输沙率采用梯形法计算全断面潮流量，计算公式如下：

$$Q_s=\sum_{i=1}^{n-1}\frac{q_{sni}+q_{sni+1}}{2}\Delta L \tag{5-13}$$

式中：Q_s——断面输沙率（kg/s）；

q_{sni}——第 i 垂线垂直断面方向单宽输沙率（kg/m/s）；

ΔL——两条垂线直接的间距，本次测量垂线间距 100m。

（2）断面涨、落潮输沙量计算

断面涨落潮输沙量可根据断面逐时输沙率采用梯形法计算得到：

$$W_s=\sum_{i=1}^{n-1}\frac{W_{si}+Q_{si+1}}{2}\Delta t \tag{5-14}$$

式中：W_s——断面输沙量（kg）；

Q_{si}——第 i 时刻断面输沙率（kg/s）；

Δt——两断面的时间差，一般为 1h，即 3 600s。

6 长江口北槽四侧水沙通量成果与分析

本书采用以下四种方法进行通量观测成果的验证：

（1）采用现场观测和数模的比较进行分析；

（2）采用封闭“盒子”水量平衡分析进行成果验证；

（3）在越堤来流附近布置含沙量校核测点，以校核越堤含沙量观测的可靠性；

（4）通过分析越堤潮量和高潮位的规律性以及断面通量和潮差的关系，间接说明测量成果的可靠。

含沙量的校核测量仅于2013年洪季大、中、小潮同步观测期间进行了安排，校核测点为越堤观测站点C5和C6，对应的水样采集点位为C5-JH和C6-JH。在通量同步观测期间分别于C5-JH站点和C6-JH站点每半小时采集了表层水样，回室内经过烘干称量获取了大、中、小潮同步通量观测期间表层含沙量的过程资料。由于2011年枯季观测缺少北导堤的观测数据，所以水量平衡分析计算仅用于分析2012年洪季和2013年洪季的观测成果。下面对通量观测中采用的四个方法的验证成果详细分析如下。

6.1 北槽四侧水沙通量现场观测成果和数模比较

图6-1～图6-5分别是2011年枯季、2011年洪季、2012年洪季和2013年洪季现场观测计算得到的上下口断面大、中、小潮的流量过程和数模计算过程的比较结果。从中可知，2011～2013年现场观测到的各断面各潮型的流量过程和数模计算得到的流量过程均比较吻合。由于模型根据其他资料进行了验证，此次测量可以认为是模型的后预报，据此可以认为现场断面测量的精度达到了一定的要求，其观测数据可信。

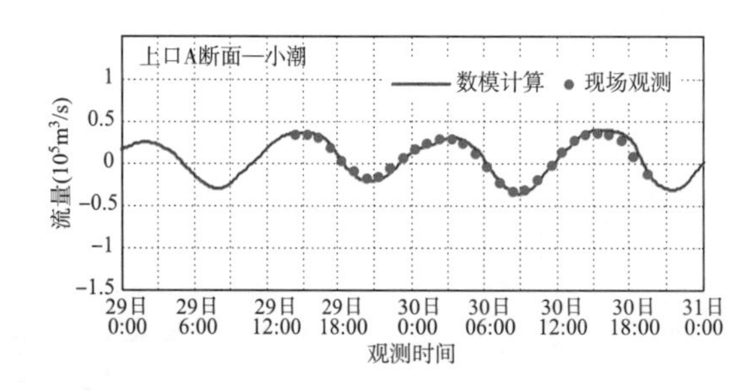

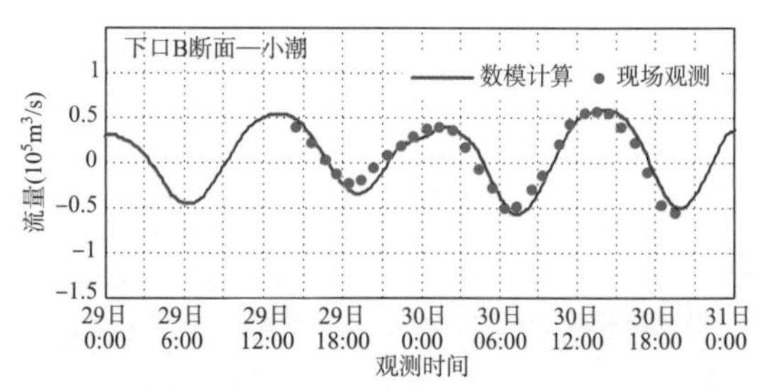

图 6-1

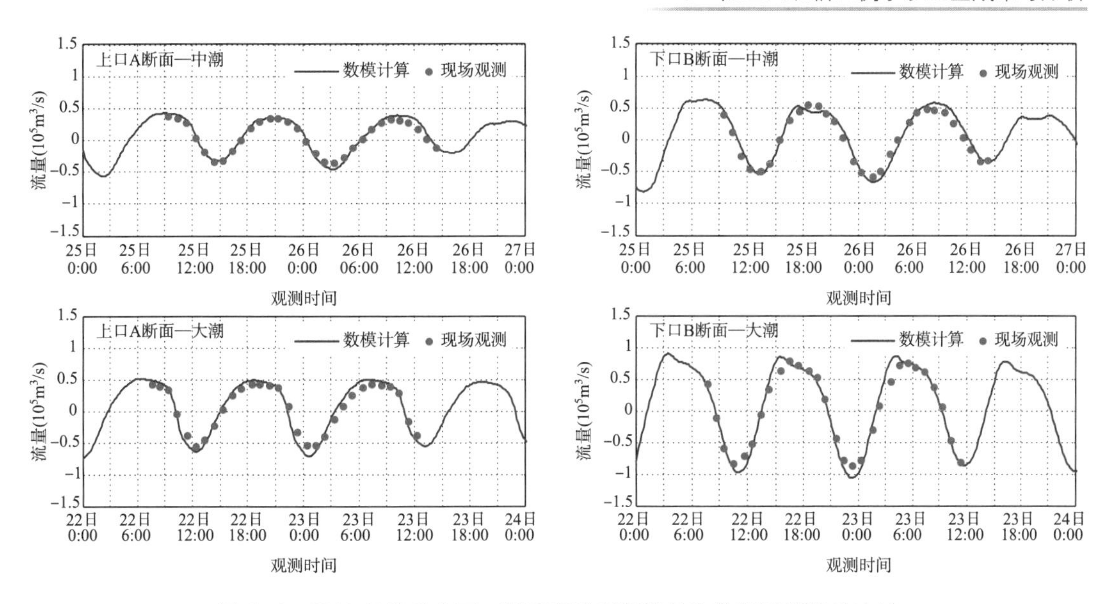

图 6-1　2011 年枯季上下口断面现场观测流量和数模计算流量比较

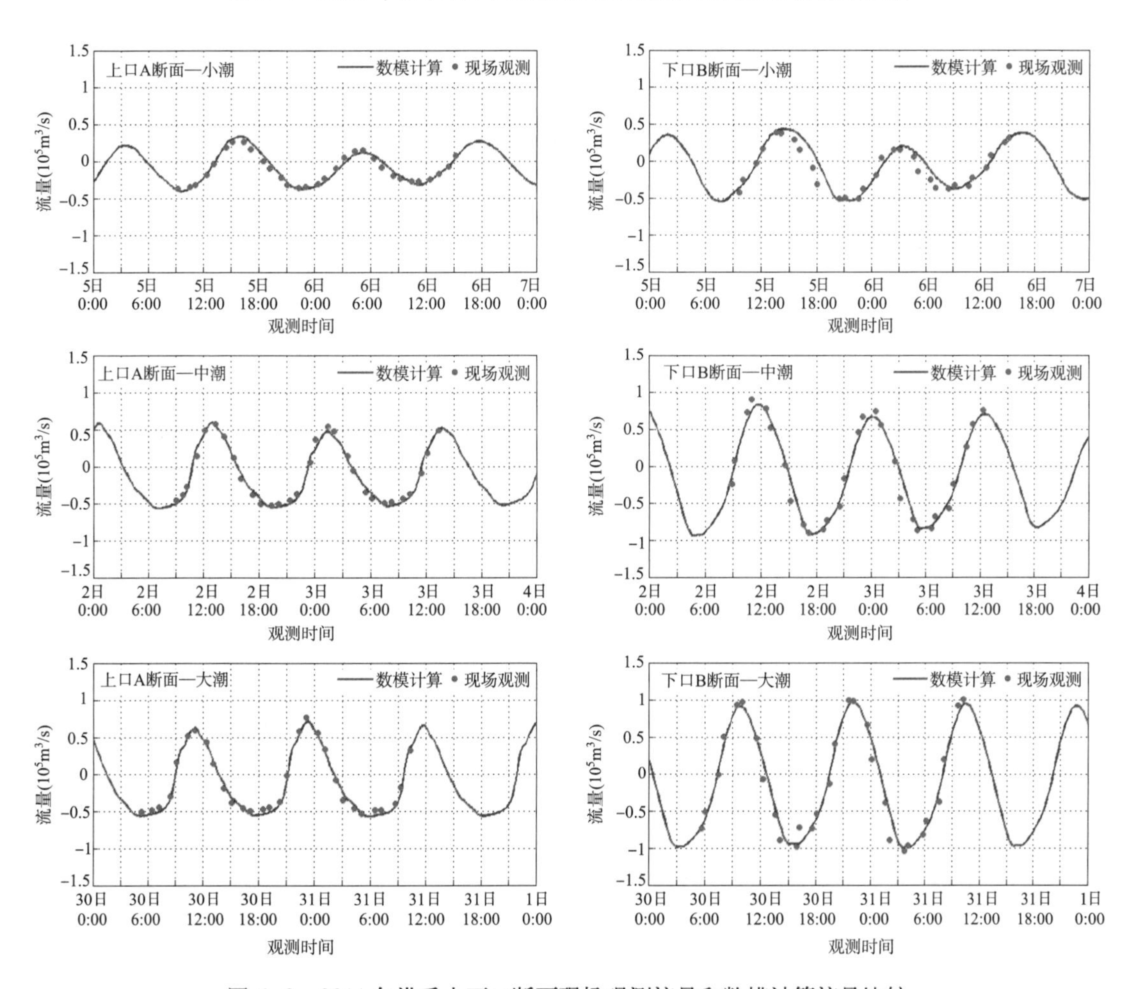

图 6-2　2011 年洪季上下口断面现场观测流量和数模计算流量比较

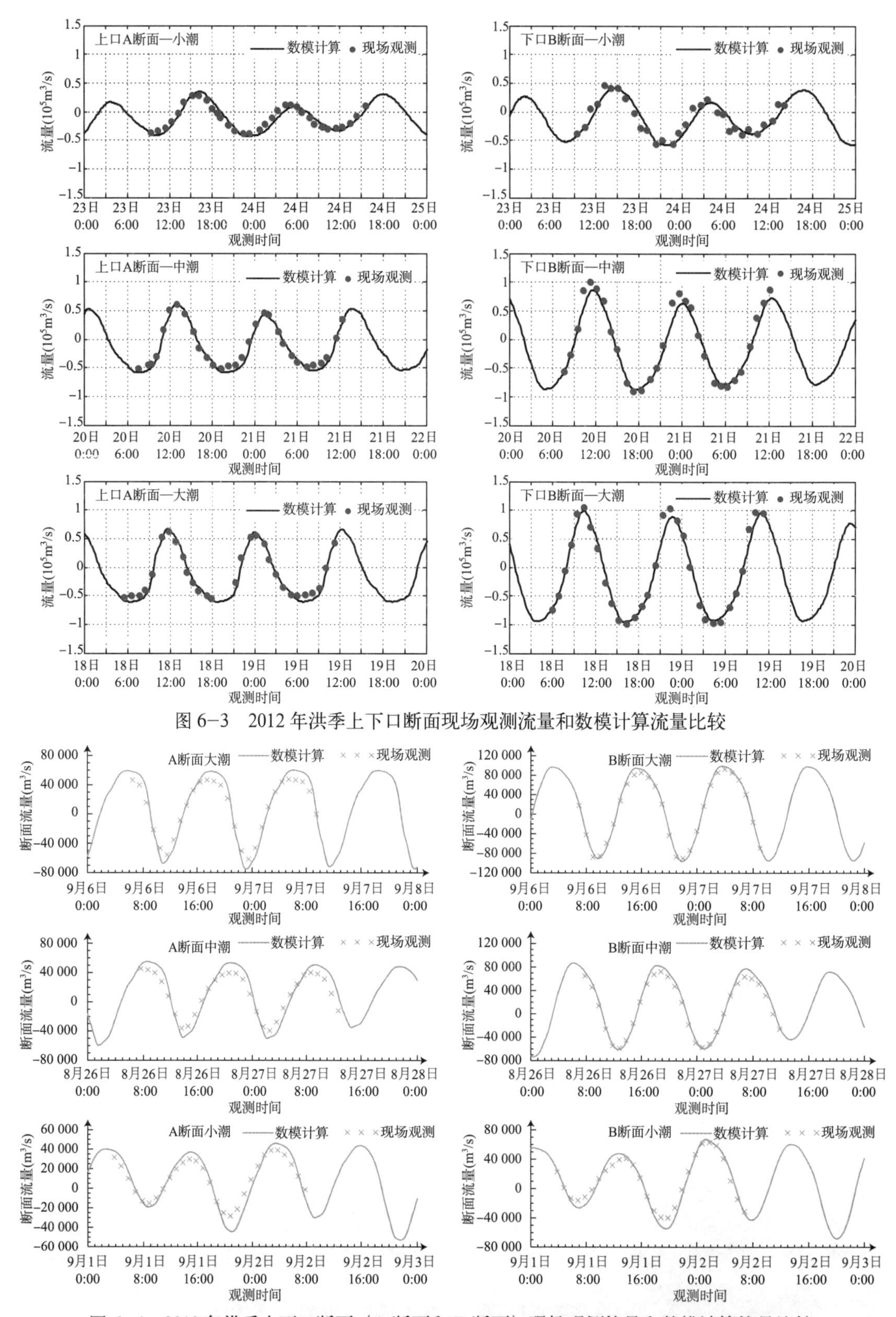

图 6-3　2012 年洪季上下口断面现场观测流量和数模计算流量比较

图 6-4　2013 年洪季上下口断面（A 断面和 B 断面）现场观测流量和数模计算流量比较

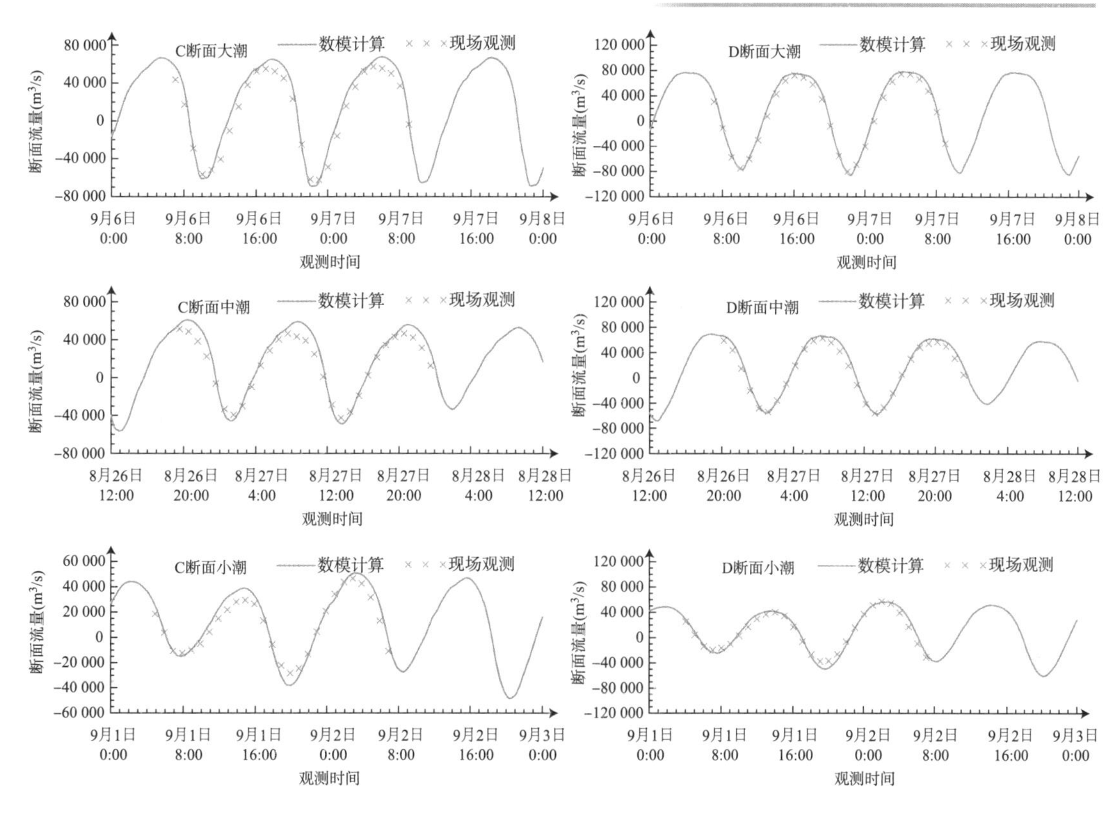

图 6-5 2013 年洪季 C 断面和 D 断面现场观测流量和数模计算流量比较

6.2 北槽四侧水沙通量现场观测水量平衡分析

受益于 2012 年洪季和 2013 年洪季现场观测资料较好的完整度（主要是南北导堤各站点资料的同步性及资料完整度较好）以及科学的观测方案（结合上下口断面和南北导堤观测站点将北槽封闭成一个整体），可以采用水量平衡分析的方法来检查现场观测成果的可信度。

在一定时间内（如潮周期内），由于涨潮或落潮通过北槽 4 个断面（北槽上口、北槽下口、南导堤和北导堤）进入和离开北槽的潮量将引起北槽水体水面的变化（将这种开始和结束水位变化造成的水体量为“蓄潮量”）。这种变化理论上应该和实测的潮位变化一致，但实际上由于仪器的测量盲区、断面盲区、有限的观测站点等因素，观测计算得到的“蓄潮量”和根据实测潮位变化计算得到的“蓄潮量”有一定程度的差异。该差异即称为不平衡量。此处所谓的“不平衡量”或“测量误差”简单描述是指上下口净潮量、越过南北导堤的净潮量和实际测量起止水位变化形成的净“蓄潮量”之和。

整个北槽水量平衡分析需要采用同步时间（北槽上下口断面、南北导堤越堤潮量计算的开始时间和结束时间相同）的资料。根据大、中、小潮的越堤过程，2012 年洪季和 2013 年洪季选取的同步计算时间分别见表 6-1 和表 6-2。2012 年洪季和 2013 年洪季水量平衡分析计算结果分别见表 6-3 ～表 6-6。

2012 年洪季，根据计算时间周期的开始时间和结束时间横沙站、北槽中站和牛皮礁站三站的潮位资料，计算得到大潮、中潮和小潮同步计算周期内的“蓄潮量”分别为 −2 854 万 m^3、52 957 万 m^3 和 −18 076 万 m^3（负值表示结束时的总体水位低于开始），见表 6−3。结合北槽上下口净潮量、南导堤和北导堤越堤净潮量，可得到水量平衡计算时间周期内大潮、中潮和小潮的北槽净潮量 $Q_{净}$（或测量误差）分别为 12 090 万 m^3、293 万 m^3 和 2 507 万 m^3，见表 6−4。如果将北槽 0m 以下整个河槽容积作为分母，可以得到大潮、中潮、小潮的不平衡量分别仅为 0m 以下河槽容积的 6.02%、0.15% 和 1.25%。

2012 年洪季水量平衡计算时间周期 表 6−1

潮　型	开 始 时 间	结 束 时 间
大潮	9 月 18 日 10：00	9 月 19 日 3：00
中潮	9 月 20 日 10：00	9 月 21 日 3：00
小潮	9 月 23 日 14：00	9 月 24 日 7：00

2013 年洪季水量平衡计算时间周期 表 6−2

潮　型	开 始 时 间	结 束 时 间
大潮	9 月 6 日 7：20	9 月 7 日 3：06
中潮	8 月 26 日 21：40	8 月 27 日 19：24
小潮	9 月 1 日 2：24	9 月 2 日 1：48

2012 年洪季同步计算时间周期内整个北槽的实际蓄潮量 表 6−3

同步始末水位变化（m）						“蓄潮量”（根据水位）（10^4m^3）
横　沙		北　槽　中		牛　皮　礁		
开始水位	结束水位	开始水位	结束水位	开始水位	结束水位	
2.12	3.34	2.8	3.14	3.9	2.63	−2 854
0.82	3.67	1.48	3.62	2.64	3.46	52 957
2.71	2.52	3.05	2.58	3.52	2.54	−18 076

2013 年洪季，根据计算时间周期的开始时间和结束时间横沙站、北槽中站和牛皮礁站三站的潮位资料，计算得到大潮、中潮和小潮同步计算周期内的“蓄潮量”分别为 37 629 万 m^3、15 225 万 m^3 和 3 260 万 m^3，见表 6−5。结合北槽上下口净潮量、南导堤和北导堤越堤净潮量，可得到水量平衡计算时间周期内大潮、中潮和小潮的北槽净潮量 $Q_{净}$（或测量误差）分别为 1 746 万 m^3、1 635 万 m^3 和 9 861 万 m^3，见表 6−6。如果将北槽 0m 以下整个河槽容积作为分母，可以得到大潮、中潮、小潮的不平衡量分别仅为 0m 以下河槽容积的 0.87%、0.81% 和 4.91%。

2012 年洪季整个北槽同步时间内的净潮量（不平衡量，10^4m^3） 表 6-4

潮型	上下口净潮量	南北净潮量	“蓄潮量”（根据断面）	“蓄潮量”（根据水位）	北槽净潮量 $Q_净$（不平衡量）	0m 以下的河床容积	占总河床容积的百分比（%）
大潮	−48 706	57 942	9 236	−2 854	12 090	200 857	6.02
中潮	10 529	42 135	52 664	52 957	−293	200 857	0.15
小潮	−34 609	19 040	−15 569	−18 076	2 507	200 857	1.25

注：①“蓄潮量”（根据断面）= 上下口净潮量 + 南北净潮量。
②北槽净潮量 $Q_净$（不平衡量）=“蓄潮量”（根据断面）−“蓄潮量”（根据水位）。

2013 年洪季同步计算时间周期内整个北槽的实际蓄潮量 表 6-5

同步始末水位变化						“蓄潮量”（根据水位）（10^4m^3）
横沙		北槽中		牛皮礁		
开始水位	结束水位	开始水位	结束水位	开始水位	结束水位	
0.58	2.76	0.74	2.52	1.89	2.03	37 629
1.23	2.11	1.17	1.95	1.95	1.92	15 225
1.70	2.10	1.74	1.96	2.06	1.89	3 260

2013 年洪季整个北槽同步时间内的净潮量（不平衡量，10^4m^3） 表 6-6

潮型	上下口净潮量	南北净潮量	“蓄潮量”（根据断面）	“蓄潮量”（根据水位）	北槽净潮量 $Q_净$（不平衡量）	0m 以下的河床容积	占总河床容积的百分比（%）
大潮	950	38 425	39 375	37 629	1 746	200 857	0.87
中潮	−3 824	20 684	16 860	15 225	1 635	200 857	0.81
小潮	−26 867	11 219	−6 601	3 260	−9 861	200 857	4.91

注：①“蓄潮量”（根据断面）= 上下口净潮量 + 南北净潮量。
②北槽净潮量 $Q_净$（不平衡量）=“蓄潮量”（根据断面）−“蓄潮量”（根据水位）。

6.3 南导堤越堤含沙量校核

由于越堤含沙量数据是越堤观测架 OBS 浊度仪观测到的浊度值通过标定公式转换出来的，因此标定公式的可靠性直接决定了转换出来的含沙量的可靠性。为了校核越堤含沙量的可靠性，在越堤观测站点 C5 和 C6 南侧约 200m 位置处各布置了一个校核观测站点，在大潮、中潮、小潮同步观测期间（越堤过程中），每半小时同步采集表层水样，回室内进行烘干称量，以获取最直接的导堤南侧越堤过程中的表层水体含沙量。其结果见图 6-6 和图 6-7。

由图可知，两个站点的校核含沙量和导堤上越堤观测系统观测到的含沙量结果相当吻合。统计结果表明，两者的比值在 0.95 ~ 1.05 之间，因此可以认为越堤观测所得的含沙量是可靠的。这为越堤泥沙通量的计算提供了可靠的基础资料。

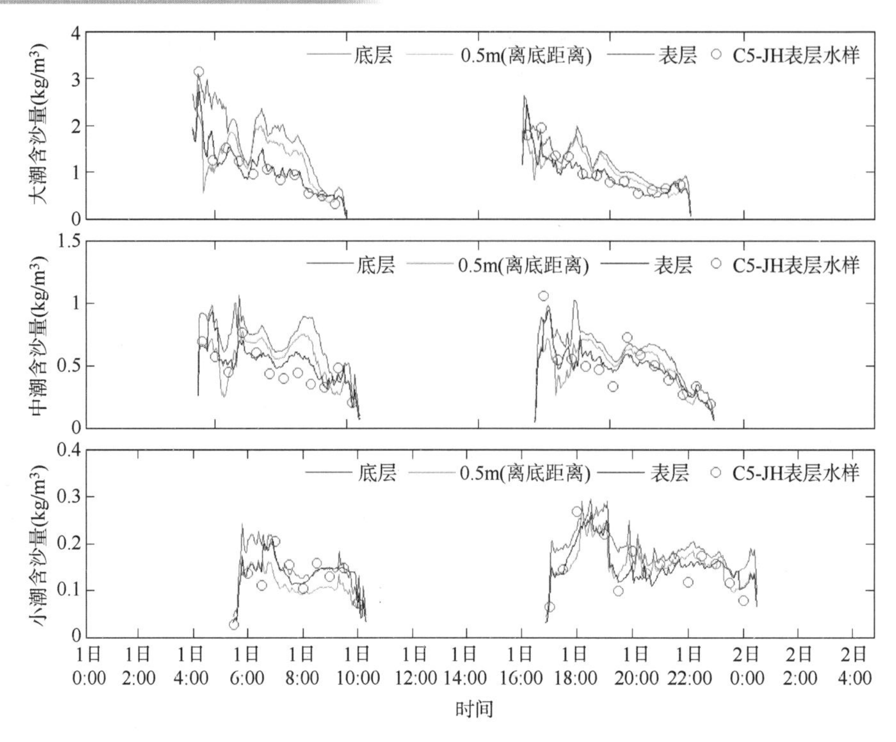

图 6-6 C5 站点同步观测期间越堤含沙量和表层校核含沙量过程

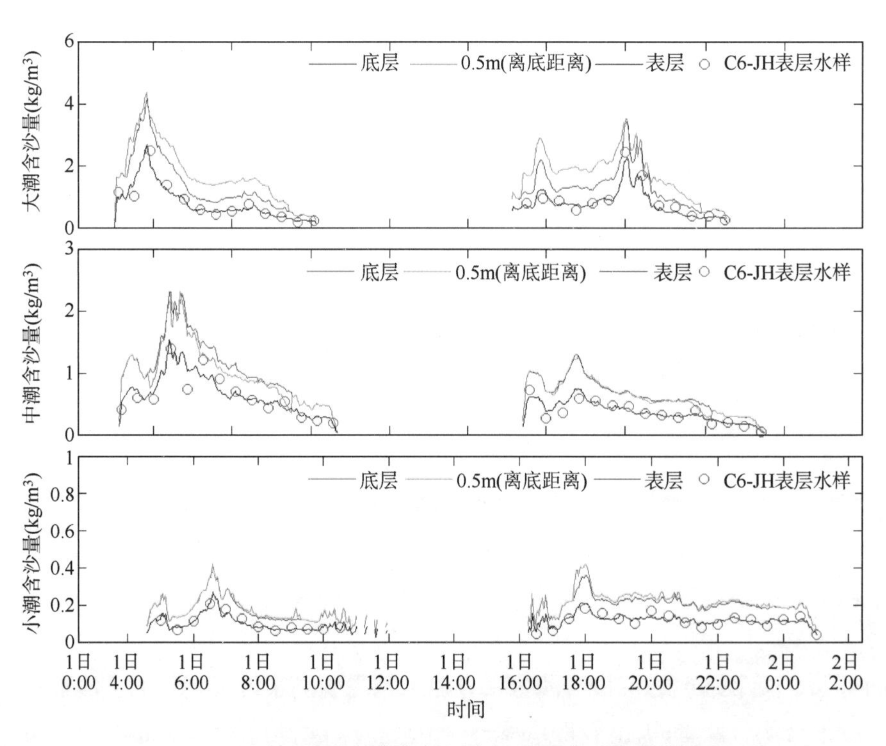

图 6-7 C6 站点同步观测期间越堤含沙量和表层校核含沙量过程

6.4　南北导堤越堤潮量和高潮位关系

南北导堤高程在理论基准面 2m 以上，只有当潮位达到一定水位时才能发生越堤，因此越堤量的大小[根据南北导堤越堤性质的不同（下文分析），这里的越堤量分别指南导堤越堤进潮量和北导堤越堤出潮量]和越堤最高水位有较大的关系。根据计算数据将各站点每个潮周期单宽越堤进潮量和该潮周期内的高潮位值绘制出来，见图 6-8 ～图 6-20。从中可知，除了少数站点（C3 站点、C8 站点和 C11 站点，其中 C3 站点受导堤周边淤积地形九段沙植被覆盖的影响，C8 和 C11 受旋转流特性的影响），其他所有站点每个潮周期内越堤潮量和该潮周期内的高潮位相关性很好。自然界的这种因果变化所致的规律性或一致性，间接说明了南北导堤越堤流速、越堤水深观测数据的可靠性。

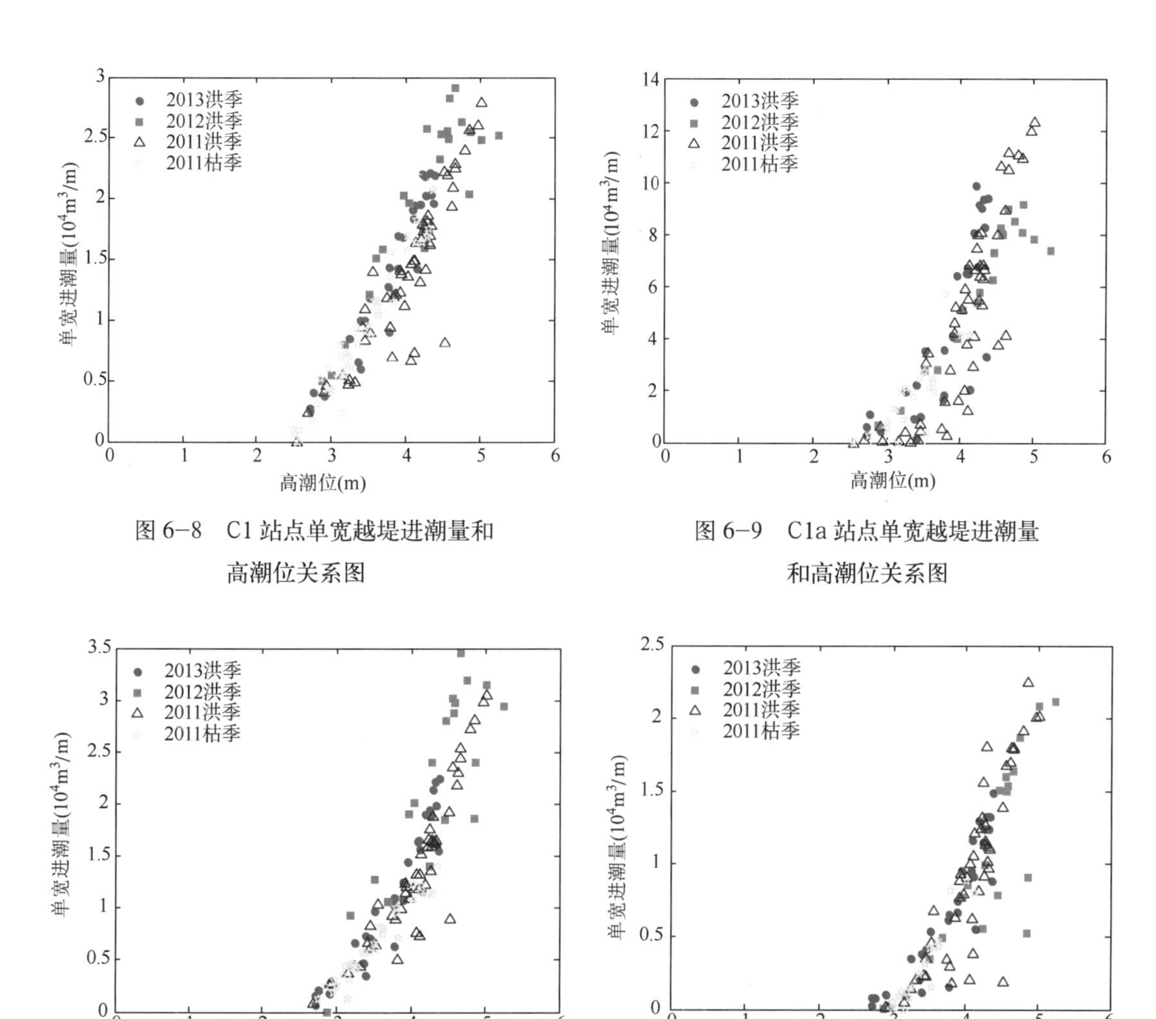

图 6-8　C1 站点单宽越堤进潮量和高潮位关系图

图 6-9　C1a 站点单宽越堤进潮量和高潮位关系图

图 6-10　C2 站点单宽越堤进潮量和高潮位关系图

图 6-11　C2a 站点单宽越堤进潮量和高潮位关系图

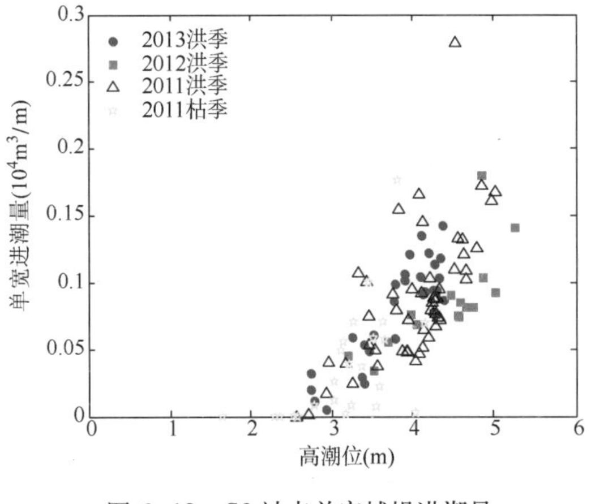

图 6-12　C3 站点单宽越堤进潮量和高潮位关系图

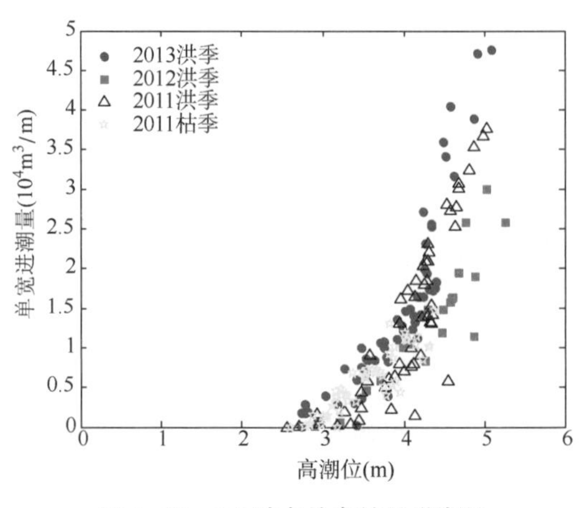

图 6-13　C4 站点单宽越堤进潮量和高潮位关系图

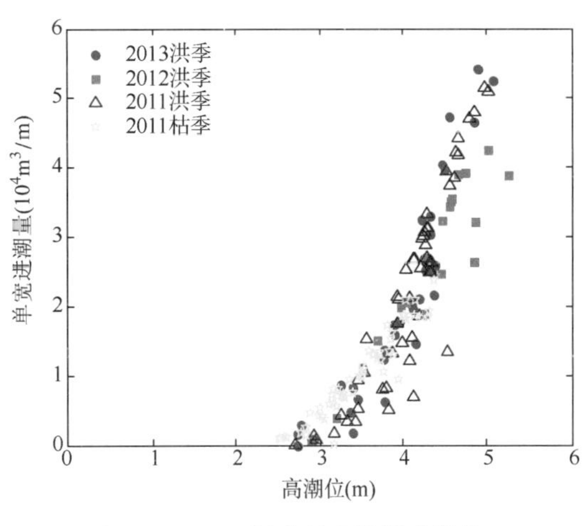

图 6-14　C5 站点单宽越堤进潮量和高潮位关系图

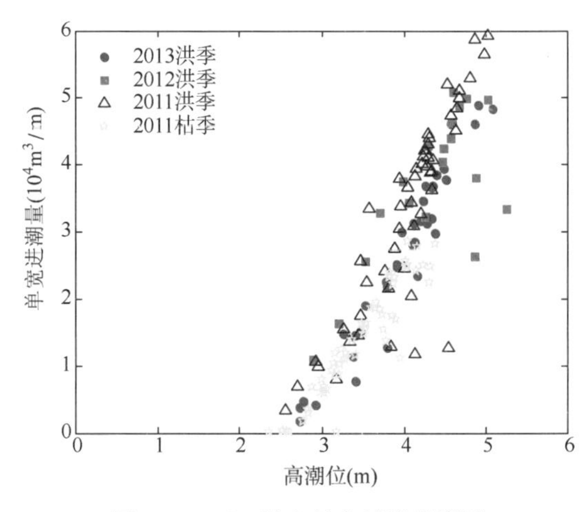

图 6-15　C6 站点单宽越堤进潮量和高潮位关系图

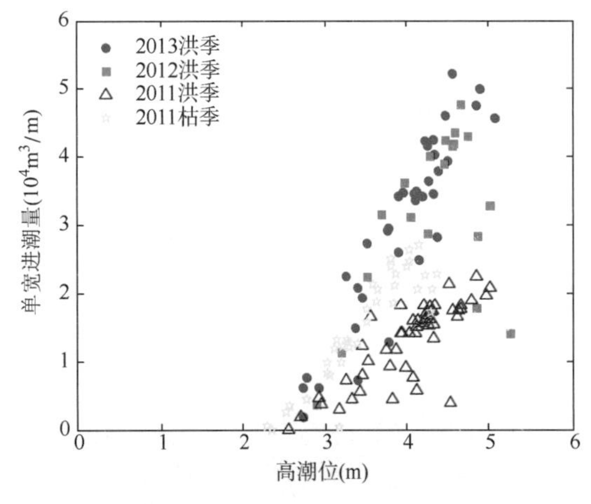

图 6-16　C7 站点单宽越堤进潮量和高潮位关系图

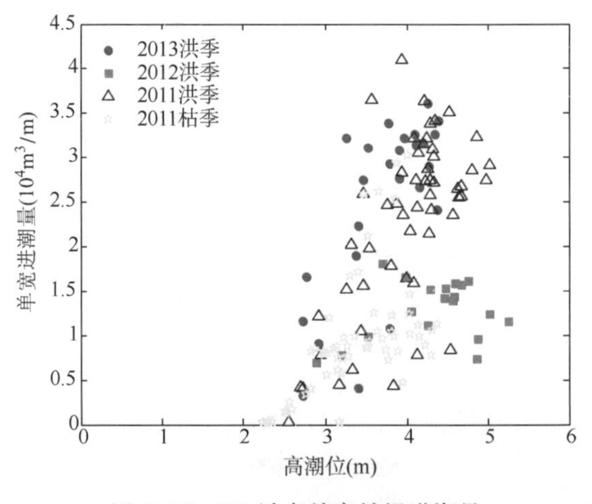

图 6-17　C8 站点单宽越堤进潮量和高潮位关系图

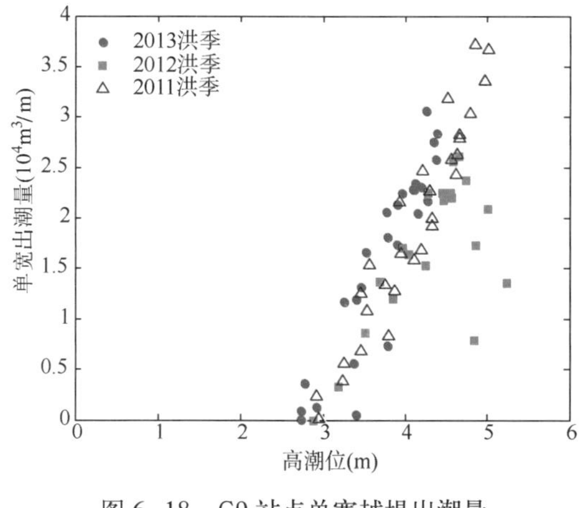

图 6-18　C9 站点单宽越堤出潮量和高潮位关系图

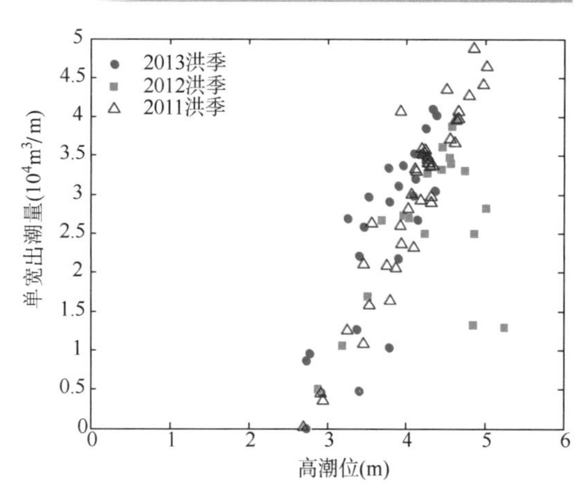

图 6-19　C10 站点单宽越堤出潮量和高潮位关系图

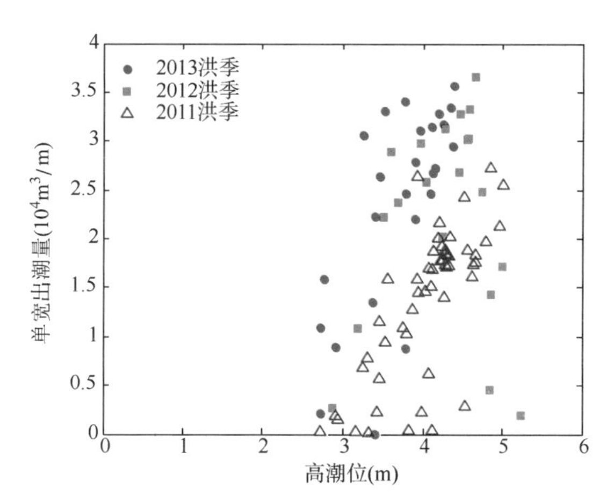

图 6-20　C11 站点单宽越堤出潮量和高潮位关系图

6.5　南北导堤越堤流观测结果

为了获取北槽深水航道南北导堤越堤潮量和沙量，分别在南导堤和北导堤各布置了越堤流观测站点（图 5-2、图 5-4、图 5-6 和图 5-9），每个站点配置声学流速仪器和光学浊度仪器对越堤流速和含沙量进行测量（图 5-5）。观测计算得到的越堤流各站点大潮、中潮、小潮的流速、含沙量、越堤潮量和沙量的统计结果见表 6-7 ~表 6-10。

6.5.1　越堤流速及各观测站点环境特征

综合 2011 年洪枯季、2012 年洪季和 2013 年洪季观测得到的流速以及观测站点周边地形环境特征，南北导堤越堤流主要分为四个区域。

2011 年枯季越堤站点大潮、中潮、小潮流速、含沙量、越堤潮量和沙量统计 表 6-7

站点	潮型	流速（m/s）		含沙量（kg/m³）		单宽越堤潮量（m³/m）			单宽越堤沙量（kg/m）		
		v_m	v_{max}	C_m	C_{max}	$Q_{入}$	$Q_{出}$	$Q_{净}$	$Q_{s入}$	$Q_{s出}$	$Q_{s净}$
C1	大潮	1.16	2.23	0.68	1.16	35 779	−17	35 762	27 507	−4	27 503
	中潮	0.89	1.74	0.28	0.54	20 457	−1	20 457	6 177	0	6 177
	小潮	0.60	0.96	0.17	0.18	4 345	0	4 345	730	0	730
C1a	大潮	0.37	0.81	0.68	1.11	8 905	−272	8 632	7 211	−106	7 105
	中潮	0.29	0.59	0.21	0.39	5 312	−169	5 143	1 385	−16	1 369
	小潮	0.12	0.41	0.15	0.23	738	−24	713	116	−3	113
C2	大潮	1.12	2.11	0.66	0.89	34 085	0	34 085	22 565	0	22 565
	中潮	0.94	1.34	0.38	0.68	17 984	0	17 984	7 578	0	7 578
	小潮	0.80	1.17	0.05	0.05	2 995	0	2 995	150	0	150
C2a	大潮	0.56	1.11	0.68	1.00	17 464	−9	17 455	11 825	−5	11 820
	中潮	0.29	0.66	0.30	0.48	6 760	−24	6 736	2 356	0	2 355
	小潮	0.09	0.40	0.05	0.05	247	−44	203	12	−2	10
C3	大潮	0.17	0.40	0.39	0.75	855	−1 889	−1 034	285	−1 048	−763
	中潮	0.19	0.47	0.26	0.68	889	−2 151	−1 263	282	−648	−366
	小潮	0.15	0.47	0.08	0.15	233	−1 585	−1 352	26	−118	−92
C4	大潮	0.72	1.34	1.11	1.58	23 574	−4	23 571	26 724	−2	26 721
	中潮	0.57	0.98	0.61	1.25	12 641	−22	12 620	8 189	−9	8 180
	小潮	0.26	0.50	0.05	0.05	1 309	−9	1 300	65	0	65
C5	大潮	1.00	1.81	0.84	1.19	41 650	0	41 650	35 189	0	35 189
	中潮	0.74	1.41	0.43	0.82	22 281	−1	22 279	8 581	0	8 581
	小潮	0.53	0.86	0.38	0.65	4 381	0	4 381	1 739	0	1 739
C6	大潮	1.17	1.80	0.81	1.32	55 344	−12	55 332	49 415	−6	49 409
	中潮	0.86	1.40	0.51	0.82	30 664	−2	30 662	16 227	0	16 227
	小潮	0.64	1.09	0.39	0.48	7 524	−1	7 524	3 043	0	3 043
C7	大潮	1.19	1.88	0.53	1.62	54 269	0	54 269	32 867	0	32 867
	中潮	1.07	1.56	0.46	1.17	36 157	0	36 157	18 578	0	18 578
	小潮	0.94	1.34	0.19	0.41	10 345	0	10 345	2 162	0	2 162
C8	大潮	0.80	1.34	0.05	0.05	20 954	−3 931	17 022	1 048	−197	851
	中潮	0.68	1.13	0.05	0.05	22 695	−831	21 865	1 135	−42	1 093
	小潮	0.39	0.96	0.05	0.05	8 785	−266	8 520	439	−13	426

2011 年洪季越堤站点大潮、中潮、小潮流速、含沙量、越堤潮量和沙量统计　表 6-8

站点	潮型	流速（m/s）		含沙量（kg/m³）		单宽越堤潮量（m³/m）			单宽越堤沙量（kg/m）		
		v_m	v_{max}	C_m	C_{max}	$Q_{入}$	$Q_{出}$	$Q_{净}$	$Q_{s入}$	$Q_{s出}$	$Q_{s净}$
C1	大潮	1.33	2.80	1.09	3.09	50 623	−1 636	48 987	72 982	−345	72 637
	中潮	1.14	2.50	1.11	2.62	37 694	−1 532	36 162	53 401	−444	52 956
	小潮	0.79	1.63	0.30	1.02	18 160	−1 461	16 699	8 101	−149	7 952
C1a	大潮	0.61	1.73	1.30	3.06	23 755	−5 116	18 639	47 486	−3 284	44 202
	中潮	0.53	1.50	1.84	4.58	15 921	−6 044	9 877	50 158	−4 228	45 931
	小潮	0.27	0.81	0.16	0.47	1 041	−5 487	−4 447	227	−1 046	−819
C2	大潮	1.51	3.19	1.25	2.57	76 195	−1 464	74 731	116 693	−668	116 026
	中潮	1.25	2.74	1.47	3.64	54 195	−1 168	53 027	93 809	−593	93 216
	小潮	0.92	1.66	0.26	1.21	16 506	−456	16 050	8 662	−58	8 605
C2a	大潮	0.71	1.99	1.05	4.00	31 113	−958	30 155	42 084	−974	41 110
	中潮	0.67	1.86	1.30	2.40	23 021	−429	22 592	34 445	−157	34 288
	小潮	0.29	0.85	0.20	0.93	2 493	−1 257	1 236	1 200	−216	984
C3	大潮	0.13	0.70	0.37	1.04	3 419	−2 567	852	957	−1 279	−322
	中潮	0.12	0.50	0.32	0.65	2 540	−1 881	660	750	−718	32
	小潮	0.09	0.48	0.23	0.54	1 501	−357	1 144	325	−100	226
C4	大潮	0.97	1.88	1.54	3.58	74 000	−2 055	71 945	136 879	−1 522	135 357
	中潮	0.75	1.48	2.58	5.00	47 621	−3 660	43 961	164 212	−3 899	160 313
	小潮	0.23	0.76	0.22	0.70	6 683	−3 063	3 620	3 206	−503	2 703
C5	大潮	1.29	2.23	1.28	3.10	93 376	−164	93 212	146 552	−33	146 519
	中潮	1.09	2.01	1.59	3.48	68 382	−550	67 832	134 449	−272	134 177
	小潮	0.34	0.97	0.30	1.79	9 895	−1 029	8 867	4 376	−278	4 098
C6	大潮	1.26	2.39	1.44	4.19	109 151	−282	108 870	189 493	−224	189 270
	中潮	1.07	1.72	1.64	4.31	86 377	−458	85 919	171 462	−333	171 129
	小潮	0.67	1.39	0.49	1.38	37 030	−1 901	35 128	24 305	−646	23 659
C7	大潮			0.99	4.26						
	中潮			1.18	3.45						
	小潮			0.48	2.27						
C8	大潮	1.07	2.13	0.50	1.89	52 701	−7 866	44 836	19 819	−5 816	14 003
	中潮	1.08	1.92	0.82	2.58	56 073	−7 769	48 305	49 230	−4 567	44 662
	小潮	0.80	1.82	0.14	0.83	34 733	−4 555	30 178	7 863	−541	7 322

2012年洪季越堤站点大潮、中潮、小潮流速、含沙量、越堤潮量和沙量统计　表6-9

站点	潮型	流速（m/s）		含沙量（kg/m³）		单宽越堤潮量（m³/m）			单宽越堤沙量（kg/m）		
		v_m	v_{max}	C_m	C_{max}	$Q_入$	$Q_出$	$Q_净$	$Q_{s入}$	$Q_{s出}$	$Q_{s净}$
C1	大潮	1.23	2.35	0.58	1.50	53 971	−2 024	51 947	37 055	−409	36 646
	中潮	1.17	2.50	0.80	1.81	52 583	−1 846	50 737	56 227	−246	55 981
	小潮	0.80	1.73	0.24	0.87	23 036	−1 829	21 207	9 930	−83	9 848
C1a	大潮	0.60	1.57	1.13	3.32	18 250	−4 080	14 170	30 688	−2 108	28 580
	中潮	0.50	1.33	1.51	3.34	15 311	−3 614	11 698	30 638	−2 805	27 833
	小潮	0.21	0.45	0.47	1.74	4 145	−780	3 365	3 691	−281	3 410
C2	大潮	1.31	2.97	0.94	1.94	79 276	−535	78 741	91 030	−198	90 832
	中潮	1.22	2.56	0.95	2.55	70 067	−798	69 269	88 111	−356	87 756
	小潮	0.50	1.63	0.18	0.91	22 085	−275	21 810	10 216	−24	10 192
C2a	大潮	0.79	1.96	1.42	2.58	33 239	−85	33 154	47 421	−68	47 353
	中潮	0.60	1.63	1.26	2.93	26 139	−15	26 124	35 798	−8	35 790
	小潮	0.22	0.58	0.23	0.78	5 638	−386	5 252	2 915	−53	2 862
C3	大潮	0.23	0.78	0.52	2.02	1 646	−3 838	−2 192	753	−2 171	−1 418
	中潮	0.19	0.61	0.34	0.83	1 763	−2 448	−685	745	−358	387
	小潮	0.14	0.55	0.01	0.17	690	−189	502	4	−3	1
C4	大潮	0.82	1.52	2.98	5.37	34 683	−525	34 158	125 137	−699	124 438
	中潮	0.65	1.23	1.57	2.98	29 365	−278	29 087	54 016	−178	53 839
	小潮	0.27	0.71	0.20	0.93	6 736	−941	5 795	4 080	−95	3 985
C5	大潮	1.33	2.23	2.26	4.82	79 657	−65	79 592	211 359	0	211 359
	中潮	1.12	2.05	1.27	2.05	65 765	−32	65 733	101 603	−1	101 602
	小潮	0.44	1.15	0.19	0.60	19 036	−124	18 912	8 369	0	8 369
C6	大潮	1.19	2.03	2.22	4.56	97 646	−439	97 207	257 304	−22	257 281
	中潮	1.15	1.98	0.97	2.25	95 389	−336	95 054	120 716	0	120 716
	小潮	0.76	1.69	0.16	0.79	49 576	−845	48 731	12 350	−18	12 332
C7	大潮	1.44	1.98	1.80	7.05	95 371	0	95 371	225 603	0	225 603
	中潮	1.29	1.86	0.75	3.59	86 230	−479	85 752	89 932	−180	89 752
	小潮	0.81	1.91	0.18	1.03	40 928	−146	40 783	11 647	0	11 647
C8	大潮	1.04	2.19	0.79	3.51	36 380	−7 960	28 420	19 263	−11 055	8 208
	中潮	0.93	1.71	0.52	2.23	35 388	−6 750	28 638	16 415	−4 743	11 672
	小潮	0.77	1.36	0.18	0.69	28 455	−1 351	27 104	8 623	−147	8 476
C9	大潮	1.27	1.94	2.09	6.17	1 661	−47 328	−45 667	3 392	−117 506	−114 114
	中潮	1.23	1.78	0.89	2.59	1 031	−43 695	−42 665	644	−49 520	−48 876
	小潮	1.12	1.55	0.53	2.57	10	−14 264	−14 254	0	−10 649	−10 649
C10	大潮	1.78	2.62	1.02	3.87	3 007	−72 652	−69 646	1 316	−99 018	−97 702
	中潮	1.65	2.49	0.63	1.89	2 436	−69 587	−67 151	596	−64 399	−63 803
	小潮	1.42	2.46	0.09	0.50	909	−34 722	−33 813	85	−5 787	−5 701
C11	大潮	1.42	2.43	0.62	3.02	4 889	−63 529	−58 640	4 423	−50 095	−45 672
	中潮	1.29	2.32	0.62	4.03	3 463	−64 716	−61 253	1 761	−63 066	−61 305
	小潮	0.86	2.23	0.17	1.18	5 004	−32 981	−27 976	908	−12 223	−11 315

2013年洪季越堤站点大潮、中潮、小潮流速、含沙量、越堤潮量和沙量统计　　表6-10

站点	潮型	流速（m/s）		含沙量（kg/m³）		单宽越堤潮量（m³/m）			单宽越堤沙量（kg/m）		
		v_m	v_{max}	C_m	C_{max}	$Q_{入}$	$Q_{出}$	$Q_{净}$	$Q_{s入}$	$Q_{s出}$	$Q_{s净}$
C1	大潮	1.04	2.17	0.67	1.96	52 565	−8 151	44 420	43 614	−2 499	41 117
	中潮	0.83	1.87	0.79	3.47	45 068	−5 851	39 220	48 440	−1 645	46 796
	小潮	0.54	1.10	0.27	0.58	25 606	−10 203	15 408	8 777	−2 085	6 694
C1a	大潮	0.59	1.76	0.80	3.25	7 008	−2 054	4 952	7 257	−975	6 280
	中潮	0.35	1.16	0.70	2.87	2 946	−1 820	1 126	3 150	−725	2 426
	小潮	0.22	0.48	0.16	0.25	566	−5 297	−4 729	108	−881	−773
C2	大潮	1.04	1.90	0.76	1.84	33 673	−2 164	31 512	30 341	−913	29 429
	中潮	0.79	1.44	0.60	2.39	22 545	−1 045	21 500	18 719	−215	18 505
	小潮	0.52	0.98	0.16	0.40	12 348	−3 700	8 652	3 191	−396	2 795
C2a	大潮	0.57	1.86	0.79	1.73	21 553	−7	21 537	17 017	−2	17 012
	中潮	0.34	0.69	1.05	4.08	14 580	0	14 577	17 910	0	17 909
	小潮	0.21	0.49	0.14	0.28	8 401	−603	7 797	1 662	−44	1 618
C3	大潮	0.15	0.40	0.49	1.25	3 585	−2 583	1 002	1 961	−1 193	768
	中潮	0.11	0.30	0.26	0.68	3 485	−865	2 619	824	−257	566
	小潮	0.09	0.28	0.26	0.47	1 844	−893	951	385	−238	147
C4	大潮	0.66	1.53	1.82	4.91	43 492	−1 387	42 100	79 424	−1 450	77 971
	中潮	0.43	0.82	0.67	1.55	27 735	−1 684	26 052	21 832	−497	21 335
	小潮	0.28	0.64	0.14	0.24	13 108	−5 816	7 295	2 500	−629	1 871
C5	大潮	0.90	1.54	1.18	2.86	64 643	−61	64 581	82 821	−37	82 780
	中潮	0.69	1.19	0.56	1.04	45 370	−251	45 118	27 946	−88	27 858
	小潮	0.35	0.72	0.15	0.27	20 841	−2 018	18 825	3 518	−235	3 284
C6	大潮	1.12	1.79	1.37	3.93	91 495	−46	91 444	126 050	−38	126 008
	中潮	0.95	1.59	0.77	1.80	72 404	−44	72 354	56 452	−38	56 411
	小潮	0.53	1.05	0.18	0.42	40 222	−1 740	38 483	7 359	−209	7 150
C7	大潮	1.00	1.75	0.95	7.62	93 198	−1 066	92 131	128 061	−457	127 603
	中潮	1.02	1.80	0.66	2.55	93 502	−10	93 488	79 594	−13	79 578
	小潮	0.58	1.18	0.19	0.66	52 050	−5 605	46 449	14 065	−512	13 554
C8	大潮	1.15	1.94	0.66	4.56	88 178	−16 156	72 023	52 098	−12 557	39 541
	中潮	1.00	1.69	0.67	3.99	86 367	−7 713	78 653	86 838	−1 538	85 300
	小潮	0.69	1.37	0.16	0.71	60 543	−23 822	36 728	13 547	−3 303	10 245
C9	大潮	0.99	1.97	1.05	4.25	4 616	−73 238	−68 618	2 479	−103 881	−101 400
	中潮	0.94	1.90	0.54	2.79	1 155	−66 311	−65 150	273	−46 695	−46 421
	小潮	0.50	1.12	0.25	0.53	3 787	−35 926	−32 140	1 015	−8 369	−7 354
C10	大潮	1.26	1.99	0.80	3.95	15 270	−95 991	−80 726	7 398	−111 202	−103 806
	中潮	1.14	2.11	0.37	1.98	7 438	−86 901	−79 464	3 199	−38 180	−34 980
	小潮	0.83	1.57	0.17	0.49	29 526	−53 537	−24 021	5 872	−9 014	−3 144
C11	大潮	1.34	2.48	0.61	4.29	24 111	−92 158	−68 048	14 995	−67 415	−52 421
	中潮	1.18	2.42	0.37	2.41	22 929	−81 135	−58 209	6 945	−52 682	−45 737
	小潮	0.97	1.78	0.18	1.13	62 685	−62 053	619	9 991	−18 183	−8 195

第一区域北导堤中下段区域（丁坝 N5 ~ N10 之间，2012 年洪季和 2013 年洪季的观测站点为 C9、C10 和 C11）。该区域的涨落潮越堤流净输出北槽。2013 年洪季观测资料表明，该区域流速向外（向东）逐渐增大，以上段（N5 ~ N7 丁坝区间）的流速最小，最外段（N8 ~ N10）的流速最大，见图 6-21。该区域导堤布置情况为上段（C9 站点）是模袋混凝土，中下段（C10 和 C11 站点）为半圆体，见图 6-22。

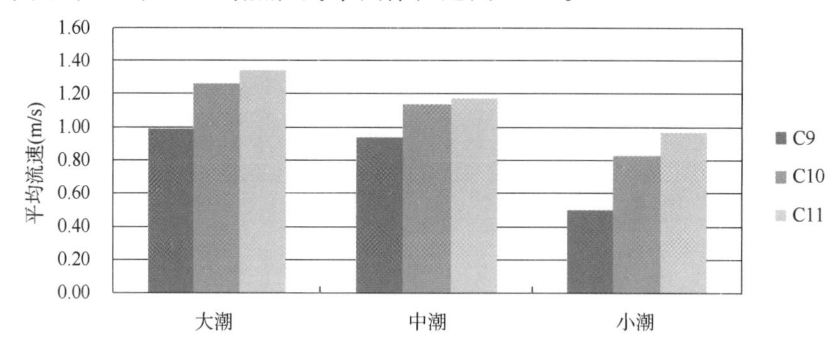

图 6-21　C9、C10 和 C11 三站点大、中、小潮潮周期平均流速比较（2013 年洪季）

a) C9站点

b) C10站点

c) C11站点

图 6-22　北导堤三个站点周边环境情况

第二区域为南导堤下段（丁坝 S5 ~ S8 之间，越堤流观测站点为 C5、C6、C7 和 C8）。该区域导堤南侧水深条件稍好，从西往东水深逐渐增加，越堤流以进入北槽为主。该区域各段总体上中小潮期间从上往下（向东）各站点的流速逐渐增大，见图 6-23 ~ 图

6–26。该区域除了 S8 ~ S9 丁坝区间为半圆体外，其他区段均为扭王字块，见图 6–27。

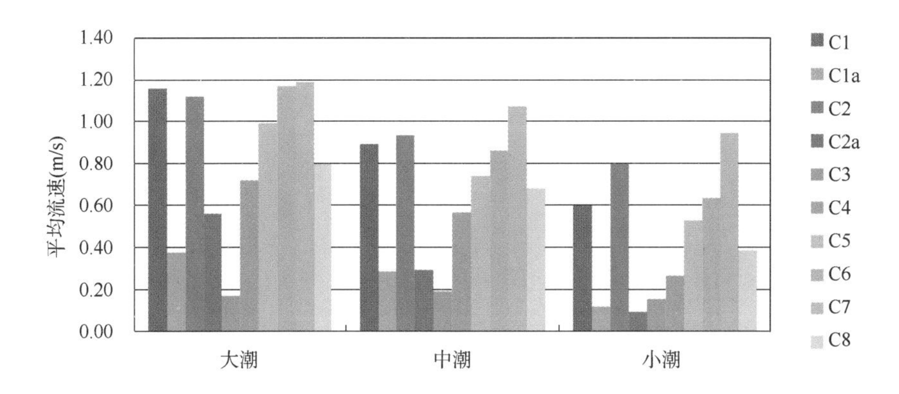

图 6–23　南导堤各站点大、中、小潮潮周期平均流速比较（2011 年枯季）

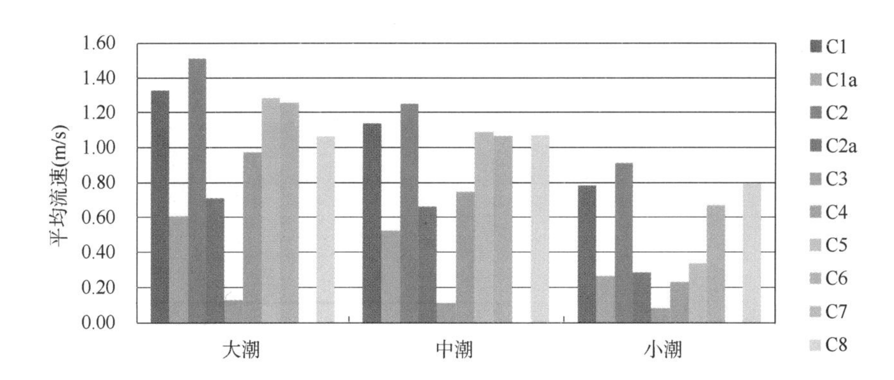

图 6–24　南导堤各站点大、中、小潮潮周期平均流速比较（2011 年洪季）

（注：由于设备故障，C7 缺少流速资料）

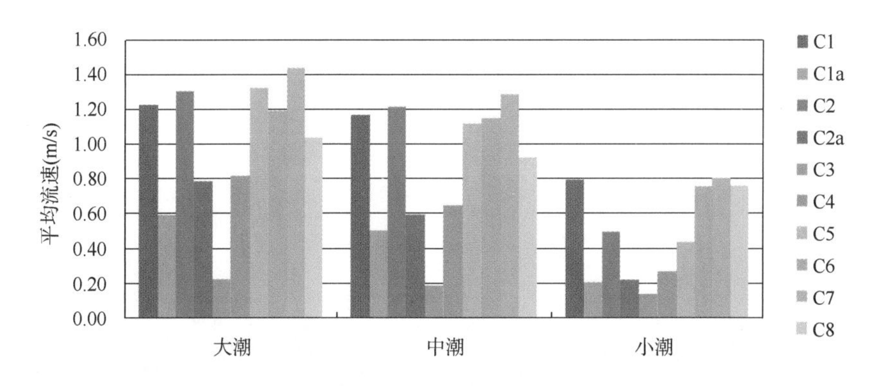

图 6–25　南导堤各站点大、中、小潮潮周期平均流速比较（2012 年洪季）

第三区域为受窜沟影响的两个站点，分别是受江亚南沙窜沟和九段沙窜沟影响的 C1 和 C2 站点（S1 丁坝西侧、S2 ~ S3 丁坝之间）。该区域越堤水流主要受到南侧窜沟水流的影响。两个站点的流速较为接近（图 6–23 ~图 6–26），C1 和 C2 两个站点导堤形式分别为削角王字块和半圆体，见图 6–28。

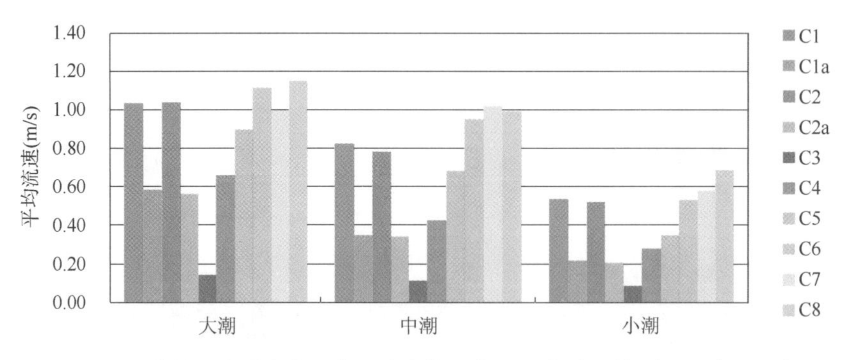

图 6–26　南导堤各站点大、中、小潮潮周期平均流速比较（2013 年洪季）

a) C5站点　b) C6站点

c) C7站点　d) C8站点

图 6–27　C5、C6、C7 和 C8 站点周边环境

a) C1站点　b) C2站点

图 6–28　C1 和 C2 站点周边环境

第四区域主要为导堤南侧水深条件不好的区域。该区域的越堤流速偏小（C1a 站点、C2a 站点、C3 站点和 C4 站点）。如 S3 ~ S4 丁坝区域（C3 站点），该区域导堤南侧淤积较高，附近长满了互花米草（图 6–29），受到地形的影响，南侧涨潮越堤水流基本都小于其他各站点，四次观测到的大潮潮周期平均流速最大为0.23 m/s，最大流速为0.78 m/s（图 6–23 ~ 图 6–26）。其他 3 个站点 C1a、C2a 和 C4 越堤流速均大于 C3 站点，但均较其他站点的流速小。C1a 和 C2a 站点的导堤形式均为半圆体，C3 和 C4 站点的导堤形式均为模袋混凝土，见图 6–30。

图 6–29　C3 站点区域环境
（S3 和 S4 丁坝区间）

a) C1a站点

b) C2a站点

c) C3站点

d) C4站点

图 6–30　C1、C2、C3 和 C4 站点周边环境

6.5.2　越堤单宽潮量

综合四次观测计算结果，南北导堤越堤潮量主要有以下特点（详见表 6–7 ~ 表 6–10 和图 6–31 ~ 图 6–40）：

（1）南导堤越堤进入北槽的单宽潮量（$Q_{入}$）远大于经南导堤流出北槽的单宽潮量（$Q_{出}$）。测量结果表明，$Q_{出}$仅为$Q_{入}$的5.8%（平均），最大不超过23.6%。更直观的比较结果见图6-35～图6-38。

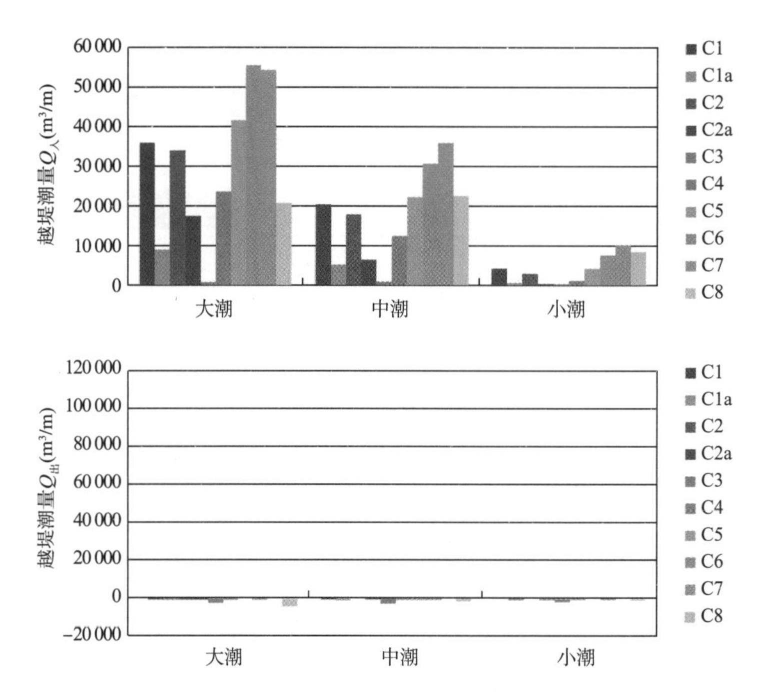

图6-31　南导堤各观测站流入和流出北槽的单宽潮量比较（2011年枯季）

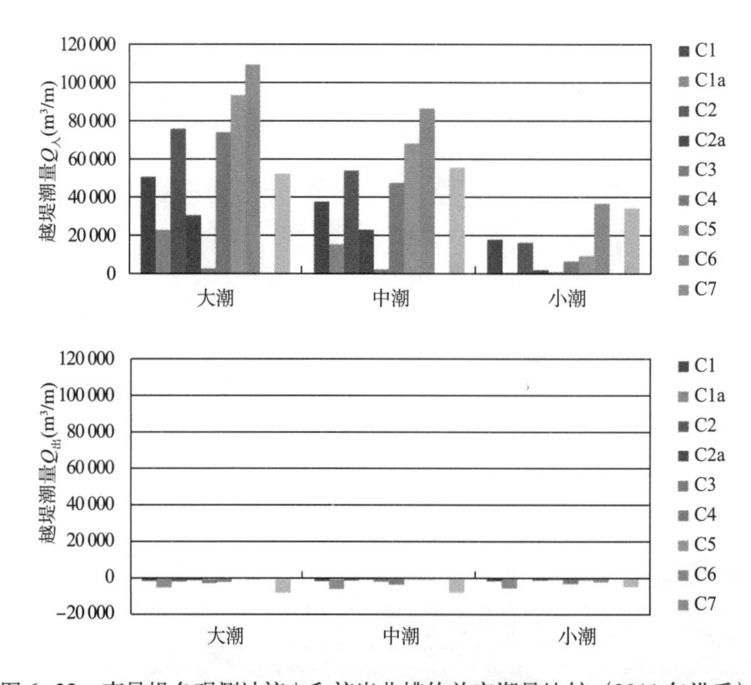

图6-32　南导堤各观测站流入和流出北槽的单宽潮量比较（2011年洪季）

（2）与南导堤越堤潮量特征相反，北导堤越堤流出北槽的单宽潮量（$Q_{出}$）远大于经北导堤流入北槽的单宽潮量（$Q_{出}$）。测量结果表明，$Q_{入}$仅为$Q_{出}$的4.9%（平均），最大不超过15.2%。更直观的比较结果见图6-39和图6-40。

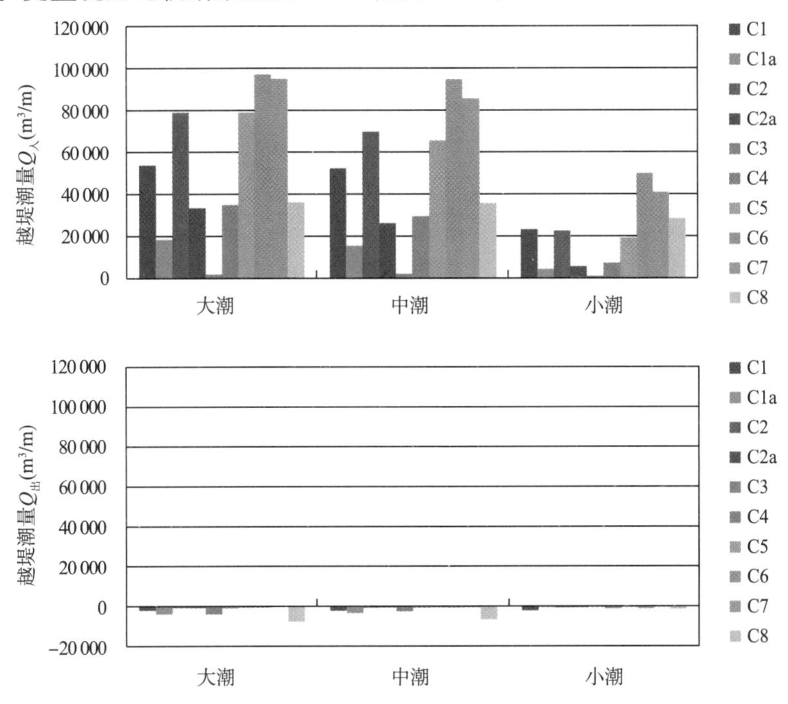

图6-33　南导堤各观测站流入和流出北槽的单宽潮量比较（2012年洪季）

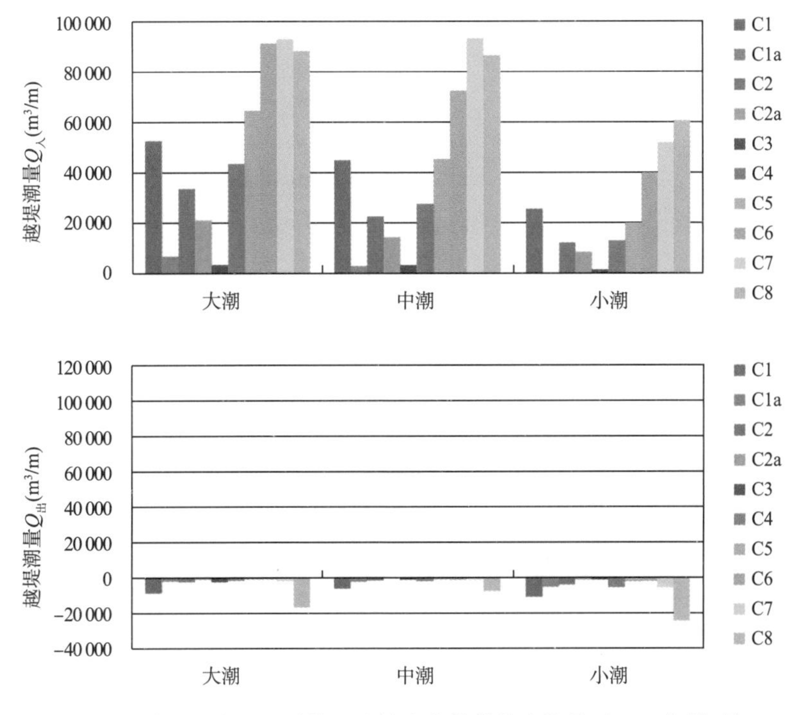

图6-34　南导堤各观测站流入和流出北槽的单宽潮量（2013年洪季）

（3）与越堤流速分布特征相应，南北导堤单宽越堤潮量也可分为四个区域：北导堤区域、南导堤下段区域（S5 丁坝东）、受江亚南沙和九段沙窜沟影响的 S1 丁坝以西及 S2 ~ S3 丁坝区域，以及受南导堤南侧浅滩地形影响的越堤潮流较小的区域。总体上，单宽越堤潮量最大的区域分布在南导堤下段。

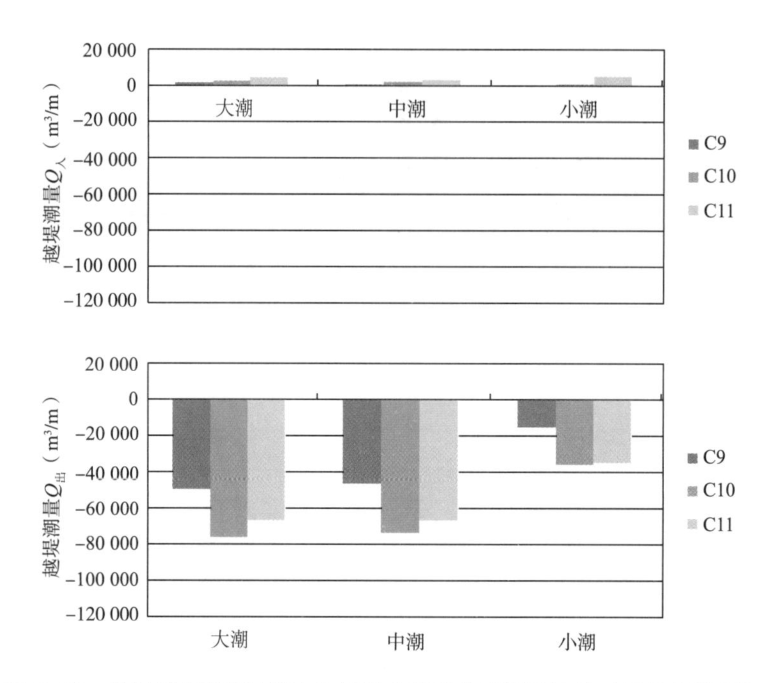

图 6-35　北导堤各观测站流入和流出北槽的单宽潮量比较（2012 年洪季）

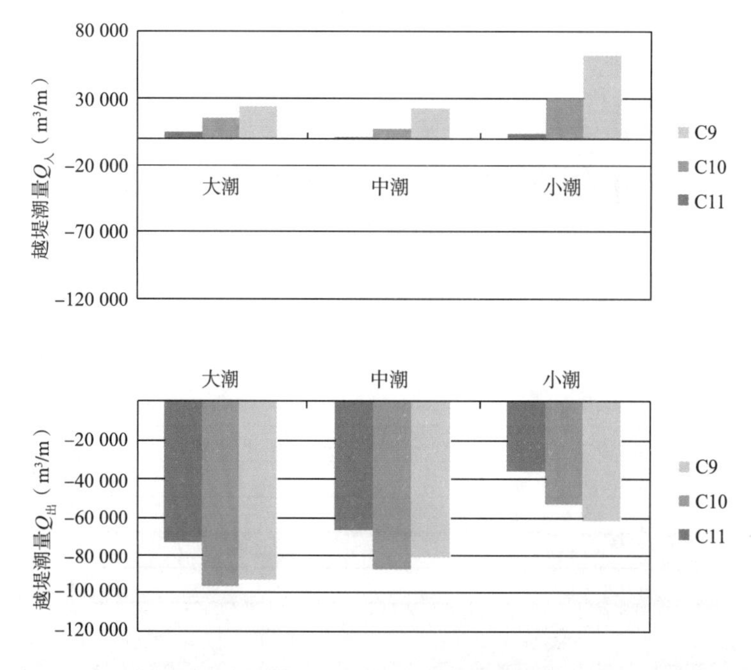

图 6-36　北导堤各观测站流入和流出北槽的单宽潮量（2013 年洪季）

（4）由于南导堤输出北槽的单宽越堤潮量（$Q_{出}$）远小于进入北槽的单宽潮量（$Q_{入}$），北导堤则是$Q_{出}$远大于$Q_{入}$，所以南北导堤单宽净潮量的特征分别和南导堤的$Q_{入}$及北导堤的$Q_{出}$相一致（详见图6-37～图6-40）。

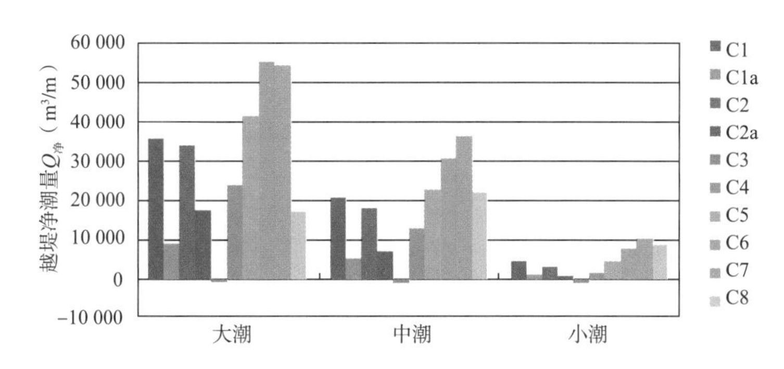

图6-37　南导堤各观测站越堤单宽净潮量（$Q_{净}$）比较（2011年枯季）

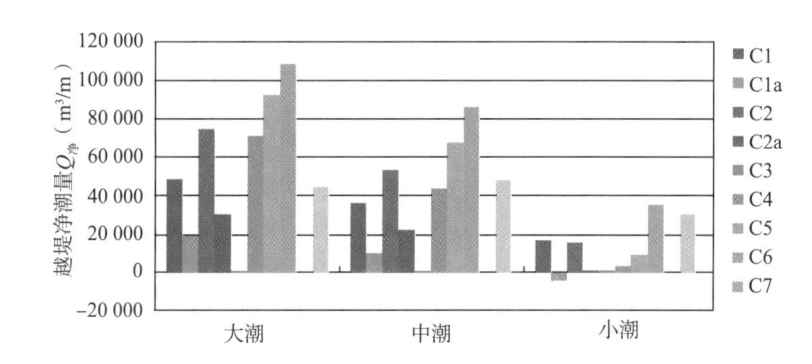

图6-38　南导堤各观测站越堤单宽净潮量（$Q_{净}$）比较（2011年洪季）

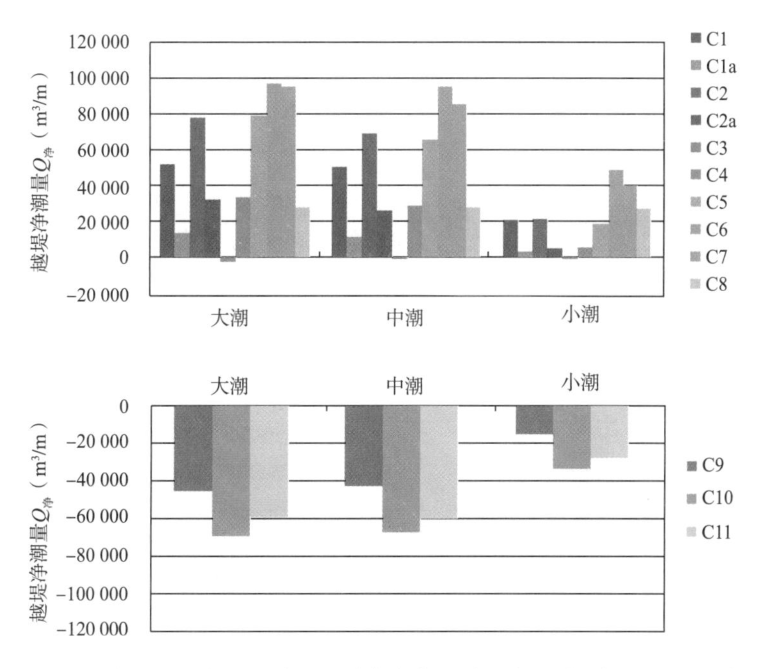

图6-39　南北导堤各观测站越堤单宽净潮量（$Q_{净}$）比较（2012年洪季）

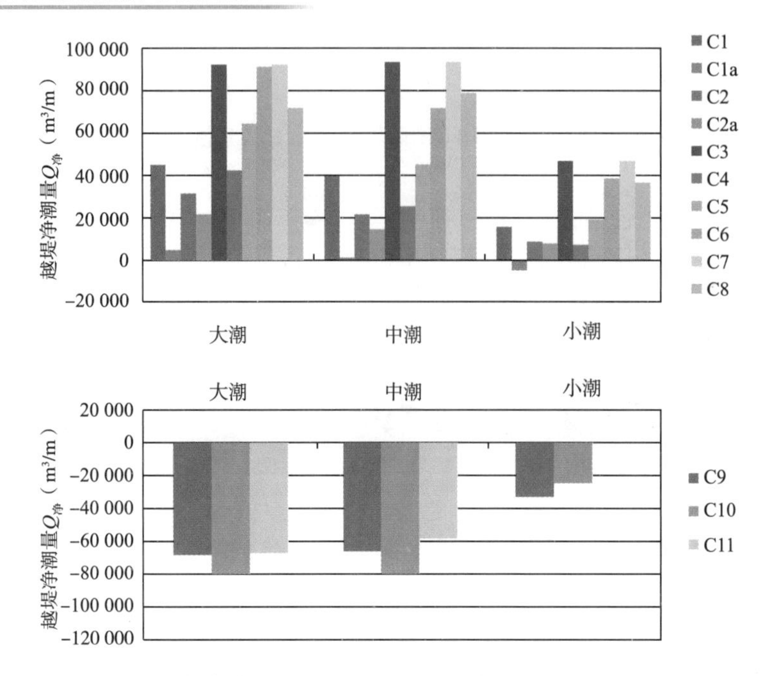

图 6-40 南北导堤各观测站越堤单宽净潮量（$Q_净$）比较（2013 年洪季）

6.5.3 越堤含沙量和单宽输沙量

南北导堤越堤含沙量和单宽输沙量主要有以下特点（详见表 6-7 ～表 6-11 和图 6-41 ～图 6-52）。

（1）南北导堤越堤含沙量最大区域均分布在北槽中段。北导堤越堤含沙量从 C9 站点（N5 ～ N6）往外（向东）逐渐降低（图 6-41 和图 6-42），即 C9>C10>C11；南导堤越堤最大含沙量也主要分布在中段，自上向下或自西向东逐渐减小（2011 年枯季 S1 ～ S3 丁坝区间的含沙量差异稍小）。各观测站点的含沙量大小比较情况为：向东 C4>C5>C6>C7>C8，向西 C4>C2 ≈ C1（图 6-43 ～图 6-46）。由于在 C3 点附近区域长满了互花米草等植物，导堤南侧越堤水沙受到植被的影响，最小的越堤含沙量也出现在该站点。C1a 站点和 C2a 站点受到附近浅滩区域泥沙起动的影响，2012 年洪季和 2013 年洪季的越堤含沙量比 C1 站点和 C2 站点稍高，2011 年洪枯季 C4 站点比较接近。

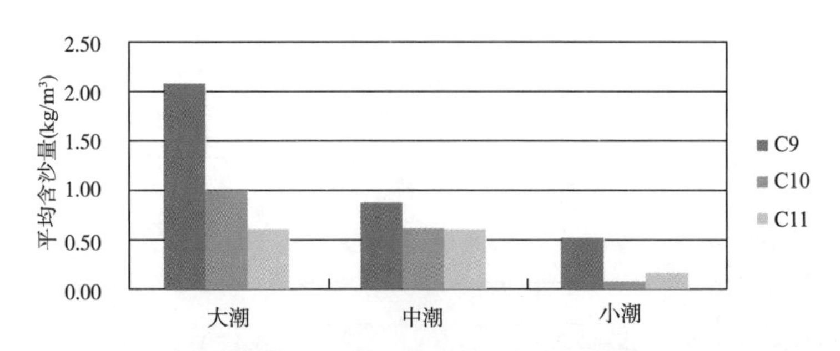

图 6-41 北导堤各站点大、中、小潮潮周期平均含沙量比较（2012 年洪季）

(2) 以 2012 年洪季为例，北导堤三站点大潮潮周期平均含沙量为 0.62 ~ 2.09kg/m^3，最大含沙量出现在 C9 站点；南导堤 10 个站点大潮潮周期平均含沙量为 0.52~ 2.98kg/m^3，最大含沙量出现在 C4 站点。

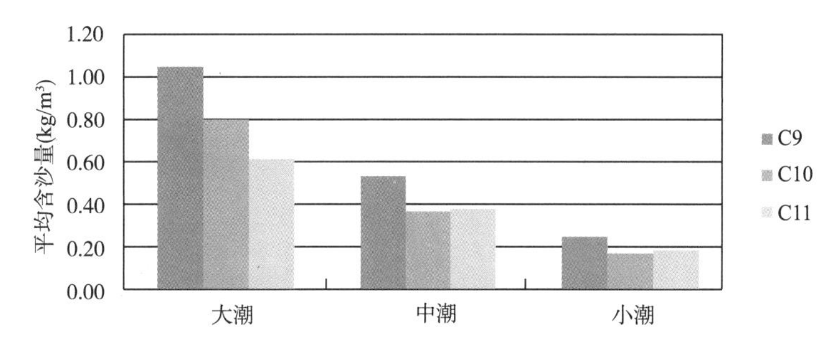

图 6-42　北导堤各站点大、中、小潮潮周期平均含沙量比较（2013 年洪季）

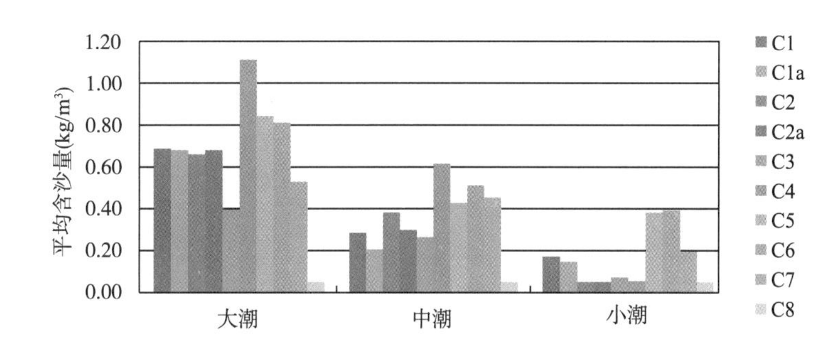

图 6-43　南导堤各站点大、中、小潮潮周期平均含沙量比较（2011 年枯季）

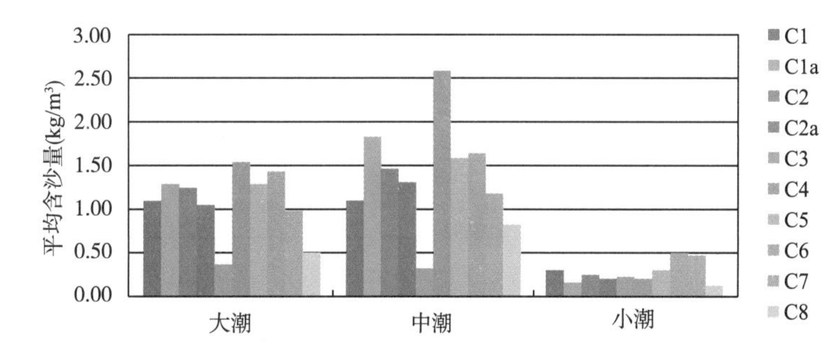

图 6-44　南导堤各站点大、中、小潮潮周期平均含沙量比较（2011 年洪季）

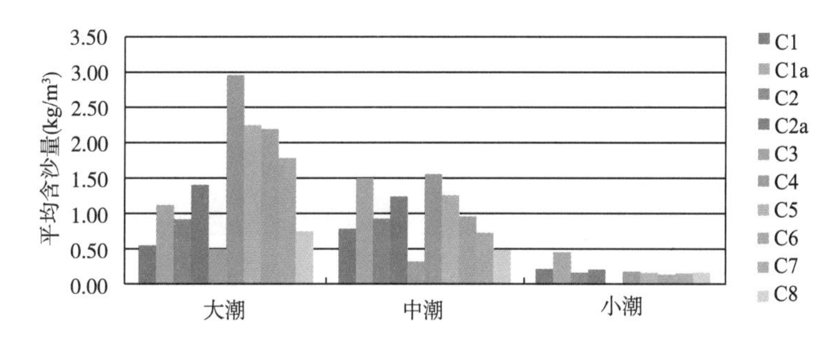

图 6-45　南导堤各站点大、中、小潮潮周期平均含沙量比较（2012 年洪季）

（3）和单宽越堤潮量特征相似，北导堤越堤进入北槽的沙量远小于输出的沙量；相反，南导堤越堤进入北槽的沙量远大于输出北槽的沙量。因此，北导堤各站点的单宽净沙量输出北槽，南导堤各站点（除了 C3 站点）的单宽净沙量输入北槽，见图 6-47 ~ 图 6-52。

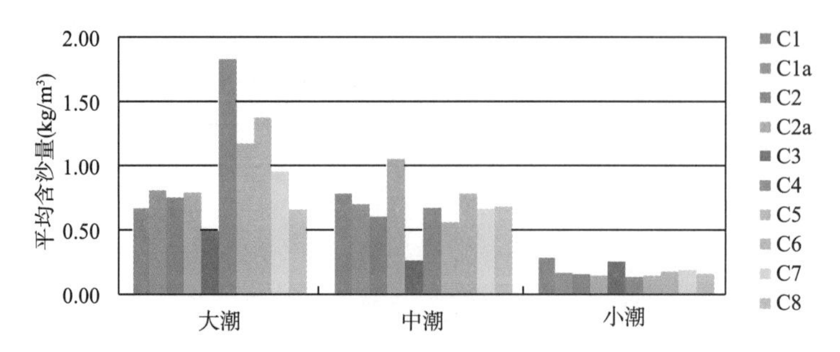

图 6-46　南导堤各站点大、中、小潮潮周期平均含沙量比较（2013 年洪季）

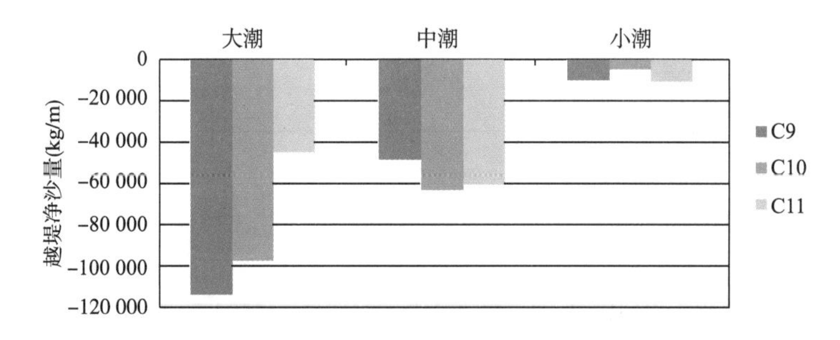

图 6-47　北导堤各站点大、中、小潮潮周期单宽越堤净沙量比较（2012 年洪季）

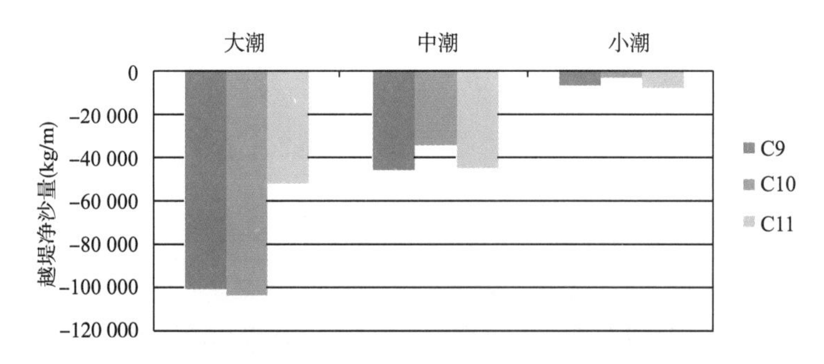

图 6-48　北导堤各站点大、中、小潮潮周期单宽越堤净沙量比较（2013 年洪季）

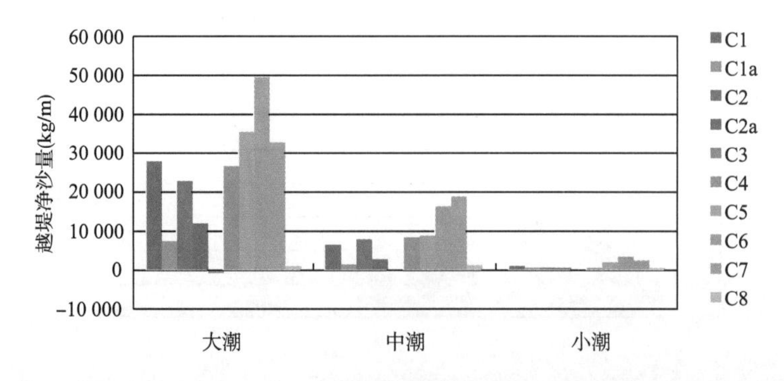

图 6-49　南导堤各站点大、中、小潮潮周期单宽越堤净沙量比较（2011 年枯季）

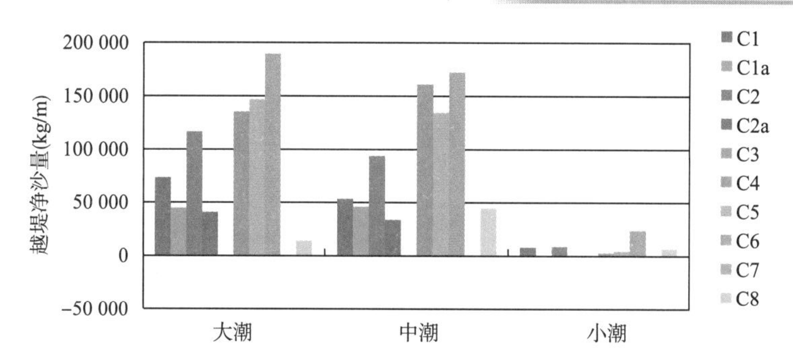

图 6-50 南导堤各站点大、中、小潮潮周期单宽越堤净沙量比较（2011 年洪季）

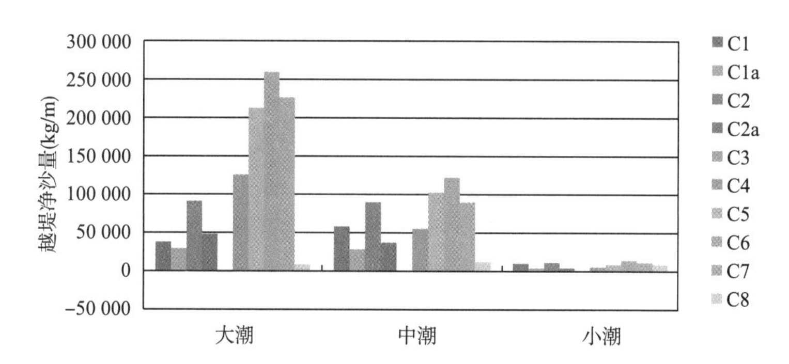

图 6-51 南导堤各站点大、中、小潮潮周期单宽越堤净沙量比较（2012 年洪季）

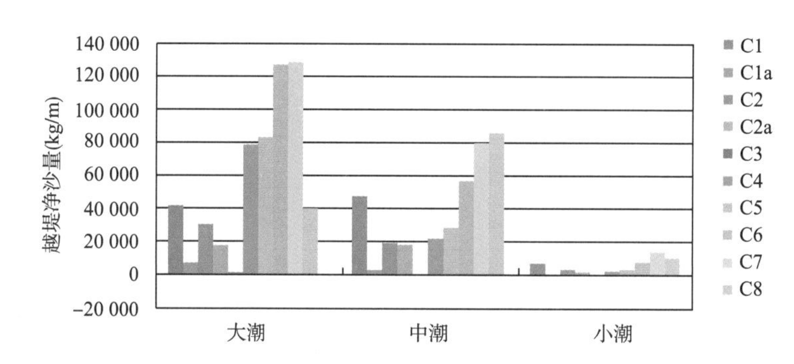

图 6-52 南导堤各站点大、中、小潮潮周期单宽越堤净沙量比较（2013 年洪季）

6.5.4 南北导堤越堤潮量和沙量

根据各越堤流观测站点观测得到的流速和含沙量数据，并结合各观测站点布置，计算得到北槽观测期间（大中小潮）南北导堤越堤总潮量和总输沙量，计算结果见表 6-11 ~表 6-16。由结果可知：

（1）与前述单站点的单宽越堤潮量结果相一致，南导堤越堤进入北槽的潮量（$Q_{入}$）均远大于越堤输出北槽的潮量（$Q_{出}$），计算结果表明南导堤 2011 年枯季、2011 年洪季、2012 年洪季和 2013 年洪季大潮的 $Q_{入}/Q_{出}$分别为 30、22、18 和 18，即 4 次观测结果表明大潮期间 $Q_{入}$是 $Q_{出}$的 18 ~ 30 倍；同样，南导堤越堤进入北槽的沙量（$Q_{s入}$）也均远大于越堤输出北槽的沙量（$Q_{s出}$），计算结果表明 $Q_{s入}$是 $Q_{s出}$的 12 ~ 107 倍（2011 年枯季、

2011 年洪季、2012 年洪季和 2013 年洪季四次的大潮 $Q_{s入}/Q_{s出}$比值分别为 57、48、35 和 35)。因此，整个南导堤的越堤潮量和沙量净进入北槽。

(2) 与南导堤相反，大潮到小潮期间北导堤越堤进入北槽的潮量（$Q_{入}$）均远小于越堤输出北槽的潮量（$Q_{出}$），计算结果表明 $Q_{出}$是 $Q_{入}$的 3 ~ 28 倍；同样，大潮到小潮期间，北导堤越堤进入北槽的沙量（$Q_{s入}$）也均远小于越堤输出北槽的沙量（$Q_{s出}$），计算结果表明 $Q_{s出}$是 $Q_{s入}$的 4 ~ 61 倍。因此，整个北导堤的越堤潮量和沙量净输出北槽。

(3) 综合南北导堤的越堤净潮量和净沙量（2012 年洪季和 2013 年洪季观测结果），南导堤的越堤净潮量和净沙量（进入北槽）均大于北导堤的越堤净潮量和净沙量（输出北槽），因此越过南导堤和北导堤的综合越堤潮量和沙量均净进入北槽。计算结果表明，2012 年洪季大潮、中潮和小潮期间南北导堤越堤净潮量分别为 57 941.7 万 m^3、42 135.2 万 m^3 和 19 040.4 万 m^3，越堤净沙量分别为 206.9 万 t、79.8 万 t 和 5.3 万 t；2013 年洪季大潮、中潮和小潮期间南北导堤越堤净潮量分别为 38 424 万 m^3、20 683.7 万 m^3 和 11 218.9 万 m^3，越堤净沙量分别为 96.8 万 t、69.9 万 t 和 6.0 万 t；大潮到小潮的越堤净潮量和越堤净沙量逐渐减小，尤其是小潮期间的越堤净沙量减小很明显。

南导堤和北导堤越堤潮量和沙量成果表（2011 年枯季）　　表 6-11

潮型	南、北导堤	潮量（10^4m^3）		沙量（10^4t）		$Q_{净}$ (10^4m^3)	$Q_{s净}$ (10^4t)
		$Q_{入}$	$Q_{出}$	$Q_{s入}$	$Q_{s出}$		
大潮	南导堤	108 272.05	−3 572.59	83.99	−1.48	104 699.46	82.51
	北导堤	—	—	—	—	—	—
中潮	南导堤	63 775.32	−1 246.65	29.41	−0.33	62 528.67	29.07
	北导堤	—	—	—	—	—	—
小潮	南导堤	16 678.57	−1 095.41	4.21	−0.07	15 583.16	4.14
	北导堤	—	—	—	—	—	—

注：净潮量或净沙量中，正值表示进入北槽，负值表示离开北槽，下同。

南导堤和北导堤越堤潮量和沙量成果表（2011 年洪季）　　表 6-12

潮型	南、北导堤	潮量（10^4m^3）		沙量（10^4t）		$Q_{净}$ (10^4m^3)	$Q_{s净}$ (10^4t)
		$Q_{入}$	$Q_{出}$	$Q_{s入}$	$Q_{s出}$		
大潮	南导堤	225 551.6	−10 416.2	332.7	−6.9	215 135.4	325.8
	北导堤	19 374.4	−133 593.2	12.8	−182.6	−114 218.8	−169.9
中潮	南导堤	176 845.0	−10 782.5	325.9	−7.4	166 062.5	318.5
	北导堤	17 201.8	−105 496.1	8.9	−163.0	−88 294.3	−154.1
小潮	南导堤	61 250.1	−8 697.0	27.4	−1.4	52 553.1	26.0
	北导堤	4 892.3	−37 671.7	1.0	−8.3	−32 779.4	−7.4

南导堤和北导堤越堤潮量和沙量成果表（2012 年洪季） 表 6-13

潮型	南、北导堤	潮量（10^4m^3）		沙量（10^4t）		$Q_{净}$ （10^4m^3）	$Q_{s净}$ （10^4t）
		$Q_{入}$	$Q_{出}$	$Q_{s入}$	$Q_{s出}$		
大潮	南导堤	184 798.8	−10 529.3	396.7	−11.3	174 269.5	385.4
	北导堤	6 184.2	−122 512.0	7.3	−185.9	−116 327.8	−178.5
中潮	南导堤	163 447.6	−8 013.4	201.1	−4.9	155 434.2	196.2
	北导堤	4 125.8	−117 424.8	1.9	−118.3	−113 299.0	−116.4
小潮	南导堤	69 627.4	−2 243.5	23.6	−0.3	67 383.9	23.3
	北导堤	2 723.1	−51 066.7	0.5	−18.6	−48 343.5	−18.1

南导堤和北导堤越堤潮量和沙量成果表（2013 年洪季） 表 6-14

潮型	南、北导堤	潮量（10^4m^3）		沙量（10^4t）		$Q_{净}$ （10^4m^3）	$Q_{s净}$ （10^4t）
		$Q_{入}$	$Q_{出}$	$Q_{s入}$	$Q_{s出}$		
大潮	南导堤	166 504.2	−9 249.7	254.3	−7.2	157 254.5	247.0
	北导堤	18 431.7	−137 261.7	10.6	−160.8	−118 830.0	−150.2
中潮	南导堤	12 2375.1	−3 947.0	129.5	−1.2	118 428.1	128.3
	北导堤	10 337.3	−108 081.7	3.6	−62.0	−97 744.4	−58.4
小潮	南导堤	69 005.7	−8 961.7	19.4	−1.5	60 044.0	17.9
	北导堤	22 680.4	−71 505.5	3.9	−15.8	−48 825.1	−11.9

南北导堤越堤净潮量和净沙量成果表（2012 年洪季） 表 6-15

潮型	南、北导堤	潮量（10^4m^3）		沙量（10^4t）	
		$Q_{南净}$或$Q_{北净}$	$Q_{南北净}$	$Q_{s南净}$或$Q_{s北净}$	$Q_{s南北净}$
大潮	南导堤	174 269.47	57 941.7	385.40	206.9
	北导堤	−116 327.79		−178.51	
中潮	南导堤	155 434.15	42 135.2	196.20	79.8
	北导堤	−113 299.00		−116.39	
小潮	南导堤	67 383.93	19 040.4	23.34	5.3
	北导堤	−48 343.55		−18.08	

南北导堤越堤净潮量和净沙量成果表（2013 年洪季） 表 6-16

潮型	南、北导堤	潮量（10^4m^3）		沙量（10^4t）	
		$Q_{南净}$或$Q_{北净}$	$Q_{南北净}$	$Q_{s南净}$或$Q_{s北净}$	$Q_{s南北净}$
大潮	南导堤	157 254.5	38 424.5	247.0	96.8
	北导堤	−118 830.0		−150.2	
中潮	南导堤	118 428.1	20 683.7	128.3	69.9
	北导堤	−97 744.4		−58.4	
小潮	南导堤	60 044.0	11 218.9	17.9	6.0
	北导堤	−48 825.1		−11.9	

6.6 北槽上下口断面观测结果

北槽上下口断面观测的内容主要是断面流速和含沙量分布过程观测。观测方法采用固定断面 ADCP 走航观测，辅以动船取沙（OBS 垂线和水样）获取断面上若干条（2011 年枯季上下口断面均为 5 条，2011 年洪季上下口断面均为 7 条，2012 年洪季上下口断面分别为 8 条和 7 条，2013 年洪季的断面垂线分布和 2012 年洪季相同）含沙量垂线分布，进而根据每次断面观测得到流速和含沙量分布资料计算断面单宽流量和单宽输沙率过程，最后根据逐时刻的断面单宽流量和单宽输沙率计算涨落潮潮量、输沙量、净潮量和净输沙量。下面主要介绍观测计算得到的上下口断面流量、输沙率、潮量和输沙量。

6.6.1 单宽流量和单宽输沙率观测成果

对现场数据进行分析计算，首先可以得到各测次每个断面上的单宽流量和单宽输沙率分布成果。图 6-53 ~ 图 6-70 分别是 2011 年枯季、2011 年洪季和 2012 年洪季上下口断面大、中、小潮的单宽流量和单宽输沙率分布图。上下口断面均以南端点为计算起点距，图中黄色部分为航槽位置。对计算结果分析可知：

（1）除了初涨或初落期间之外，各断面的最大单宽流量和单宽输沙率基本上均出现在航中位置。

（2）对上下口断面大、中、小潮各逐次测量断面的最大单宽潮量进行统计得到表 6-17 结果。从中可知，上口断面从大潮到中潮涨潮期间最大单宽潮量大于落潮，中潮到小潮阶段反之；下口断面整个大潮到小潮阶段，落潮的最大单宽流量均大于涨潮。

（3）上下口断面大、中、小潮各逐次测量断面的最大单宽输沙率统计结果见表 6-18。从中可知，上口断面从大潮到小潮期间，最大单宽输沙率基本上出现在落潮期间；而下口断面则相反，从大潮到小潮期间，最大单宽输沙率基本上出现在涨潮期间。

最大单宽潮量统计 [m^3/(m · s)]　　表 6–17

断　面	潮　型	前　涨	前　落	后　涨	后　落
上口断面	大潮	26.65	22.32	26.88	23.60
	中潮	26.95	22.54	18.07	22.12
	小潮	12.35	17.31	5.87	13.74
下口断面	大潮	31.87	34.10	30.32	32.72
	中潮	26.98	27.85	21.51	26.00
	小潮	12.58	15.69	6.59	11.23

最大单宽输沙率统计 [kg/ (m · s)]　　表 6–18

断　面	潮　型	前　涨	前　落	后　涨	后　落
上口断面	大潮	11.37	11.84	10.98	13.07
	中潮	17.25	16.00	9.11	16.57
	小潮	2.36	5.91	0.76	2.64
下口断面	大潮	175.48	166.44	94.67	78.73
	中潮	40.29	31.79	20.84	44.15
	小潮	6.10	4.38	4.81	3.84

6.6.2 断面潮量和输沙量观测结果

根据 2011 年枯季、2011 年洪季、2012 年洪季和 2013 年洪季大、中、小潮北槽上口和北槽下口的断面潮量、输沙量以及净潮量和净沙量计算成果（表 6–19 ～表 6–26），绘制出涨、落潮断面单宽潮量以及单宽输沙量分布图（图 6–53 ～图 6–70）。

分析断面潮量和输沙量结果可知：

（1）北槽上口，从大潮到小潮，涨潮和落潮的潮量逐渐减小，尤其是小潮期间，涨潮潮量减小最多；小潮期间，涨潮和落潮的输沙量减小最多，大潮和中潮差别不大。该断面的落潮潮量和输沙量均大于涨潮的潮量和输沙量，所以大潮到小潮期间通过该断面的净潮量和净输沙量都进入北槽。

（2）北槽下口，从大潮到小潮，涨潮和落潮的潮量均逐渐减小，以小潮期间的涨潮量减小最多（同北槽上口）；大潮到小潮期间，不论是涨潮输沙量还是落潮输沙量均大幅降低。该断面大潮到小潮期间落潮的潮量均大于涨潮的潮量。而对于输沙量，洪季（2011 年、2012 年和 2013 年）仅仅是大潮和中潮的落潮输沙量大于涨潮输沙量，洪季（2011 年、2012 年和 2013 年）小潮期间的落潮输沙量反而小于涨潮输沙量。因此对于该断面，洪季的大潮到中潮及枯季的大、中、小潮的净潮量和净输沙量均输出北槽，小潮期间的净潮量也输出北槽；但是洪季（2011 年、2012 年和 2013 年）小潮期间的净输沙量进入北槽。

（3）综合北槽上口和下口，大潮到小潮期间，北槽下口的涨潮潮量（进入北槽）均大于北槽上口的涨潮潮量（输出北槽），因此大、中、小潮全潮期间上下口的涨潮净潮量进入北槽。同样，从大潮到小潮期间的涨潮输沙量也是北槽下口（进入北槽）大于北槽上口（输出北槽），因此大、中、小潮全潮期间上下口的涨潮净输沙量进入北槽。对于落潮阶段，大潮到小潮期间的下口落潮潮量（输出北槽）同样均大于上口（进入北槽），洪枯季大潮到小潮期间的落潮输沙量特点有所不同。对于枯季落潮输沙量，和落潮潮流一样，大潮到小潮期间的小潮落潮潮量（输出北槽）；大于上口（进入北槽）；而对于洪季（2011年、2012年和2013年）仅是大潮和中潮期间北槽下口的落潮输沙量（输出北槽）大于上口（进入北槽），而小潮期间，北槽下口落潮输沙量反而小于北槽上口。因此，洪枯季大、中、小潮全潮期间的落潮净潮量输出北槽，枯季的大、中、小潮，洪季大潮和中潮期间的落潮净输沙量也输出北槽（2013年洪季中潮除外），但是洪季小潮期间（包括2013年洪季中潮期间）的落潮净输沙量进入北槽。

2011年枯季北槽上下口涨落潮通量（分前后潮）　　　表6-19

潮时（3月）		北槽上口		北槽下口		净潮量（10^4m^3）	沙量（10^4t）
		潮量（10^4m^3）	沙量（10^4t）	潮量（10^4m^3）	沙量（10^4t）		
大潮	前涨	−57 902.70	−46.01	95 479.08	68.10	37 576.38	22.09
	前落	81 396.89	59.02	−134 106.61	−92.88	−52 709.72	−33.86
	后涨	−67 479.83	−58.74	107 390.83	77.74	39 911.00	19.01
	后落	73 818.13	54.23	−125 863.66	−86.85	−52 045.52	−32.62
	全潮	29 832.49	8.50	−57 100.36	−33.89	−27 267.86	−25.39
中潮	前涨	−35 903.67	−25.67	55 007.41	35.50	19 103.74	9.83
	前落	58 801.44	33.12	−89 603.31	−51.49	−30 801.87	−18.37
	后涨	−47 470.42	−30.28	77 354.00	38.02	29 883.58	7.74
	后落	55 084.92	27.60	−84 789.79	−35.19	−29 704.86	−7.59
	全潮	30 512.28	4.77	−42 031.69	−13.16	−11 519.42	−8.39
小潮	前涨	−16 224.83	−4.22	19 306.60	5.26	3 081.78	1.05
	前落	47 879.79	8.24	−63 959.40	−9.43	−16 079.61	−1.20
	后涨	−41 383.00	−10.31	62 072.93	20.37	20 689.93	10.06
	后落	61 150.99	18.22	−97 936.40	−32.47	−36 785.41	−14.25
	全潮	51 422.96	11.93	−80 516.28	−16.28	−29 093.32	−4.35

注：净潮量或净沙量中，正值表示进入北槽，负值表示离开北槽。

（4）2011年枯季，大潮到小潮期间，北槽上口和下口的全潮净潮量输出北槽，净潮量分别为27 267.86万m^3，11 519.42万m^3和29 093.32万m^3；大潮到小潮期间，北槽上口和下口的全潮净输沙量输出北槽，净输沙量分别为25.39万t、8.39万t和4.35万t。2011年洪季，大潮到小潮期间，北槽上口和下口的全潮净潮量输出北槽，净潮量分别为65 063.52万m^3，39 283.45万m^3和40 264.69万m^3；大潮和中潮，北槽上口和下口的全潮净输沙量输出北槽，净输沙量分别为155.13万t和96.57万t；而小潮期间，北槽上口和下口的全潮净输沙量输入北槽，净输沙量为26.99万t。2012年洪季，大潮到小潮期间，北槽上口和下口的全潮净潮量输出北槽，净潮量分别为54 389.48万m^3、13 123.97万m^3和11 341.89万m^3；大潮和中潮，北槽上口和下口的全潮净输沙量输出北槽，净输沙量分别为238.42万t和49.07万t；而小潮期间，北槽上口和下口的全潮净输沙量输入北槽，净输沙量为30.58万t。2013年洪季，大潮到小潮期间，北槽上口和下口的全潮净潮量输出北槽，净潮量分别为34 249万m^3、18 443万m^3和30 767万m^3；大潮期间，北槽上口和下口的全潮净输沙量输出北槽，净输沙量为65.75万t；而中潮和小潮期间，北槽上口和下口的全潮净输沙量输入北槽，净输沙量分别为21.69万t和为34.87万t。

2011年枯季北槽上下口涨落潮全潮通量　　表6-20

潮时（3月）		北槽上口		北槽下口		净潮量（10^4m^3）	沙量（10^4t）
		潮量（10^4m^3）	沙量（10^4t）	潮量（10^4m^3）	沙量（10^4t）		
大潮	涨潮	−125 382.53	−104.74	202 869.91	145.84	77 487.38	41.09
	落潮	155 215.03	113.25	−259 970.27	−179.73	−104 755.24	−66.48
	全潮	29 832.49	8.50	−57 100.36	−33.89	−27 267.86	−25.39
中潮	涨潮	−83 374.09	−55.95	132 361.41	73.52	48 987.32	17.57
	落潮	113 886.36	60.72	−174 393.10	−86.68	−60 506.74	−25.96
	全潮	30 512.28	4.77	−42 031.69	−13.16	−11 519.42	−8.39
小潮	涨潮	−57 607.83	−14.53	81 379.53	25.63	23 771.70	11.10
	落潮	109 030.78	26.46	−161 895.81	−41.91	−52 865.02	−15.45
	全潮	51 422.96	11.93	−80 516.28	−16.28	−29 093.32	−4.35

注：净潮量或净沙量中，正值表示进入北槽，负值表示离开北槽。

2011年洪季北槽上下口涨落潮通量（分前后潮）　　表6-21

潮时（9月）		北槽上口		北槽下口		净潮量（10^4m^3）	沙量（10^4t）
		潮量（10^4m^3）	沙量（10^4t）	潮量（10^4m^3）	沙量（10^4t）		
大潮	前涨	−60 954.54	−40.28	101 403.20	72.64	40 448.66	32.36
	前落	100 369.90	62.98	−167 269.25	−162.65	−66 899.36	−99.67
	后涨	−75 910.18	−61.84	110 004.45	108.31	34 094.27	46.47
	后落	107 368.59	78.18	−180 075.68	−212.46	−72 707.10	−134.28
	全潮	70 873.76	39.03	−135 937.29	−194.16	−65 063.52	−155.13
中潮	前涨	−62 263.52	−50.69	103 525.08	134.50	41 261.55	83.82
	前落	97 731.93	76.38	−153 993.12	−198.06	−56 261.19	−121.68
	后涨	−53 471.67	−37.93	85 986.61	107.61	32 514.94	69.68
	后落	92 014.88	65.26	−148 813.63	−193.64	−56 798.75	−128.39
	全潮	74 011.61	53.02	−113 295.06	−149.59	−39 283.45	−96.57
小潮	前涨	−29 677.63	−7.68	44 081.10	24.99	14 403.48	17.31
	前落	68 916.46	18.14	−101 802.14	−16.80	−32 885.69	1.34
	后涨	−11 775.50	−1.79	11 449.22	5.94	−326.28	4.15
	后落	54 791.14	10.18	−76 247.34	−6.00	−21 456.20	4.19
	全潮	82 254.47	18.86	−122 519.16	8.13	−40 264.69	26.99

注：净潮量或净沙量中，正值表示进入北槽，负值表示离开北槽。

2011 年洪季北槽上下口涨落潮全潮通量 表 6–22

潮时（9 月）		北槽上口		北槽下口		净潮量（10^4m^3）	沙量（10^4t）
		潮量（10^4m^3）	沙量（10^4t）	潮量（10^4m^3）	沙量（10^4t）		
大潮	涨潮	−136 864.72	−102.12	211 407.65	180.95	74 542.93	78.83
	落潮	207 738.48	141.15	−347 344.94	−375.11	−139 606.45	−233.96
	全潮	70 873.76	39.03	−135 937.29	−194.16	−65 063.52	−155.13
中潮	涨潮	−115 735.19	−88.62	189 511.69	242.11	73 776.50	153.49
	落潮	189 746.81	141.64	−302 806.76	−391.70	−113 059.95	−250.06
	全潮	74 011.61	53.02	−113 295.06	−149.59	−39 283.45	−96.57
小潮	涨潮	−41 453.12	−9.47	55 530.32	30.93	14 077.20	21.46
	落潮	123 707.59	28.33	−178 049.48	−22.80	−54 341.89	5.53
	全潮	82 254.47	18.86	−122 519.16	8.13	−40 264.69	26.99

注：净潮量或净沙量中，正值表示进入北槽，负值表示离开北槽。

2012 年洪季北槽上下口涨落潮通量（分前后潮） 表 6–23

潮时（9 月）		北槽上口		北槽下口		净潮量（10^4m^3）	沙量（10^4t）
		潮量（10^4m^3）	沙量（10^4t）	潮量（10^4m^3）	沙量（10^4t）		
大潮	前涨	−63 744.54	−23.90	106 506.92	133.91	42 762.38	110.00
	前落	96 861.57	37.73	−171 759.77	−267.97	−74 898.20	−230.24
	后涨	−62 243.90	−25.39	113 928.14	85.39	51 684.24	60.00
	后落	98 358.60	39.98	−172 296.51	−218.17	−73 937.91	−178.19
	全潮	69 231.73	28.42	−123 621.21	−266.84	−54 389.48	−238.42
中潮	前涨	−68 978.24	−28.74	121 296.28	82.07	52 318.04	53.34
	前落	94 668.96	46.81	−149 802.52	−111.50	−55 133.56	−64.68
	后涨	−45 795.00	−19.98	89 907.13	46.78	44 112.12	26.80
	后落	88 531.77	38.80	−142 952.35	−103.33	−54 420.58	−64.53
	全潮	68 427.49	36.90	−81 551.46	−85.97	−13 123.97	−49.07
小潮	前涨	−35 023.83	−6.31	58 688.64	27.68	23 664.81	21.36
	前落	77 641.37	18.49	−104 395.33	−16.32	−26 753.95	2.17
	后涨	−10 903.64	−1.50	15 235.08	5.39	4 331.44	3.89
	后落	59 379.72	8.41	−71 963.89	−5.25	−12 584.18	3.16
	全潮	91 093.62	19.08	−102 435.50	11.50	−11 341.89	30.58

注：净潮量或净沙量中，正值表示进入北槽，负值表示离开北槽。

2012 年洪季北槽上下口涨落潮全潮通量 表 6–24

潮时（9 月）		北槽上口		北槽下口		净潮量（10^4m^3）	沙量（10^4t）
		潮量（10^4m^3）	沙量（10^4t）	潮量（10^4m^3）	沙量（10^4t）		
大潮	涨潮	−125 988.44	−49.29	220 435.07	219.30	94 446.63	170.01
	落潮	195 220.17	77.71	−344 056.28	−486.14	−148 836.11	−408.43
	全潮	69 231.73	28.42	−123 621.21	−266.84	−54 389.48	−238.42
中潮	涨潮	−114 773.25	−48.71	211 203.41	128.85	96 430.16	80.14
	落潮	183 200.73	85.61	−292 754.87	−214.83	−109 554.14	−129.21
	全潮	68 427.49	36.90	−81 551.46	−85.97	−13 123.97	−49.07

续上表

潮时(9月)		北槽上口 潮量(10^4m^3)	北槽上口 沙量(10^4t)	北槽下口 潮量(10^4m^3)	北槽下口 沙量(10^4t)	净潮量(10^4m^3)	沙量(10^4t)
小潮	涨潮	−45 927.47	−7.82	73 923.71	33.07	27 996.24	25.26
	落潮	137 021.09	26.90	−176 359.22	−21.57	−39 338.13	5.33
	全潮	91 093.62	19.08	−102 435.50	11.50	−11 341.89	30.58

注：净潮量或净沙量中，正值表示进入北槽，负值表示离开北槽。

2013 年洪季北槽上下口涨落潮通量（分前后潮）　　表 6-25

潮时(9月)		北槽上口 潮量(10^4m^3)	北槽上口 沙量(10^4t)	北槽下口 潮量(10^4m^3)	北槽下口 沙量(10^4t)	净潮量(10^4m^3)	沙量(10^4t)
大潮	前涨	−58 830	−43.68	102 124	61.9	43 294	18.22
	前落	84 001	55.25	−142 911	−105.23	−58 910	−49.98
	后涨	−66 690	−64.66	114 243	79.05	47 553	14.39
	后落	91 242	65.83	−157 428	−127.17	−66 186	−61.34
	全潮	49 723	12.74	−83 972	−91.45	−34 249	−78.71
中潮	前涨	−36 048	−28.04	70 569	31.14	34 521	3.1
	前落	73 333	59.59	−119 336	−59.11	−46 003	0.48
	后涨	−42 608	−25.07	73 160	36.08	30 552	11.01
	后落	67 418	37.68	−104 931	−30.58	−37 513	7.1
	全潮	62 096	44.15	−80 538	−22.47	−18 442	21.68
小潮	前涨	−14 625	−4.32	15 650	4.36	1 025	0.04
	前落	49 844	15.25	−69 139	−5.57	−19 295	9.68
	后涨	−32 192	−8.2	51 824	14.43	19 632	6.23
	后落	75 750	28.52	−107 879	−9.6	−32 129	18.92
	全潮	78 777	31.26	−109 543	3.61	−30 766	34.87

注：净潮量或净沙量中，正值表示进入北槽，负值表示离开北槽。

2013 年洪季北槽上下口涨落潮全潮通量　　表 6-26

潮时(9月)		北槽上口 潮量(10^4m^3)	北槽上口 沙量(10^4t)	北槽下口 潮量(10^4m^3)	北槽下口 沙量(10^4t)	净潮量(10^4m^3)	沙量(10^4t)
大潮	涨潮	−125 520	−108.34	216 367	140.95	90 847	32.61
	落潮	175 243	121.08	−300 339	−232.4	−125 096	−111.32
	全潮	49 723	12.74	−83 972	−91.45	−34 249	−78.71
中潮	涨潮	−78 656	−53.11	143 729	67.22	65 073	14.11
	落潮	140 751	97.27	−224 267	−89.69	−83 516	7.58
	全潮	62 095	44.16	−80 538	−22.47	−18 443	21.69
小潮	涨潮	−46 817	−12.52	67 474	18.79	20 657	6.27
	落潮	125 594	43.77	−177 018	−15.17	−51 424	28.6
	全潮	78 777	31.25	−109 544	3.62	−30 767	34.87

注：净潮量或净沙量中，正值表示进入北槽，负值表示离开北槽。

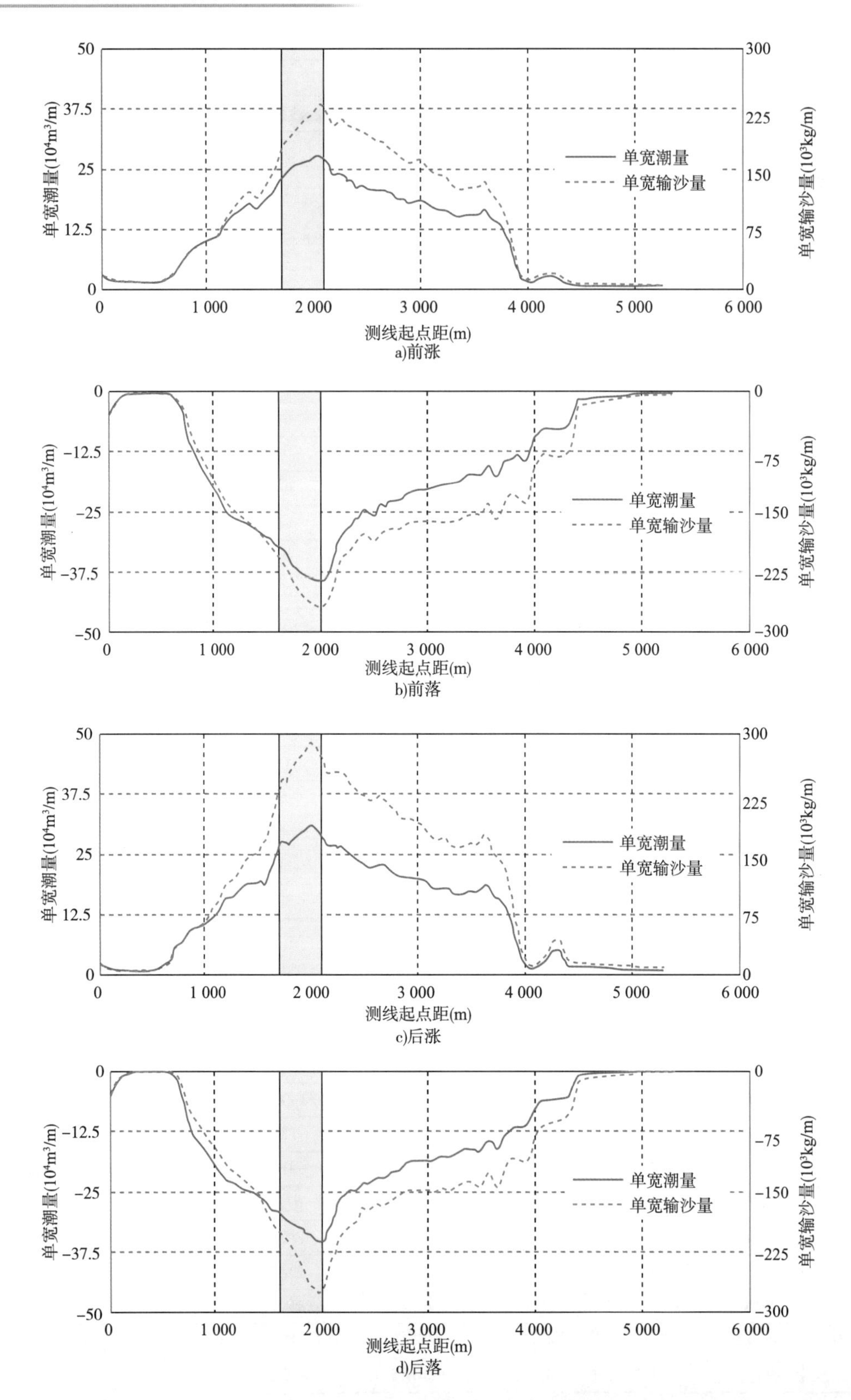

图 6-53　2011 年枯季大潮期间上口断面涨落潮单宽潮量和单宽输沙量分布图

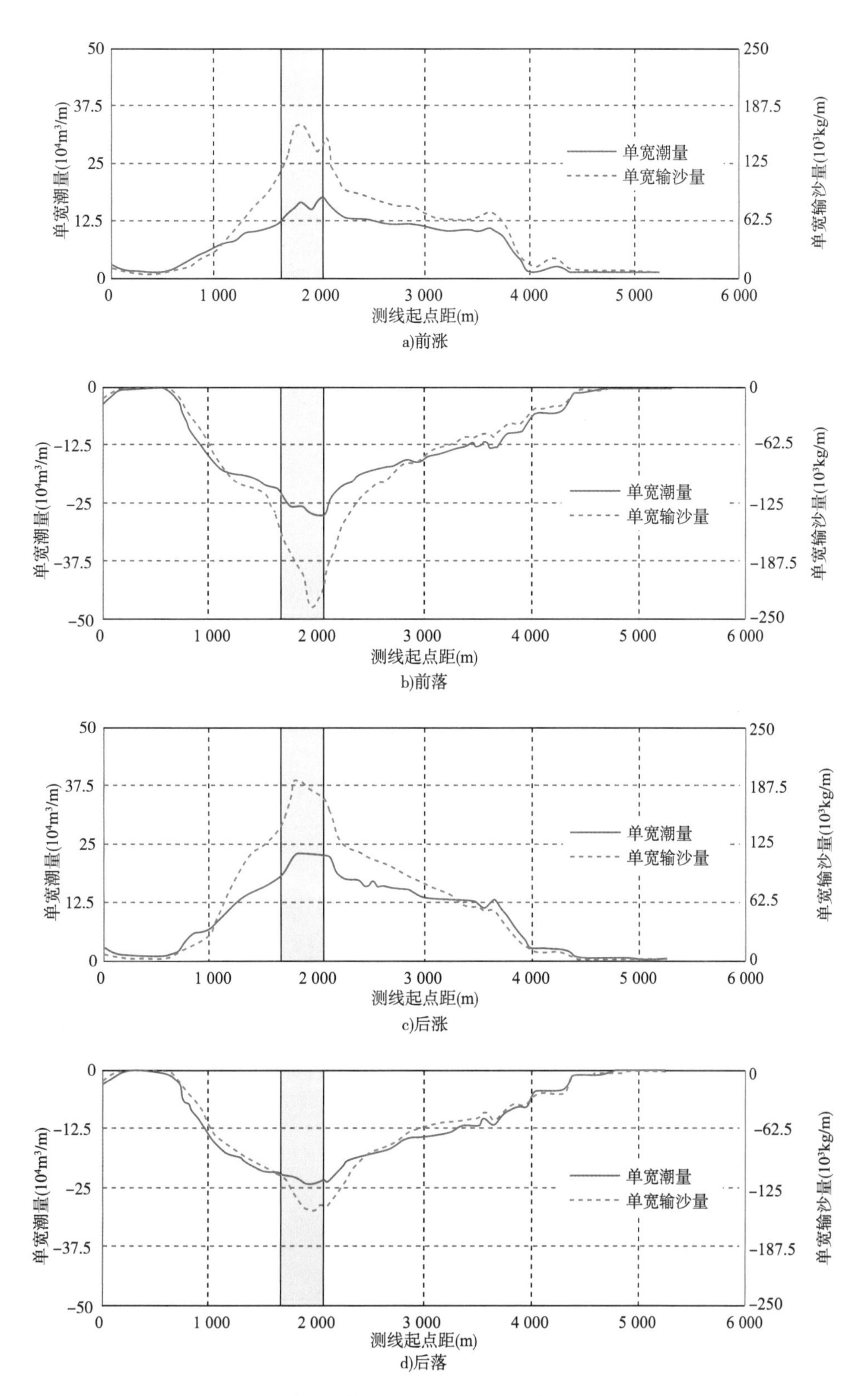

图 6-54 2011 年枯季中潮期间上口断面涨落潮单宽潮量和单宽输沙量分布图

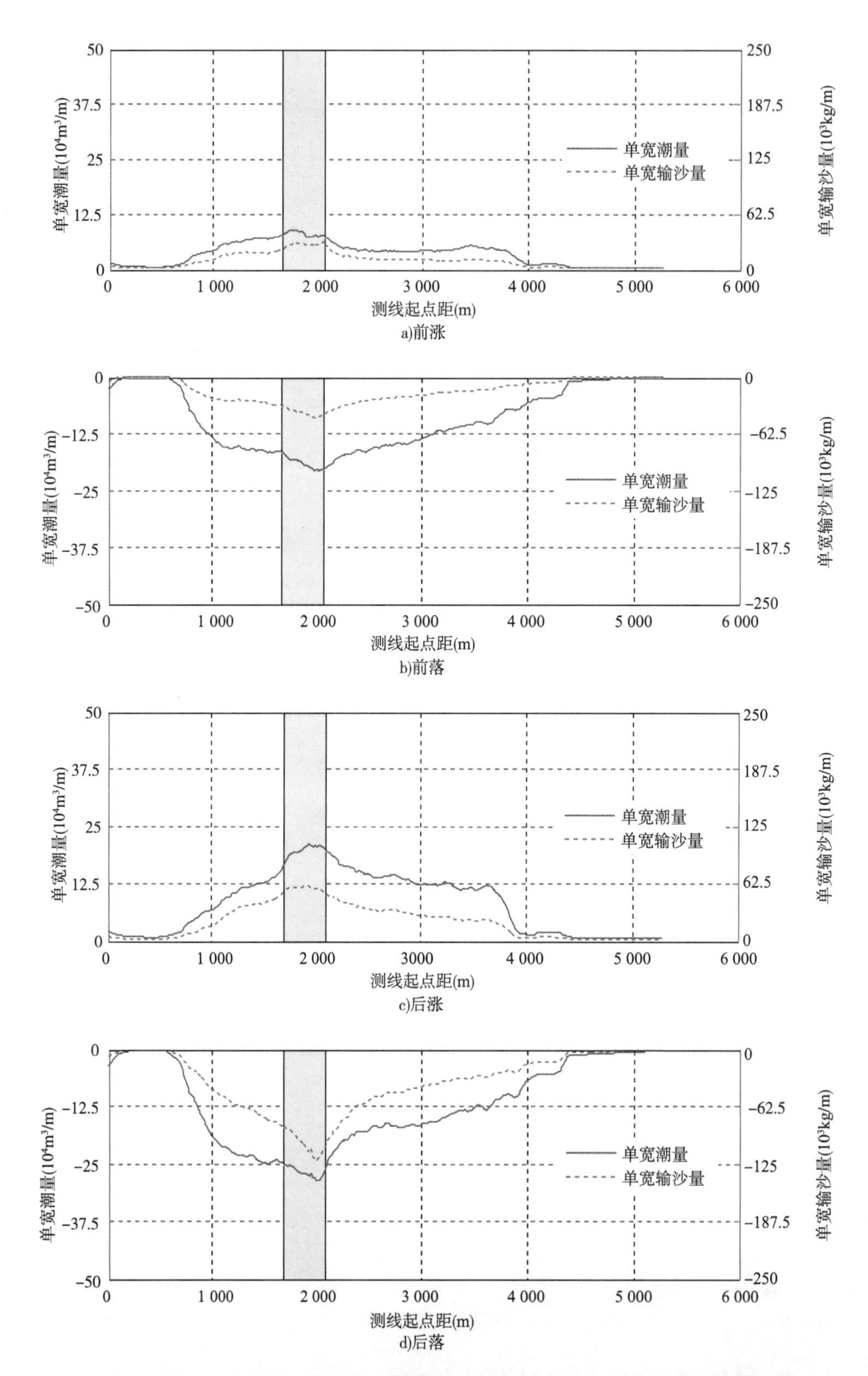

图 6-55 2011 年枯季小潮期间上口断面涨落潮单宽潮量和单宽输沙量分布图

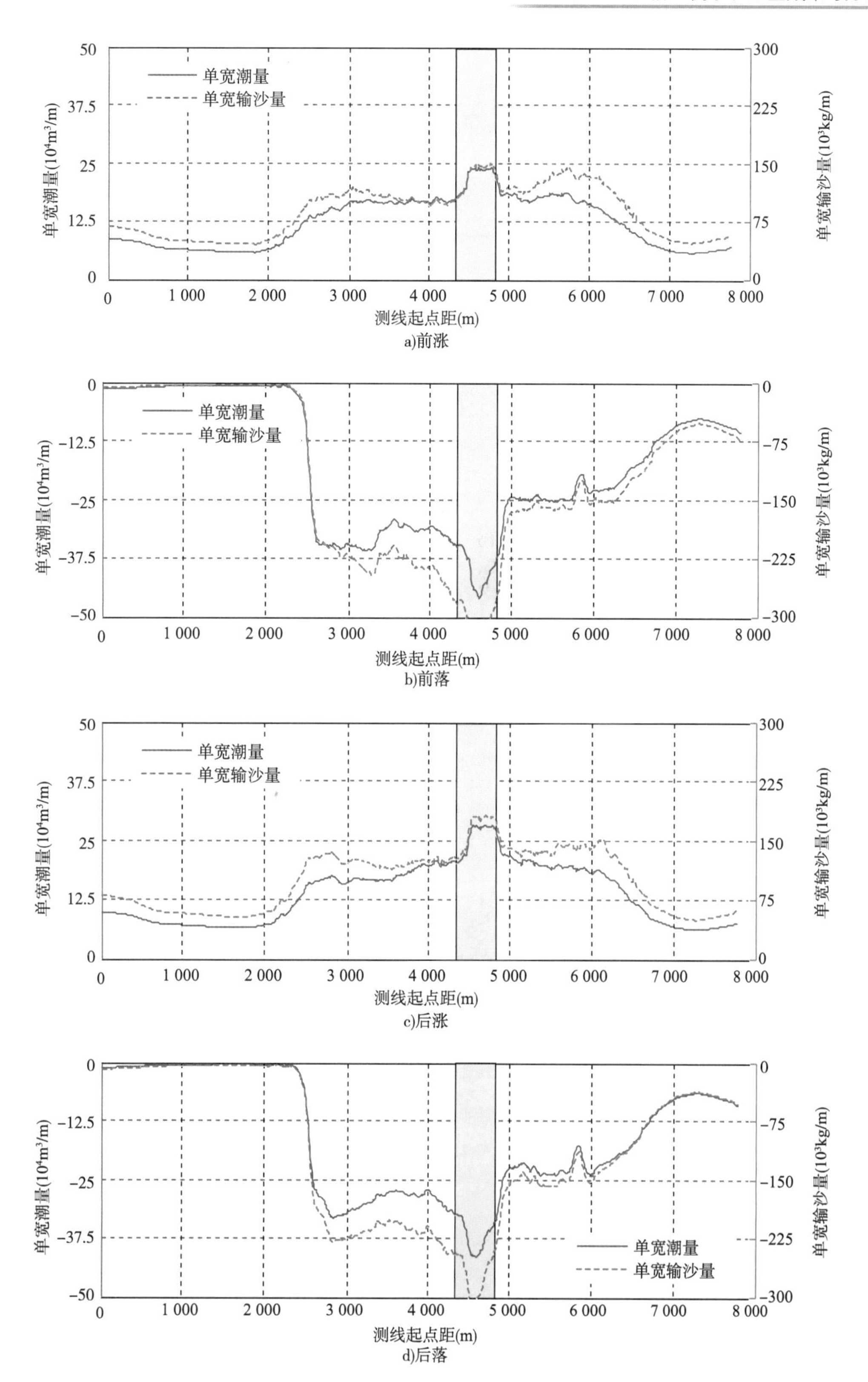

图 6-56 2011 年枯季大潮期间下口断面涨落潮单宽潮量和单宽输沙量分布图

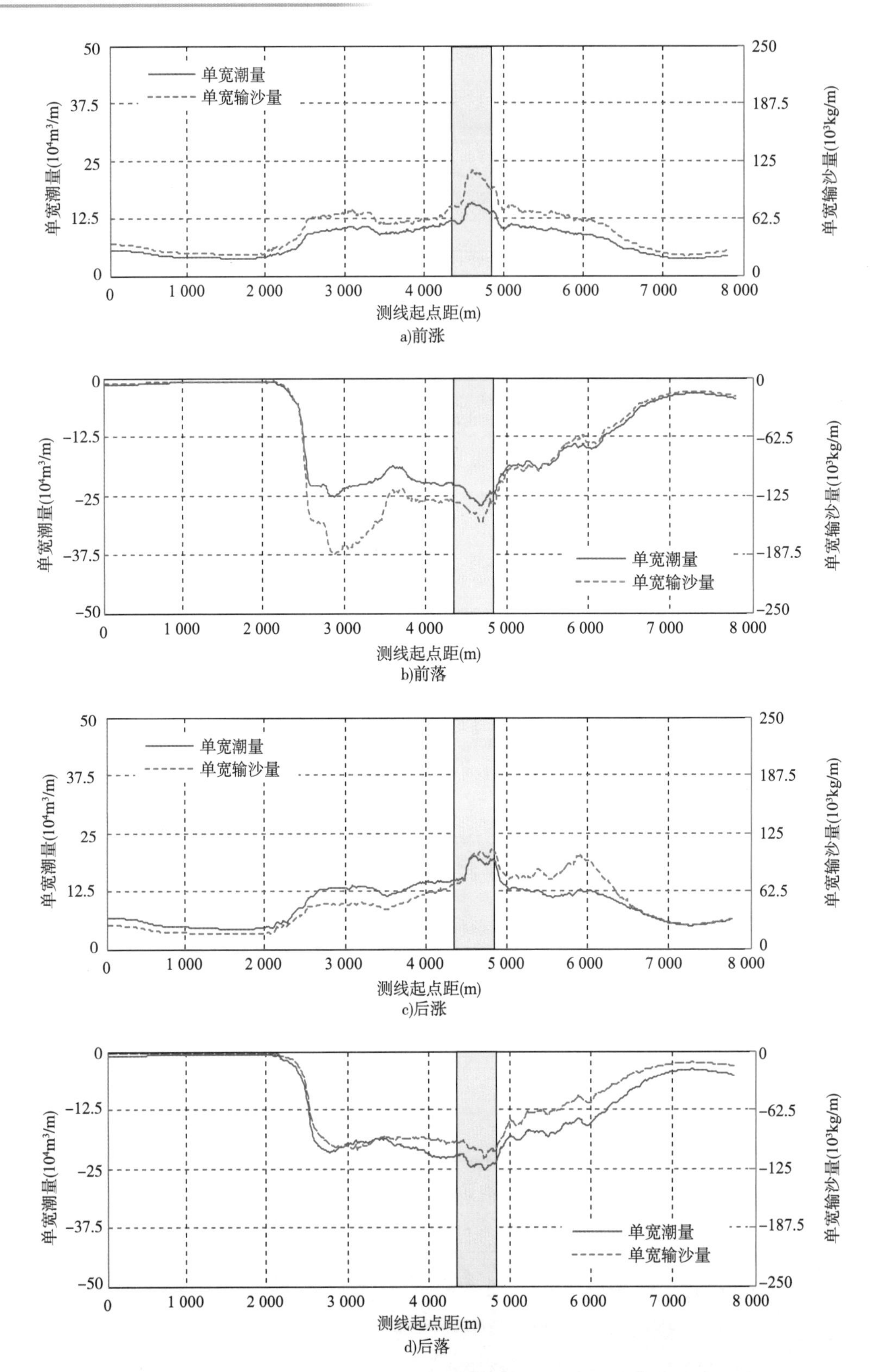

图 6-57　2011 年枯季中潮期间下口断面涨落潮单宽潮量和单宽输沙量分布图

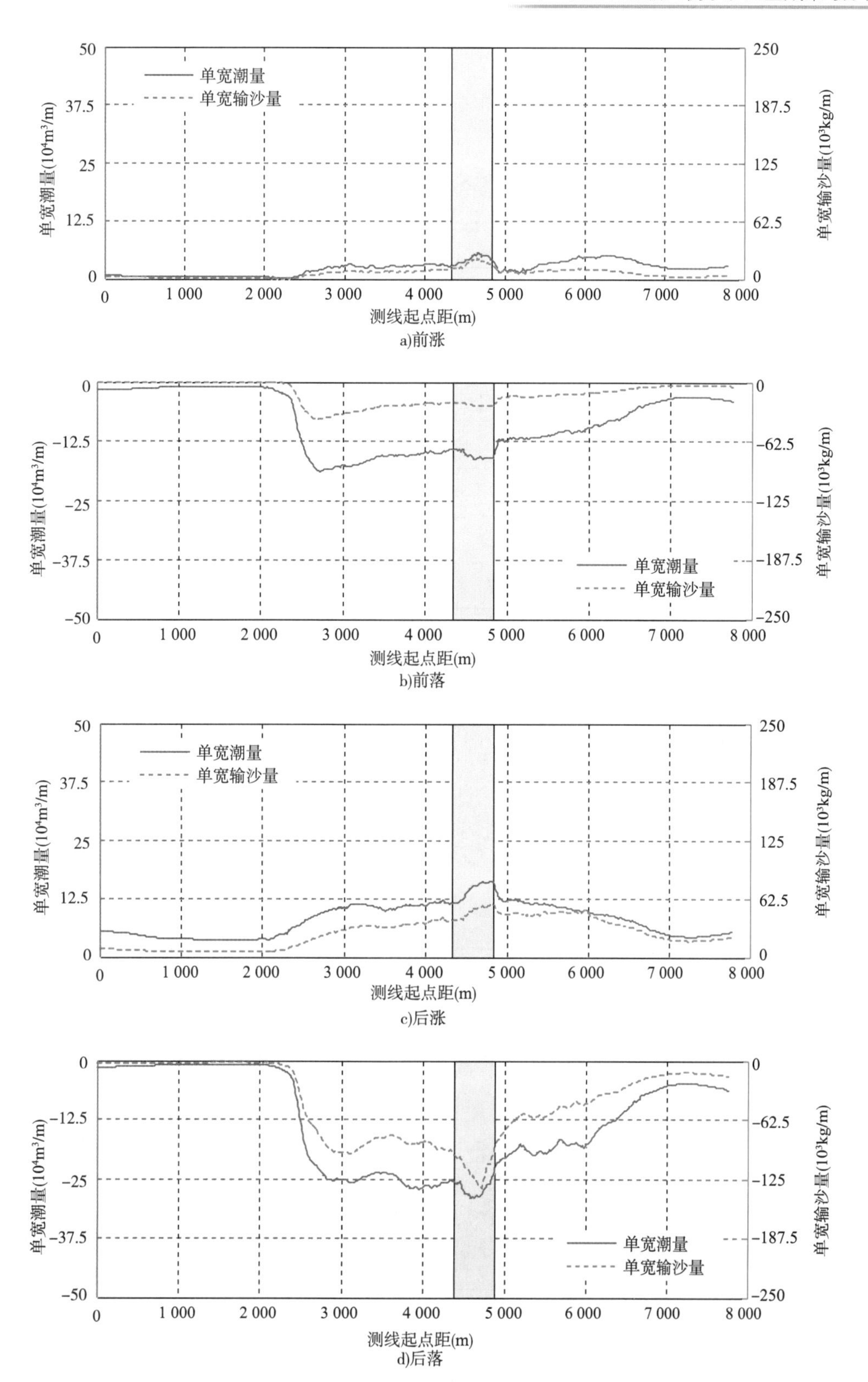

图 6-58 2011 年枯季小潮期间下口断面涨落潮单宽潮量和单宽输沙量分布图

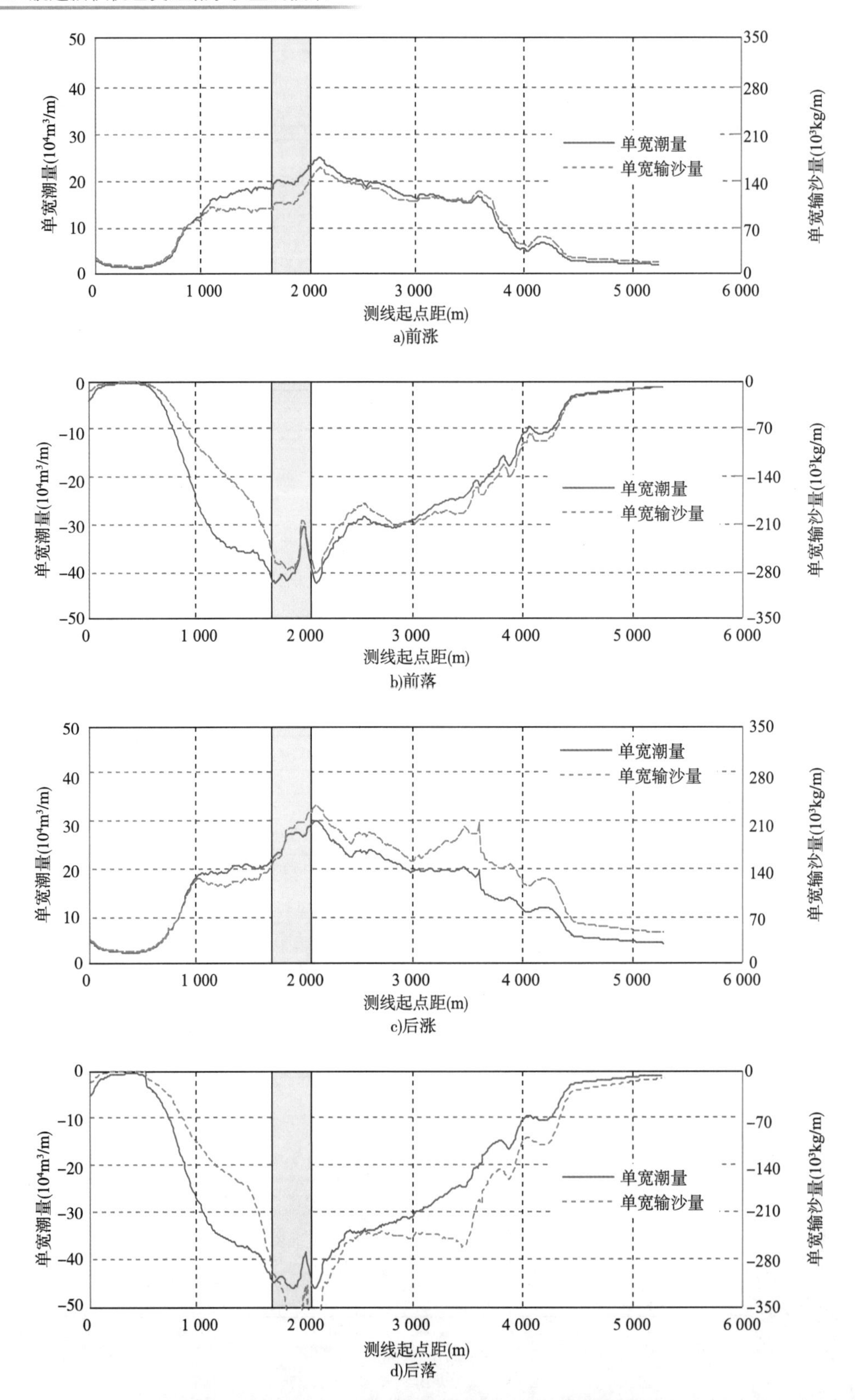

图 6-59　2011 年洪季大潮期间上口断面涨落潮单宽潮量和单宽输沙量分布图

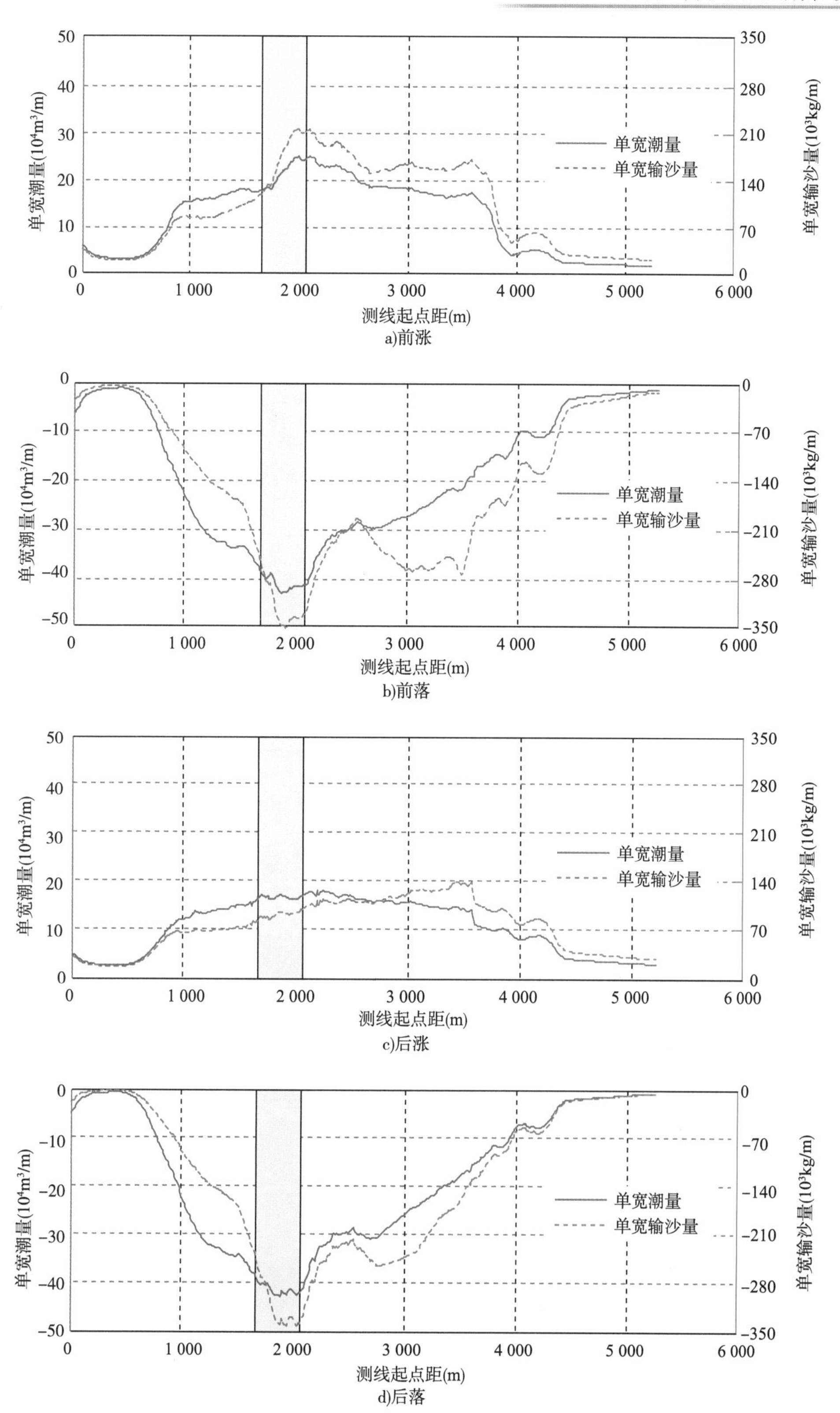

图 6-60 2011 年洪季中潮期间上口断面涨落潮单宽潮量和单宽输沙量分布图

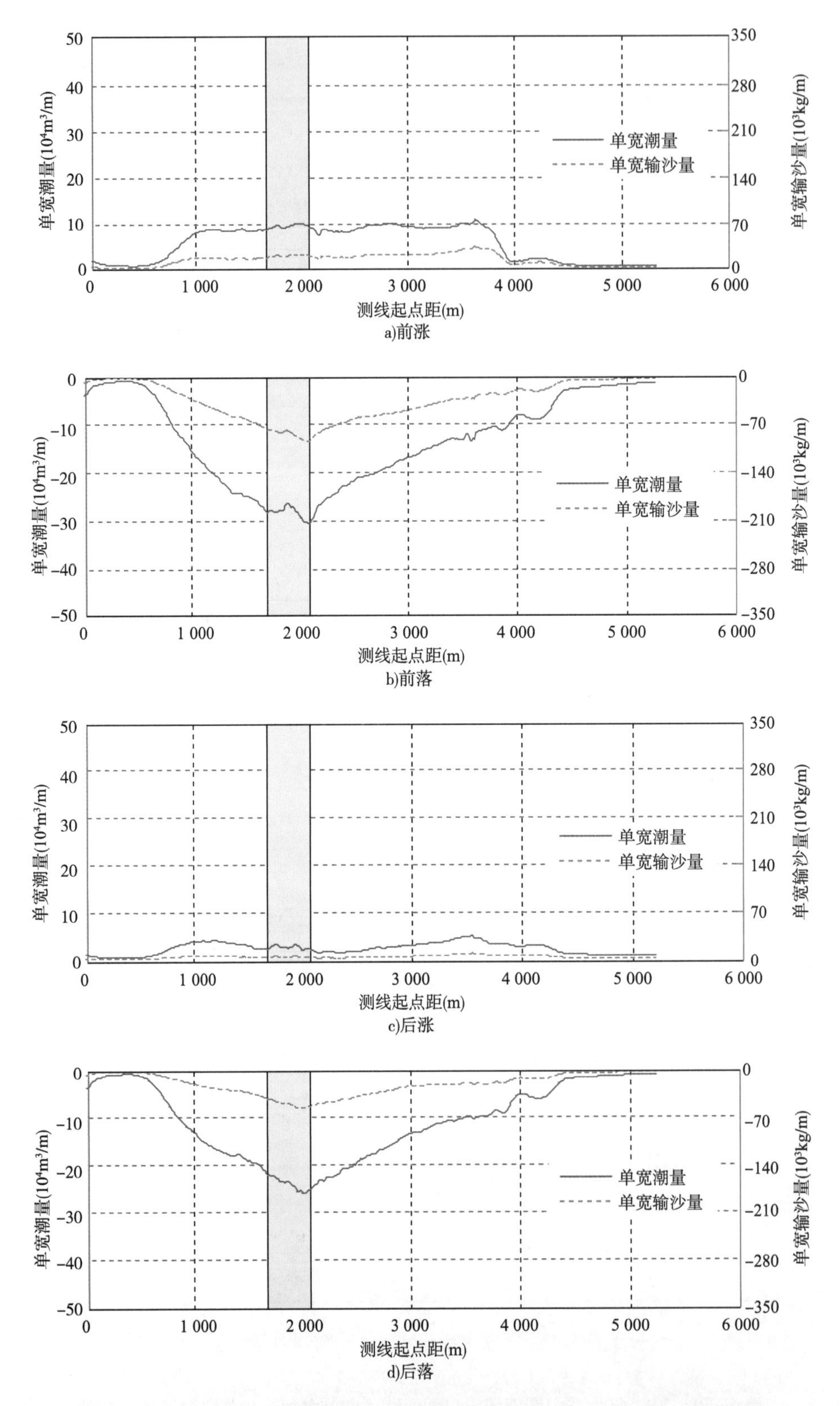

图 6-61　2011 年洪季小潮期间上口断面涨落潮单宽潮量和单宽输沙量分布图

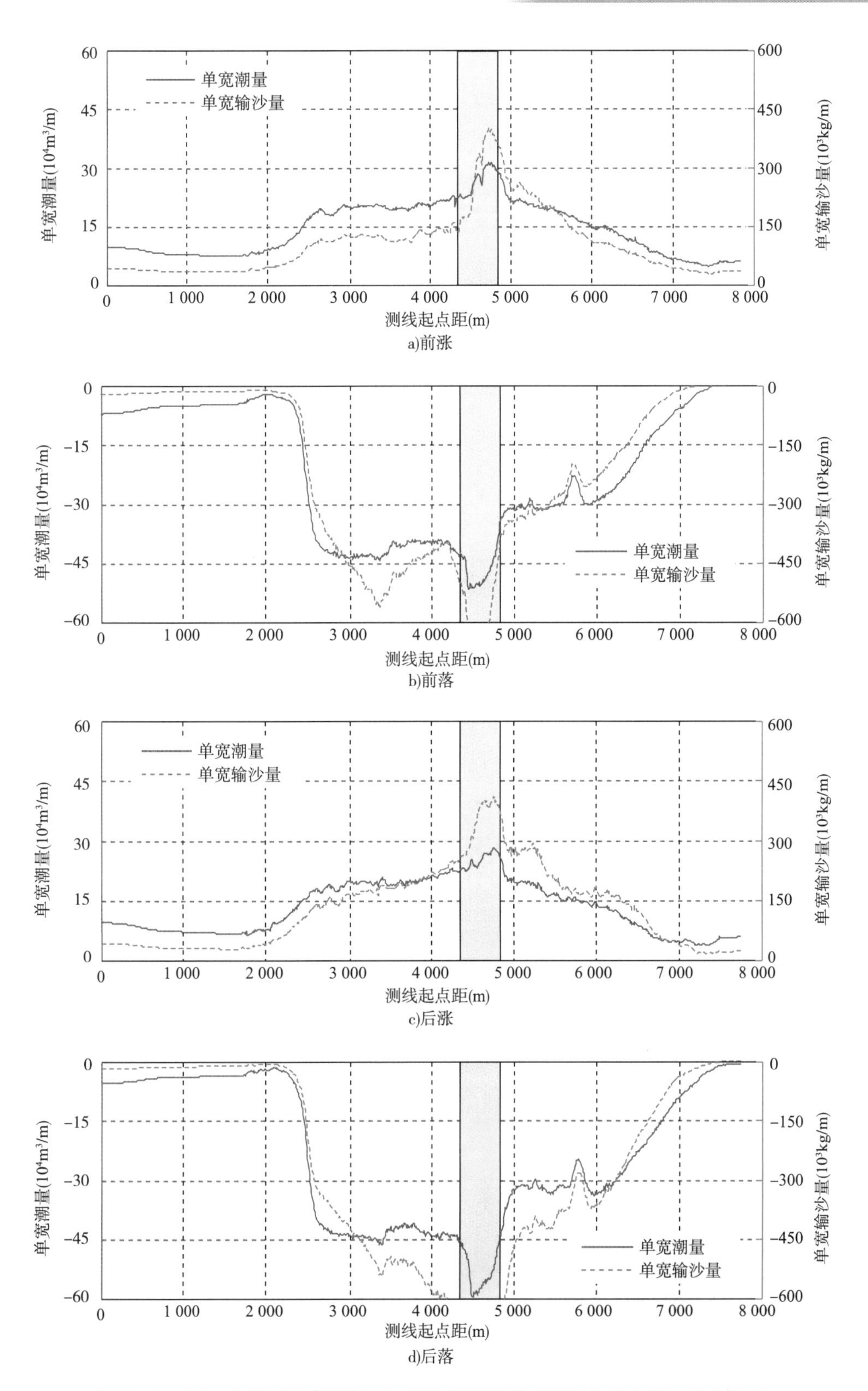

图 6-62 2011 年洪季大潮期间下口断面涨落潮单宽潮量和单宽输沙量分布图

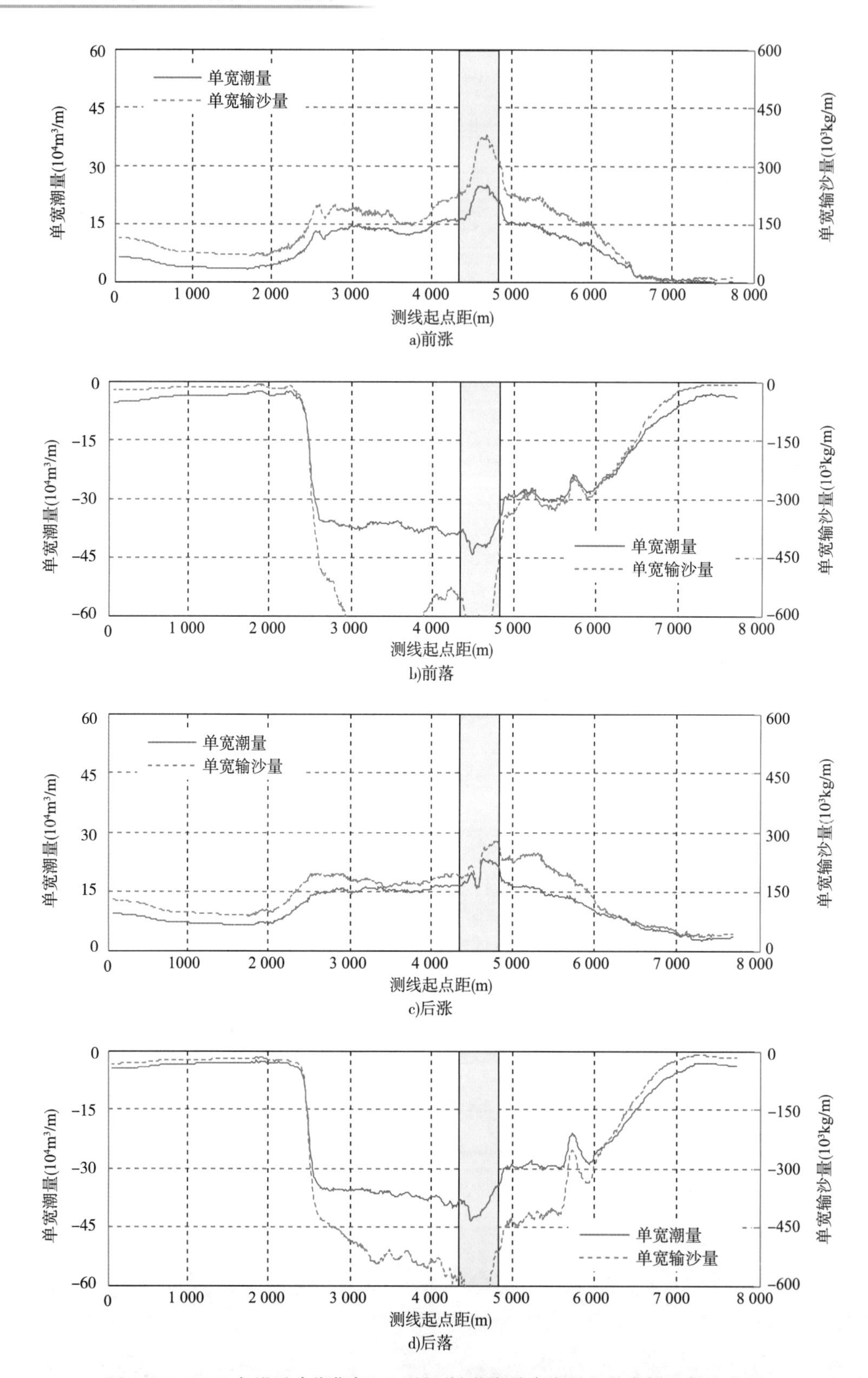

图 6-63　2011 年洪季中潮期间下口断面涨落潮单宽潮量和单宽输沙量分布图

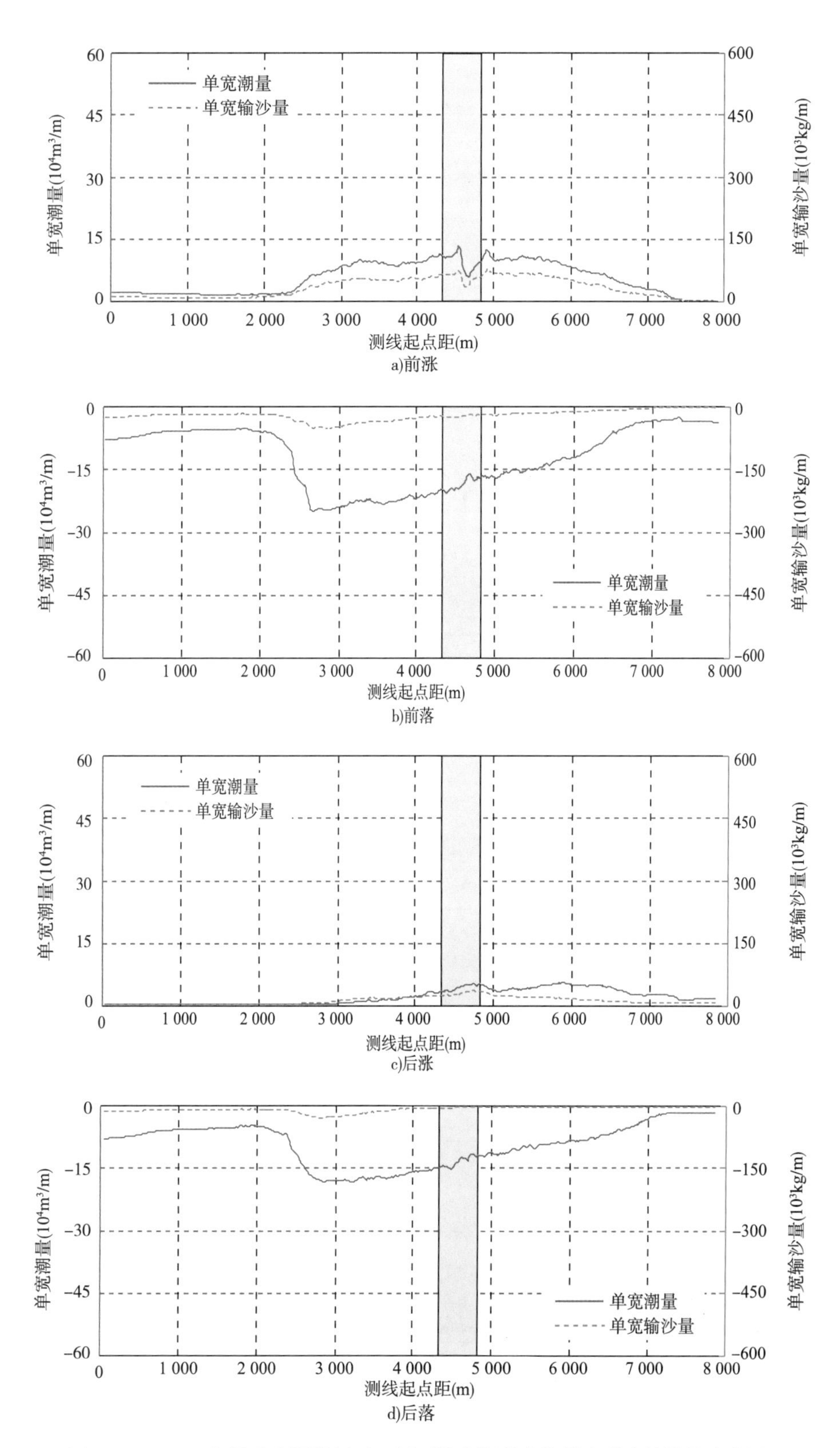

图 6-64　2011 年洪季小潮期间下口断面涨落潮单宽潮量和单宽输沙量分布图

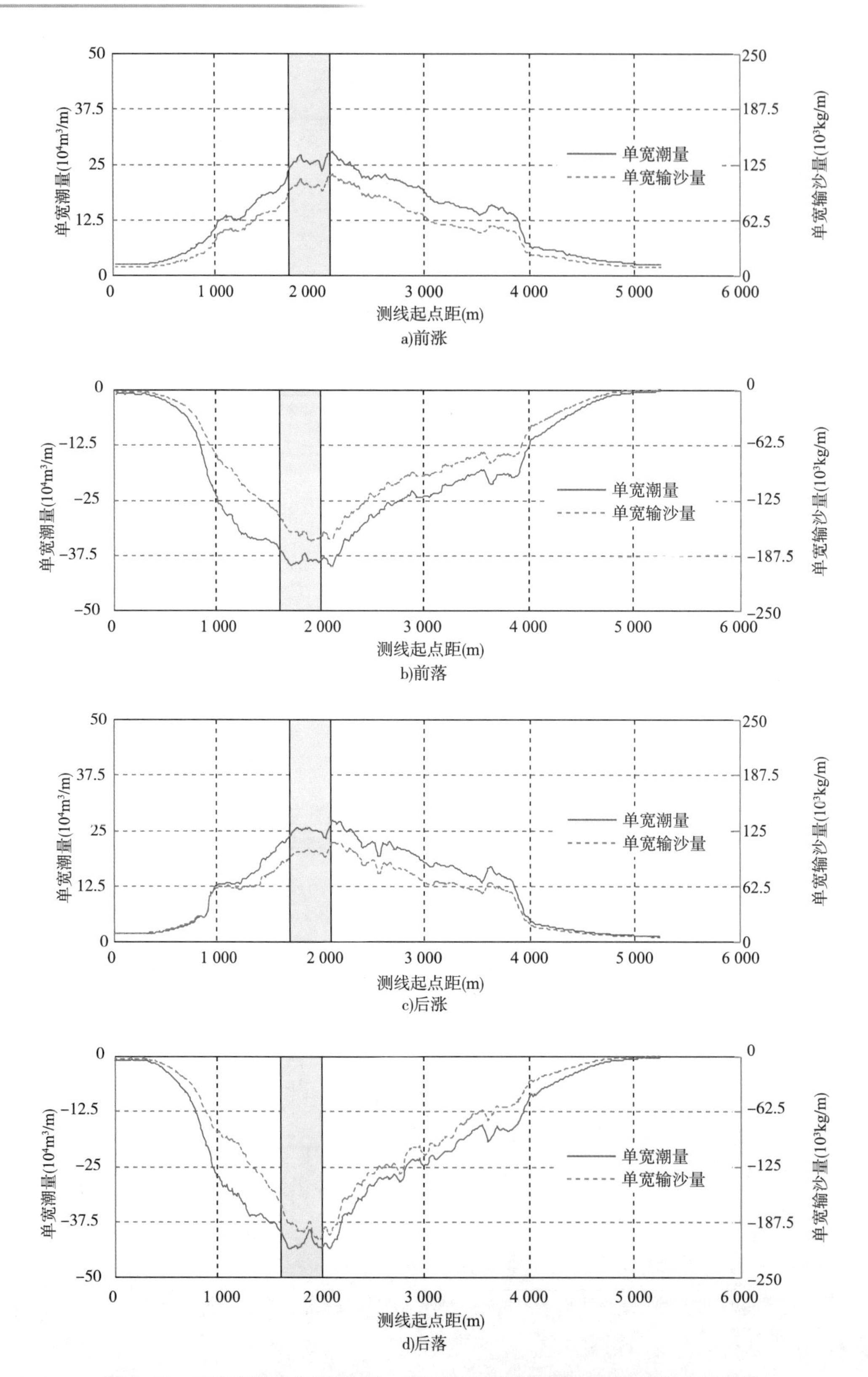

图 6-65　2012 年洪季大潮期间上口断面涨落潮单宽潮量和单宽输沙量分布图

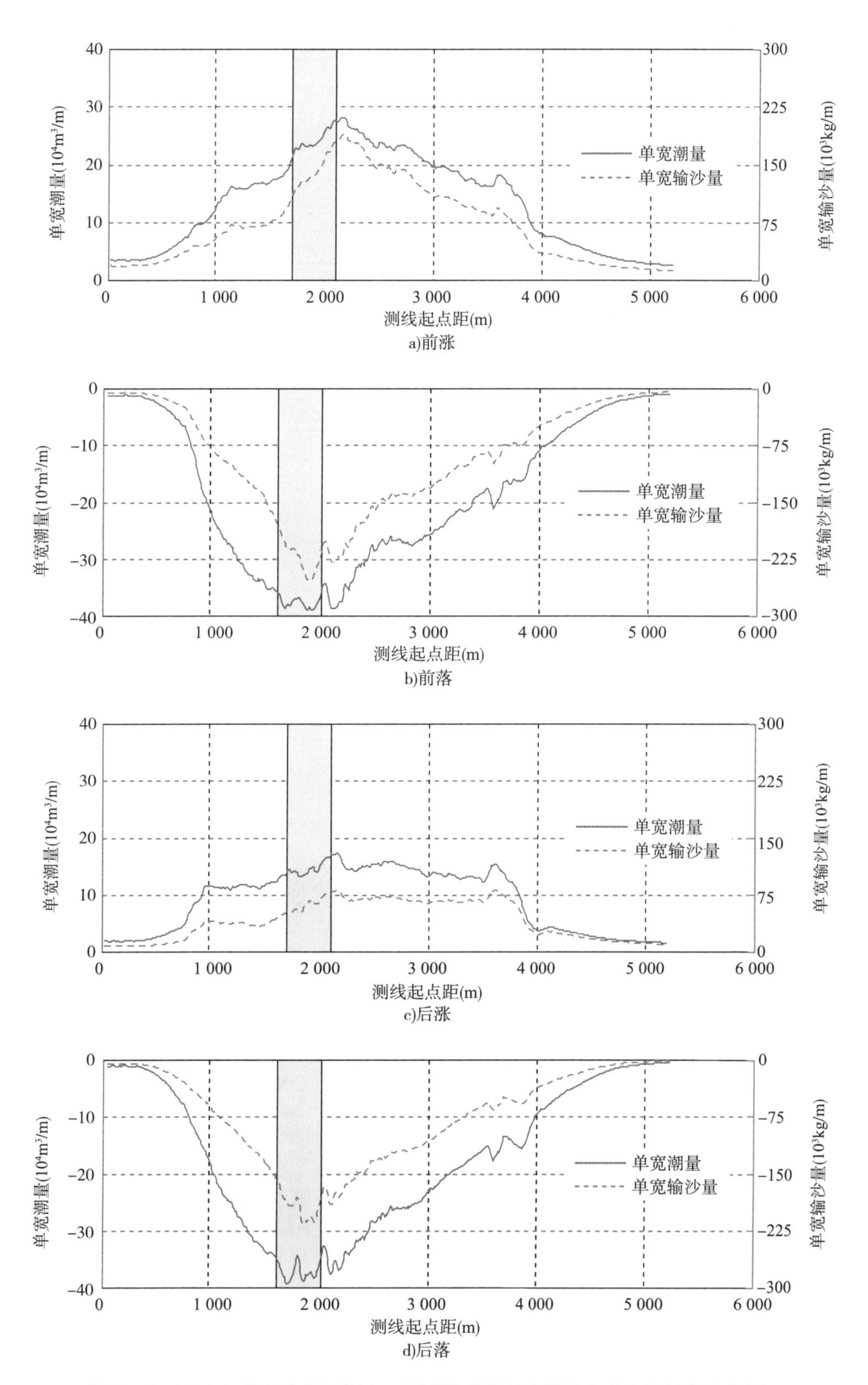

图 6-66 2012 年洪季中潮期间上口断面涨落潮单宽潮量和单宽输沙量分布图

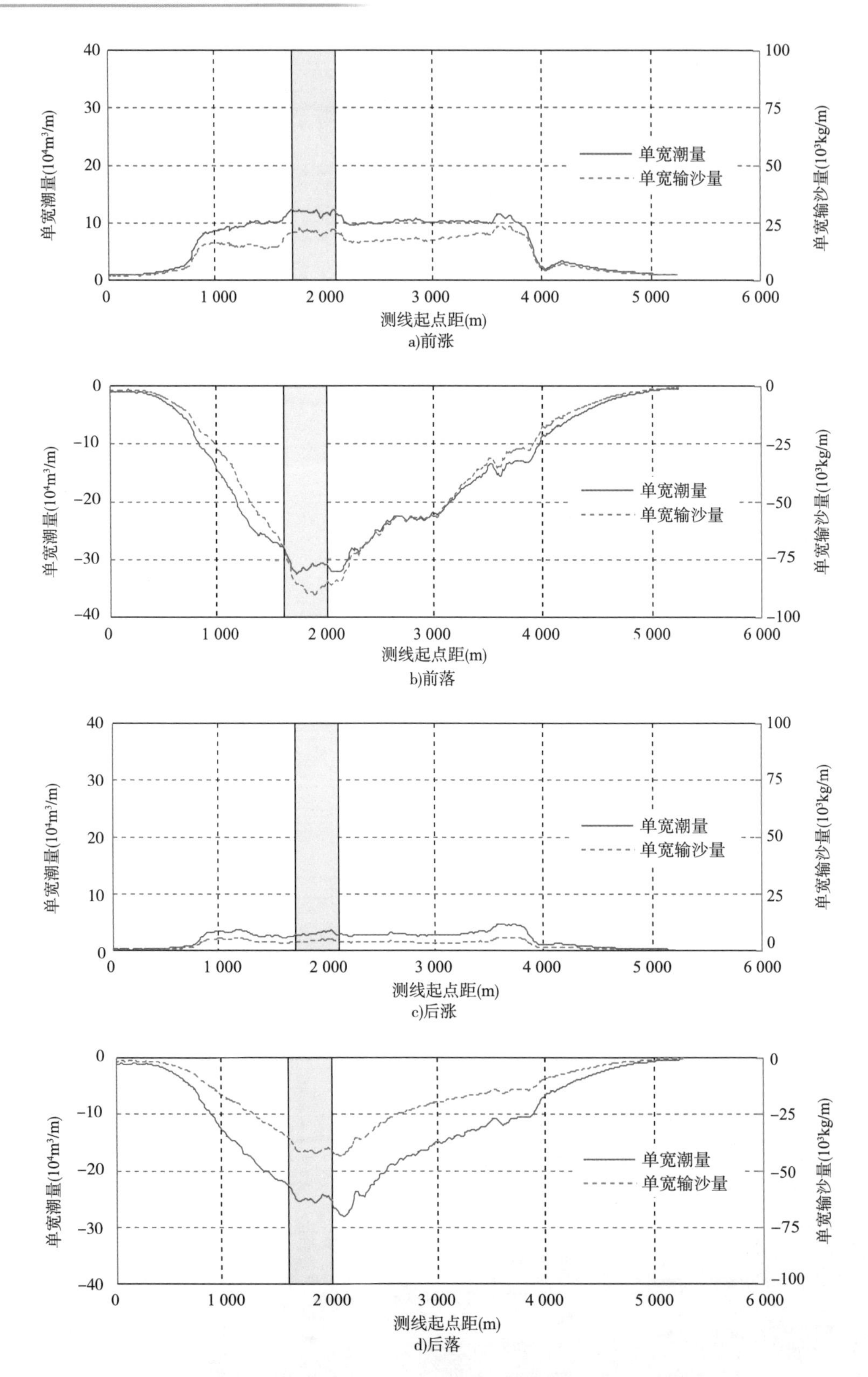

图 6-67　2012 年洪季小潮期间上口断面涨落潮单宽潮量和单宽输沙量分布图

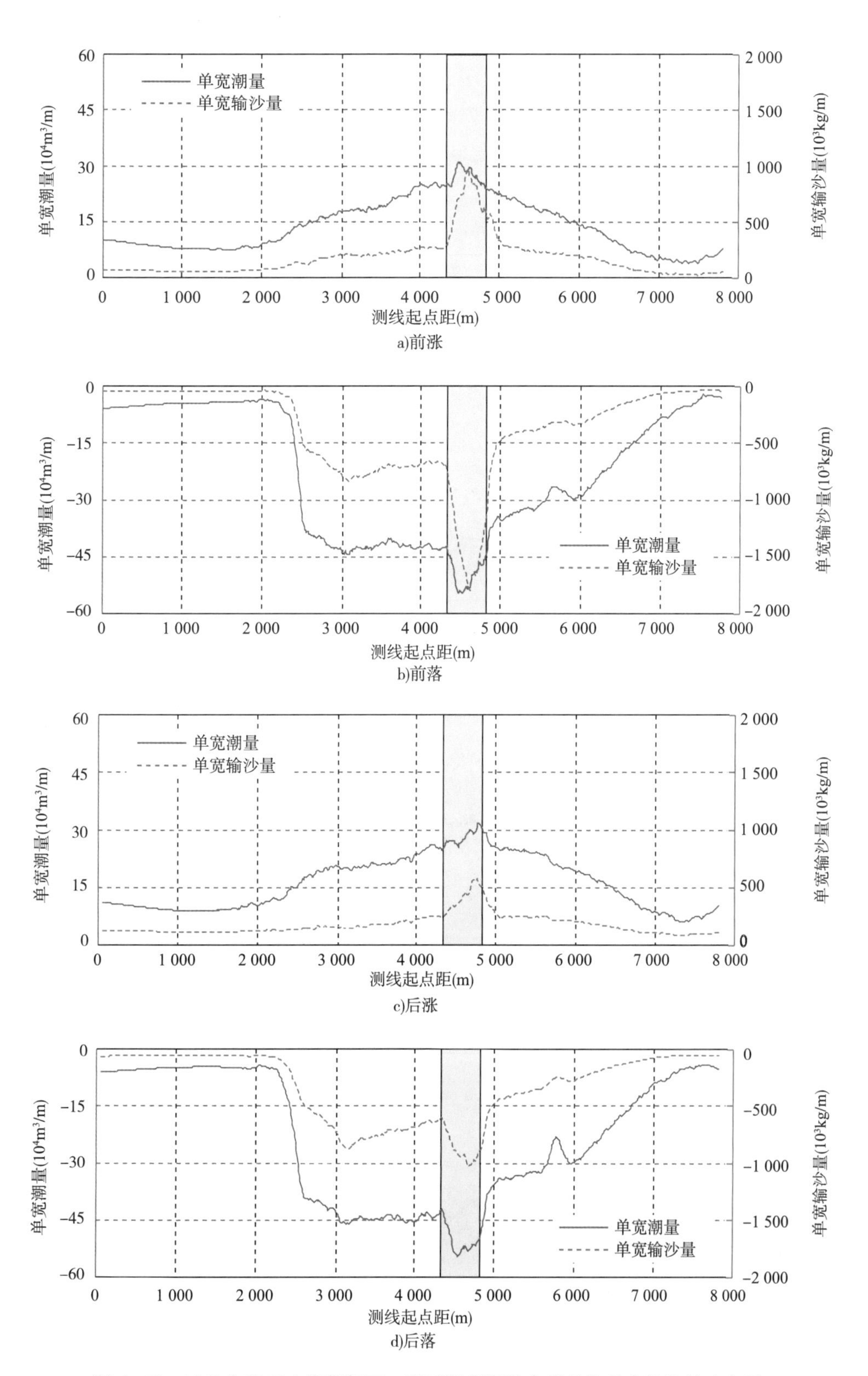

图 6−68　2012 年洪季大潮期间下口断面涨落潮单宽潮量和单宽输沙量分布图

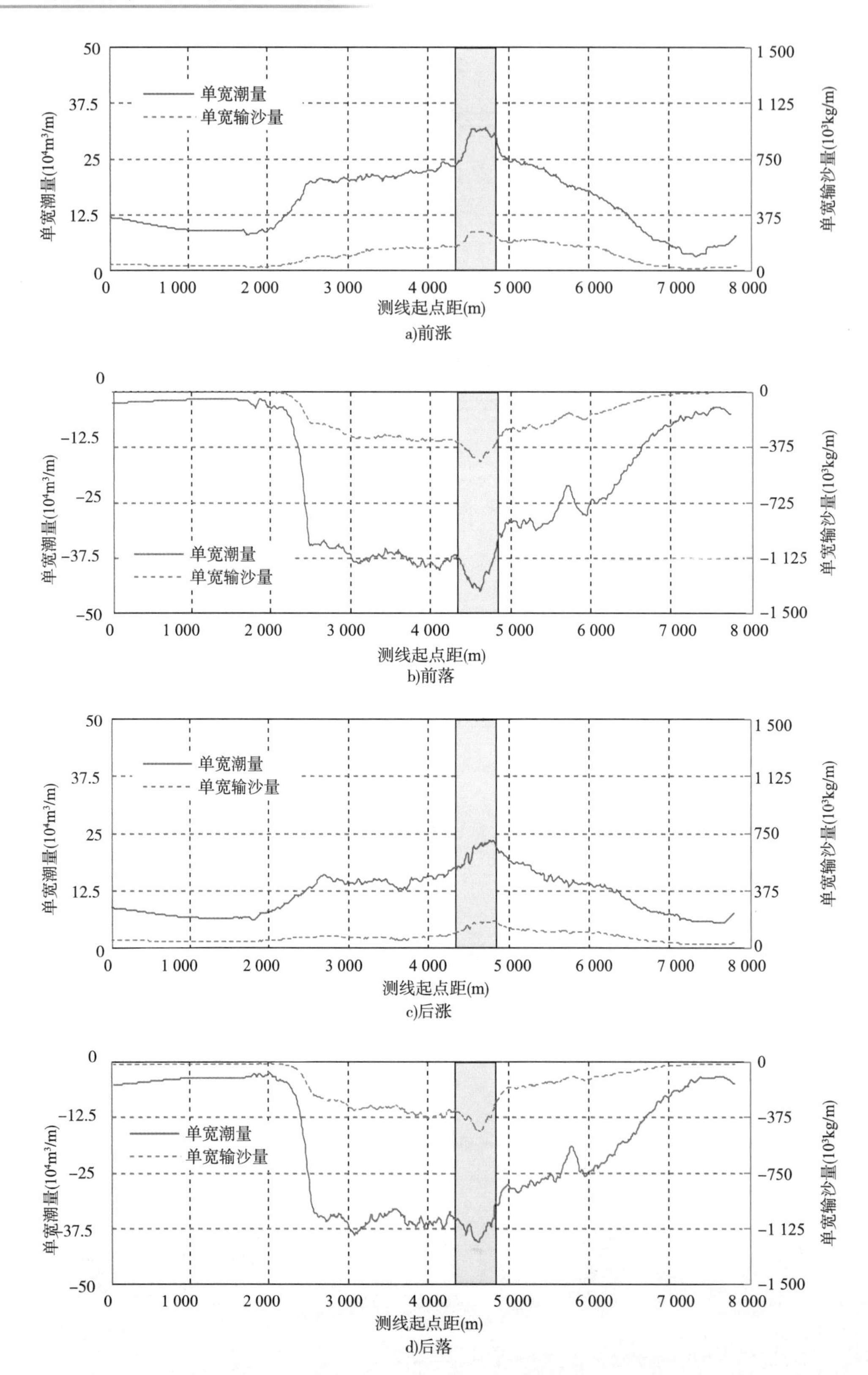

图 6-69 2012 年洪季中潮期间下口断面涨落潮单宽潮量和单宽输沙量分布图

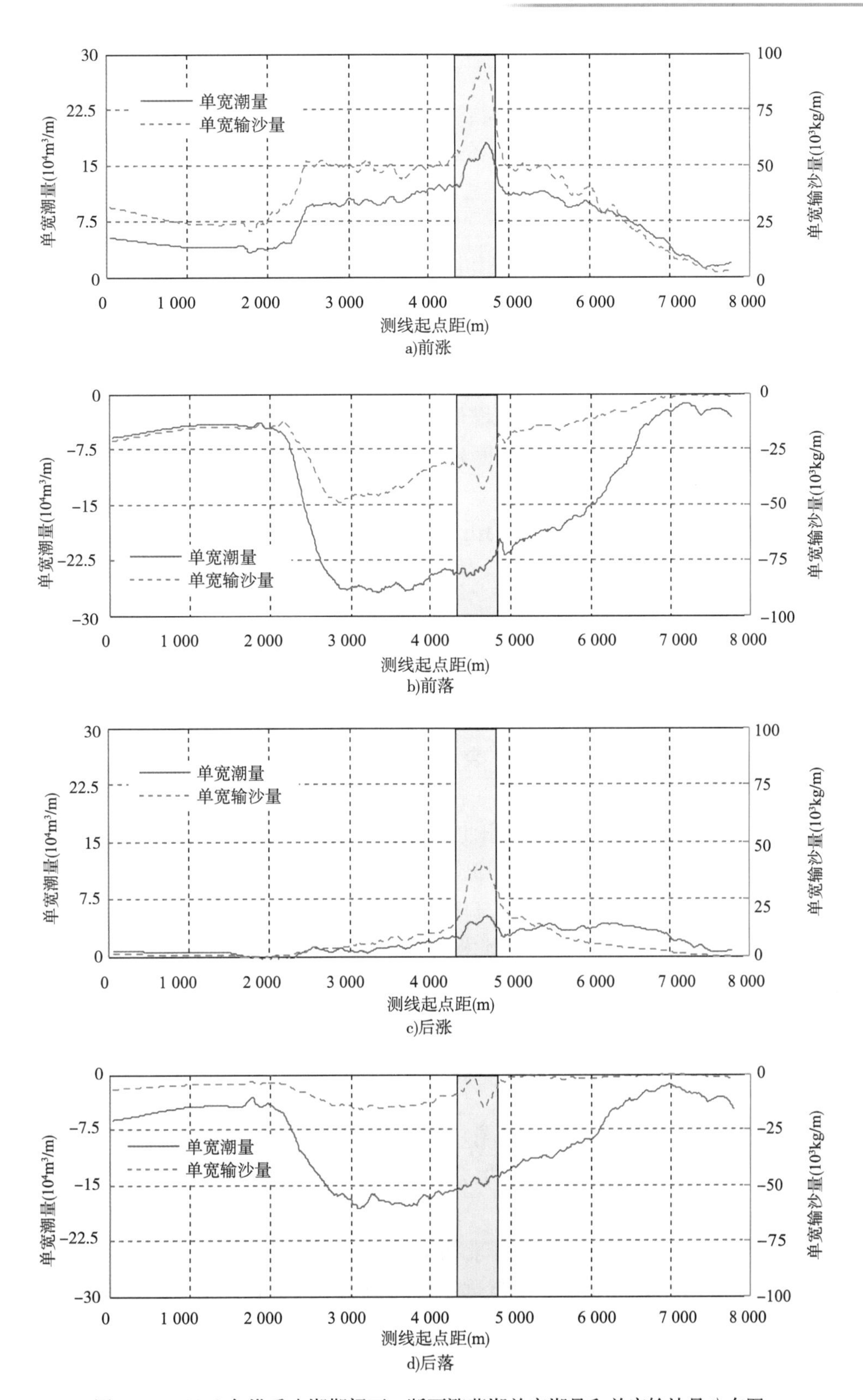

图 6–70 2012 年洪季小潮期间下口断面涨落潮单宽潮量和单宽输沙量分布图

6.7 北槽四侧断面潮通量和沙通量分析

本节将北槽看成一封闭整体，对大、中、小潮的涨落潮的潮通量和沙通量进行分析。由于2012年洪季和2013年洪季北槽水沙通量的观测数据相对较为系统全面，因此本节主要基于这两次观测资料进行分析，分别是2012年洪季和2013年洪季大潮、中潮和小潮期间北槽封闭体各断面潮量和沙量的比较（表6−27～表6−32）。表6−33～表6−36分别为北槽封闭体各断面大、中、小潮的净潮量和净沙量比较。表6−37～表6−44为各断面输入(输出）北槽的潮量（沙量）与北槽上口断面输入（输出）北槽的潮量（沙量）的比值。根据计算结果分析中可知：

（1）大潮潮量

从北槽下口断面进入北槽的潮量（涨潮）和输出北槽的潮量（落潮）均大于上口断面，2012年洪季下口断面与上口断面的比值分别为1.13和2.73，2013年洪季下口断面与上口断面的比值分别为1.23和2.39。

越过南导堤进入北槽的潮量和北槽上口断面相当，2012年洪季和2013年洪季略小于北槽上口断面，二者的比值均为0.95；输出北槽的潮量远小于北槽上口断面，比值分别为0.08和0.07。

越过北导堤进入北槽的潮量远小于北槽上口断面，2012年洪季和2013年洪季二者的比值分别为0.03和0.11；输出北槽的潮量2012年略小于上口断面，而2013年略大于上口断面，比值分别为0.97和1.09。

详细的数据如表6−27和表6−28、表6−33和表6−34以及表6−37～表6−40所示。

（2）大潮沙量

从下口断面输入北槽的沙量和输出北槽的沙量均大于上口断面，2012年洪季二者与上口断面的比值分别2.82和9.86，2013年洪季的比值分别为1.16和2.15。

南导堤输入北槽的沙量大于北槽上口断面，2012年洪季和2013年洪季二者比值分别为5.46和2.10；输出北槽的沙量小于北槽上口，比值分别为0.23和0.07。

北导堤输入北槽的沙量远小于北槽上口断面，2012年洪季和2013年洪季二者的比值均为0.09；输出北槽的沙量大于上口断面，比值分别为3.77和1.48。

详细的数据如表6−27和表6−28、表6−35和表6−36以及表6−41～表6−44所示。

（3）中潮潮量

从下口断面输入北槽的潮量（涨潮）和输出北槽的潮量（落潮）均大于上口断面，2012年洪季下口断面与上口断面的比值分别为1.15和2.55，2013年洪季二者的比值分别为1.02和2.85，和大潮类似。

越过南导堤进入北槽的潮量略小于北槽上口，2012年洪季和2013年洪季二者的比值分别为0.99和0.87；输出北槽的潮量远小于北槽上口断面，比值分别为0.07和0.05，同样和大潮类似。

越过北导堤进入北槽的潮量远小于北槽上口断面，2012洪季和2013年洪季二者的比值分别为0.03和0.11；输出北槽的潮量大于上口断面，比值分别为1.02和1.37，同样和大潮类似。

2012 年洪季大潮期间北槽封闭体各断面的潮量沙量　　表 6-27

断　　面	涨、落或全潮	潮量（10^4m^3）	沙量（10^4t）
北槽上口	涨潮（$Q_{出}$或$Q_{s出}$）	−125 988.44	−49.29
	落潮（$Q_{入}$或$Q_{s入}$）	195 220.17	77.71
	全潮	69 231.73	28.42
北槽下口	涨潮（$Q_{入}$或$Q_{s入}$）	220 435.07	219.30
	落潮（$Q_{出}$或$Q_{s出}$）	−344 056.28	−486.14
	全潮	−123 621.21	−266.84
南导堤	$Q_{入}$或$Q_{s入}$	184 798.80	396.72
	$Q_{出}$或$Q_{s出}$	−10 529.33	−11.32
	全潮	174 269.47	385.40
北导堤	$Q_{入}$或$Q_{s入}$	6 184.21	7.34
	$Q_{出}$或$Q_{s出}$	−122 512.00	−185.85
	全潮	−116 327.79	−178.51

2013 年洪季大潮期间北槽封闭体各断面的潮量沙量　　表 6-28

断　　面	涨、落或全潮	潮量（10^4m^3）	沙量（万 10^4t）
北槽上口	涨潮（$Q_{出}$或$Q_{s出}$）	−125 520	−108.34
	落潮（$Q_{入}$或$Q_{s入}$）	175 243	121.08
	全潮	49 723	12.74
北槽下口	涨潮（$Q_{入}$或$Q_{s入}$）	216 367	140.95
	落潮（$Q_{出}$或$Q_{s出}$）	−300 339	−232.4
	全潮	−83 972	−91.45
南导堤	$Q_{入}$或$Q_{s入}$	166 504.22	254.26
	$Q_{出}$或$Q_{s出}$	−9 249.71	−7.24
	全潮	157 254.51	247.02
北导堤	$Q_{入}$或$Q_{s入}$	18 431.71	10.56
	$Q_{出}$或$Q_{s出}$	−137 261.68	−160.79
	全潮	−118 829.97	−150.23

2012 年洪季中潮期间北槽封闭体各断面的潮量沙量　　表 6-29

断　　面	涨、落或全潮	潮量（10^4m^3）	沙量（10^4t）
北槽上口	涨潮（$Q_{出}$或$Q_{s出}$）	−114 773.25	−48.71
	落潮（$Q_{入}$或$Q_{s入}$）	183 200.73	85.61
	全潮	68 427.49	36.90
北槽下口	涨潮（$Q_{入}$或$Q_{s入}$）	211 203.41	128.85
	落潮（$Q_{出}$或$Q_{s出}$）	−292 754.87	−214.83
	全潮	−81 551.46	−85.97
南导堤	$Q_{入}$或$Q_{s入}$	163 447.6	201.1
	$Q_{出}$或$Q_{s出}$	−8 013.4	−4.9
	全潮	155 434.2	196.2
北导堤	$Q_{入}$或$Q_{s入}$	4 125.8	1.9
	$Q_{出}$或$Q_{s出}$	−117 424.8	−118.3
	全潮	−113 299.0	−116.4

2013 年洪季中潮期间北槽封闭体各断面的潮量沙量　　表 6-30

断　面	涨、落或全潮	潮量（10^4m^3）	沙量（10^4t）
北槽上口	涨潮（$Q_{出}$或$Q_{s出}$）	−78 656	−53.11
	落潮（$Q_{入}$或$Q_{s入}$）	140 751	97.27
	全潮	62 095	44.16
北槽下口	涨潮（$Q_{入}$或$Q_{s入}$）	143 729	67.22
	落潮（$Q_{出}$或$Q_{s出}$）	−224 267	−89.69
	全潮	−80 538	−22.47
南导堤	$Q_{入}$或$Q_{s入}$	122 375.1	129.5
	$Q_{出}$或$Q_{s出}$	−3 947.0	−1.2
	全潮	118 428.1	128.3
北导堤	$Q_{入}$或$Q_{s入}$	10 337.3	3.6
	$Q_{出}$或$Q_{s出}$	−108 081.7	−62.0
	全潮	−97 744.4	−58.4

2012 年洪季小潮期间北槽封闭体各断面的潮量沙量　　表 6-31

断　面	涨、落或全潮	潮量（10^4m^3）	沙量（10^4t）
北槽上口	涨潮（$Q_{出}$或$Q_{s出}$）	−45 927.47	−7.82
	落潮（$Q_{入}$或$Q_{s入}$）	137 021.09	26.90
	全潮	91 093.62	19.08
北槽下口	涨潮（$Q_{入}$或$Q_{s入}$）	73 923.71	33.07
	落潮（$Q_{出}$或$Q_{s出}$）	−176 359.22	−21.57
	全潮	−102 435.50	11.50
南导堤	$Q_{入}$或$Q_{s入}$	69 627.4	23.6
	$Q_{出}$或$Q_{s出}$	−2 243.5	−0.3
	全潮	67 383.9	23.3
北导堤	$Q_{入}$或$Q_{s入}$	2 723.1	0.5
	$Q_{出}$或$Q_{s出}$	−51 066.7	−18.6
	全潮	−48 343.5	−18.1

2013 年洪季小潮期间北槽封闭体各断面的潮量沙量　　表 6-32

断　面	涨、落或全潮	潮量（10^4m^3）	沙量（10^4t）
北槽上口	涨潮（$Q_{出}$或$Q_{s出}$）	−46 817	−12.52
	落潮（$Q_{入}$或$Q_{s入}$）	125 594	43.77
	全潮	78 777	31.25
北槽下口	涨潮（$Q_{入}$或$Q_{s入}$）	67 474	18.79
	落潮（$Q_{出}$或$Q_{s出}$）	−177 018	−15.17
	全潮	−109 544	3.62
南导堤	$Q_{入}$或$Q_{s入}$	69 005.7	19.4
	$Q_{出}$或$Q_{s出}$	−8 961.7	−1.5
	全潮	60 044.0	17.9
北导堤	$Q_{入}$或$Q_{s入}$	22 680.4	3.9
	$Q_{出}$或$Q_{s出}$	−71 505.5	−15.8
	全潮	−48 825.1	−11.9

2012 年洪季北槽封闭体各断面的净潮量（10^4m^3）　　表 6–33

潮型＼断面	北槽上口	北槽下口	南导堤	北导堤	净潮量
大潮	69 231.73	−123 621.21	174 269.47	−116 327.79	3 552.2
中潮	68 427.49	−81 551.46	155 434.2	−113 299	29 011.23
小潮	91 093.62	−102 435.5	67 383.9	−48 343.5	7 698.52

2013 年洪季北槽封闭体各断面的净潮量（10^4m^3）　　表 6–34

潮型＼断面	北槽上口	北槽下口	南导堤	北导堤	净潮量
大潮	49 723	−83 972	157 254.51	−118 829.97	4 175.54
中潮	62 095	−80 538	118 428.1	−97 744.4	2 240.7
小潮	78 777	−109 544	60 044	−48 825.1	−19 548.1

2012 年洪季北槽封闭体各断面的净沙量（10^4t）　　表 6–35

潮型＼断面	北槽上口	北槽下口	南导堤	北导堤	净潮量
大潮	28.42	−266.84	385.4	−178.51	−31.53
中潮	36.9	−85.97	196.2	−116.4	30.73
小潮	19.08	11.5	23.3	−18.1	35.78

2013 年洪季北槽封闭体各断面的净沙量（10^4t）　　表 6–36

潮型＼断面	北槽上口	北槽下口	南导堤	北导堤	净潮量
大潮	12.74	−91.45	247.02	−150.23	18.08
中潮	44.16	−22.47	128.3	−58.4	91.59
小潮	31.25	3.62	17.9	−11.9	40.87

2012 年洪季各断面输入北槽的潮量和北槽上口输入潮量的比值　　表 6–37

潮型＼断面	北槽上口	北槽下口	南导堤	北导堤
大潮	1	1.13	0.95	0.03
中潮	1.00	1.15	0.89	0.02
小潮	1.00	0.54	0.51	0.02

2013 年洪季各断面输入北槽的潮量和北槽上口输入潮量的比值　　表 6–38

潮型＼断面	北槽上口	北槽下口	南导堤	北导堤
大潮	1.00	1.23	0.95	0.11
中潮	1.00	1.02	0.87	0.07
小潮	1.00	0.54	0.55	0.18

2012 年洪季各断面输出北槽的潮量和北槽上口输出潮量的比值　　表 6-39

断面 潮型	北槽上口	北槽下口	南导堤	北导堤
大潮	1.00	2.73	0.08	0.97
中潮	1.00	2.55	0.07	1.02
小潮	1.00	3.84	0.05	1.11

2013 年洪季各断面输出北槽的潮量和北槽上口输出潮量的比值　　表 6-40

断面 潮型	北槽上口	北槽下口	南导堤	北导堤
大潮	1.00	2.39	0.07	1.09
中潮	1.00	2.85	0.05	1.37
小潮	1.00	3.78	0.19	1.53

2012 年洪季各断面输入北槽的沙量和北槽上口输入沙量的比值　　表 6-41

断面 潮型	北槽上口	北槽下口	南导堤	北导堤
大潮	1.00	2.82	5.11	0.09
中潮	1.00	1.51	2.35	0.02
小潮	1.00	1.23	0.88	0.02

2013 年洪季各断面输入北槽的沙量和北槽上口输入沙量的比值　　表 6-42

断面 潮型	北槽上口	北槽下口	南导堤	北导堤
大潮	1.00	1.16	2.10	0.09
中潮	1.00	0.69	1.33	0.04
小潮	1.00	0.43	0.44	0.09

2012 年洪季各断面输出北槽的沙量和北槽上口输出沙量的比值　　表 6-43

断面 潮型	北槽上口	北槽下口	南导堤	北导堤
大潮	1.00	9.86	0.23	3.77
中潮	1.00	4.41	0.10	2.43
小潮	1.00	2.76	0.04	2.38

2013 年洪季各断面输出北槽的沙量和北槽上口输出沙量的比值　　表 6-44

断面 潮型	北槽上口	北槽下口	南导堤	北导堤
大潮	1.00	2.15	0.07	1.48
中潮	1.00	1.69	0.02	1.17
小潮	1.00	1.21	0.12	1.26

详细的数据如表6−29和表6−30、表6−33和表6−34，以及表6−37～表6−40所示。

（4）中潮沙量

2012年洪季从下口断面输入北槽的沙量和输出北槽的沙量均大于上口断面，比值分别为1.51和4.41，和大潮相比对应比值降低；2013年洪季从下口断面输入北槽的沙量和输出北槽的沙量与上口断面的比值分别为0.69和1.69。

从南导堤输入北槽的沙量依然大于北槽上口断面，2012年洪季和2013年洪季的比值分别为2.35和1.33（和大潮相比该值减小）；输出北槽的沙量远小于北槽上口，比值分别为0.10和0.02。

北导堤输入北槽的沙量依然远小于北槽上口断面，2012年洪季和2013年洪季的比值分别为0.02和0.04；输出北槽的沙量依然大于上口断面，比值为2.43和1.17。

详细的数据如表6−29和表6−30、表6−35和表6−36，以及表6−41～表6−44所示。

（5）小潮潮量

与大潮和中潮不同，进入小潮后，由于潮汐动力的降低，从下口断面进入北槽的潮量（涨潮）要小于从上口断面经过落潮进入北槽的潮量，2012年洪季和2013年洪季二者比值均为0.54；从下口断面通过落潮输出北槽的潮量（落潮）依然大于上口断面通过涨潮输出北槽的潮量，2012年洪季和2013年洪季二者的比值分别为3.84和3.78。

越过南导堤进入北槽的潮量和输出北槽的潮量均小于北槽上口断面，2012年洪季二者与北槽上口断面的比值分别为0.51和0.05，2013年洪季比值分别为0.55和0.19，越过南导堤进入北槽的潮量大大减小。

越过北导堤进入北槽的潮量依然远小于北槽上口断面，2012年洪季和2013年洪季二者的比值分别为0.02和0.18；输出北槽的潮量依然大于上口断面，二者的比值分别为1.11和1.53。详细的数据如表6−31和表6−32、表6−33和表6−34，以及表6−37～表6−40所示。

（6）小潮沙量

2012年洪季，尽管从下口断面通过涨潮进入北槽的潮量在小潮期间小于上口断面，但是从下口断面通过涨潮输入北槽的沙量依然比上口断面通过落潮进入北槽的沙量大，二者比值为1.23；同样，通过落潮输出北槽的沙量依然大于上口断面通过涨潮输出北槽的沙量，二者比值为2.76。2013年洪季，从下口断面输入北槽的沙量小于上口断面，二者比值为0.43；输出北槽的沙量依然大于上口断面，二者比值为1.21。

进入小潮后，南导堤输入北槽的沙量小于北槽上口断面通过落潮进入北槽的沙量，2012年洪季和2013年洪季二者的比值分别为0.88和0.44；通过南导堤输出北槽的沙量小于北槽上口，比值分别为0.04和0.12。

北导堤输入北槽的沙量依然远小于北槽上口断面，2012年洪季和2013年洪季的比值分别为0.02和0.09，输出北槽的沙量依然大于上口断面，比值分别为2.38和1.26。详细的数据如表6−31和表6−32、表6−35和表6−36，以及表6−41～表6−44所示。

（7）大潮、中潮和小潮各断面潮量的比较

综合比较可知，4个断面进入北槽的潮量从大到小排序为（总体上）：北槽下口＞北槽上口＞南导堤＞北导堤。

输出北槽的潮量从大到小排序为（总体上）：北槽下口 > 北导堤 > 北槽上口 > 南导堤。

值得注意的一个特征是：南导堤越堤进入北槽的潮量虽然稍小于北槽上口落潮进入北槽的潮量，但输出的潮量却相当小。反映到净潮量上是，越过南导堤进入北槽的净潮量在大潮和中潮反而大于北槽上口。

（8）大潮、中潮和小潮各断面沙量的比较

综合比较可知，4 个断面进入北槽的沙量从大到小排序为：南导堤 > 北槽下口 > 北槽上口 > 北导堤（小潮期间，通过南导堤输入北槽的沙量减小，小于北槽上口断面）。

输出北槽的沙量大小排序为：北槽下口 > 北导堤 > 北槽上口 > 南导堤。

同样值得注意的一个特征是：南导堤越堤进入北槽的沙量最大，为输沙进入北槽的主要通道，但是其输出北槽的沙量却是四个断面中最小的，致使越过南导堤进入北槽的净沙量在大潮和中潮期间均为最大。2012 年洪季大潮和中潮期间越过南导堤进入北槽的净沙量分别为 385.4 万 t 和 196.2 万 t，2013 年洪季分别为 247.02 万 t 和 128.3 万 t。

6.8 北槽四侧断面水沙通量洪枯季比较分析

6.8.1 北槽上口单宽潮量和沙量

（1）北槽上口断面

从洪、枯季对比来看，洪季主槽落潮潮量大于枯季，而涨潮潮量则略小于枯季。在单宽输沙量方面，枯季的涨、落潮单宽输沙量基本相当，且均较洪季大。而洪季的涨、落潮单宽输沙量则明显较枯季小，尤其涨潮降幅最为明显，如图 6-71 所示。

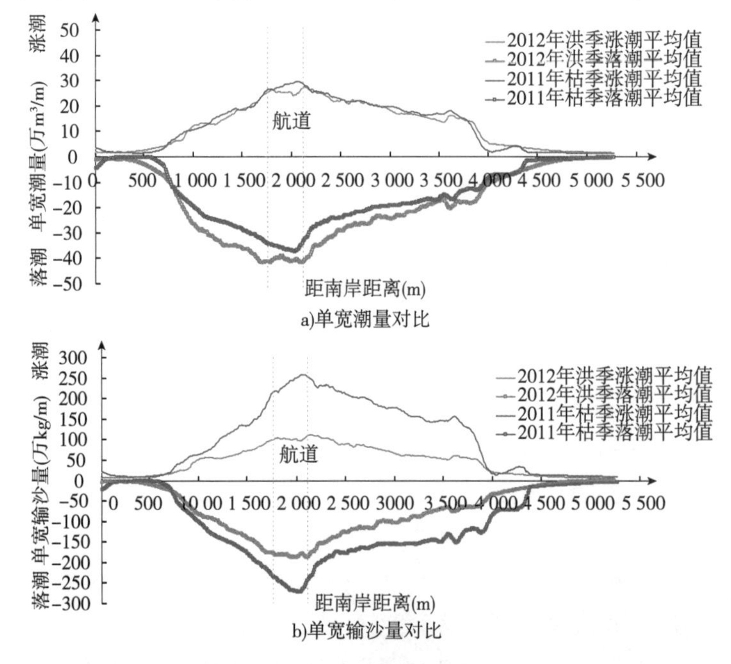

图 6-71 洪枯季北槽上口断面单宽潮量和输沙量（大潮期）

（2）北槽下口断面

从洪、枯季对比来看，北槽下口洪季涨落潮单宽潮量总体较枯季大，尤其是落潮期的航道及其南侧潮量增加最为明显。而在单宽输沙量方面，洪季的涨、落潮单宽输沙量也较枯季明显大，尤其在涨潮期的航槽内和落潮期的航槽及南边滩区域，输沙量增幅最大，如图 6-72 所示。

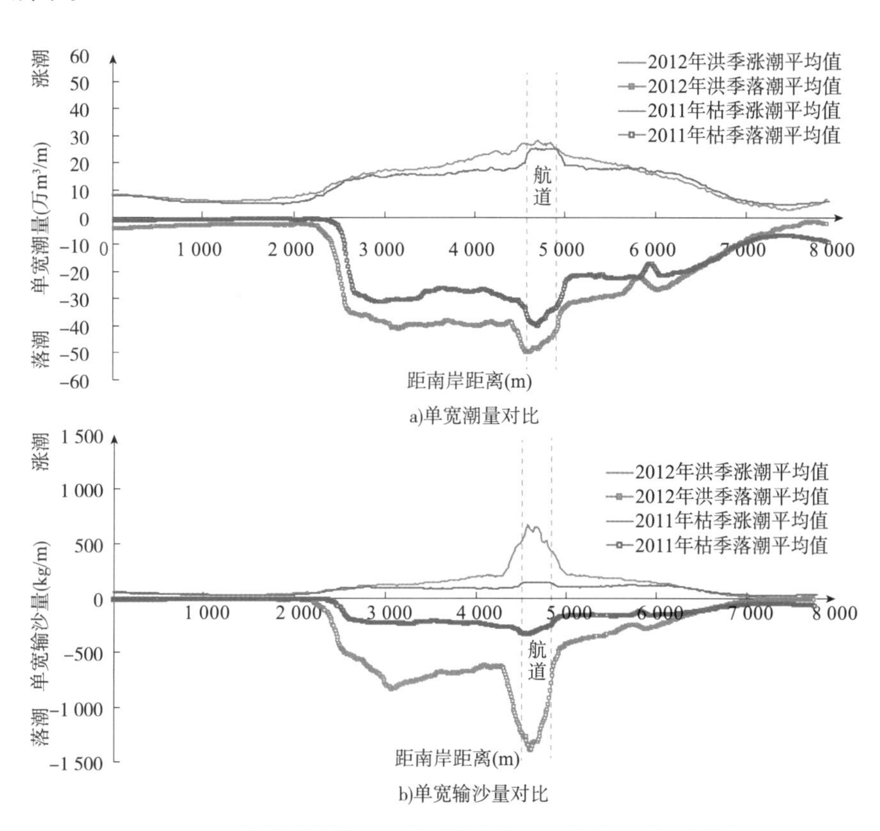

图 6-72 洪枯季北槽下口断面单宽潮量和输沙量（大潮期）

6.8.2 潮周期输沙量

（1）北槽上口断面

涨潮期间，北槽上口断面洪季大潮和中潮涨潮潮量（输出北槽）均大于枯季，而洪季小潮涨潮潮量小于枯季；与潮量不同，北槽上口断面洪季涨潮期的输沙量（输出北槽）总体上小于枯季，即北槽上口断面向外输沙的能力洪季较差于枯季。

落潮期间，北槽上口断面洪季大中小潮落潮潮量（输入北槽）均大于枯季，同样，洪季大中小潮落潮输沙量（输入北槽）总体上大于枯季，即北槽上口断面向内输沙的能力是洪季大于枯季。

综上，由于北槽上口断面洪季向外输沙能力差于枯季，而向内输沙能力大于枯季，致使北槽上口断面净输沙量(输入北槽)洪季比枯季大许多(2011 年洪季和 2011 年枯季大、中、小潮的净通量比值分别为 4.59、11.12 和 1.58，2012 年洪季和 2011 年枯季大、中、小潮的净通量比值分别为3.34、7.74和1.60），如表6–45、表6–46所示。

（2）北槽下口断面

涨潮期间，北槽下口断面洪季大潮和中潮涨潮潮量（输入北槽）均大于枯季，洪季小潮涨潮潮量稍小于枯季；与潮量稍有不同，北槽下口断面洪季涨潮期的输沙量（输入北槽）均大于枯季，即使在小潮期间，即北槽下口断面向北槽内的输沙能力是洪季大于枯季。

落潮期间，北槽下口断面洪季大、中、小潮落潮潮量（输出北槽）均大于枯季，洪季大潮和中潮落潮输沙量（输出北槽）大于枯季，但是洪季小潮落潮输沙量（输出北槽）却小于枯季，即北槽下口断面大潮和中潮向外输沙的能力是洪季大于枯季，而小潮期间向外的输沙能力是枯季大于洪季，如表6–45、表6–46所示。

（3）南导堤

洪季越过南导堤的进入北槽或输出北槽的潮量和沙量均要大于枯季；从净潮量和净沙量的角度考虑，洪季越过南导堤进入北槽的净潮量是枯季的1.68 ~ 4.71倍，洪季越过南导堤进入北槽的净沙量是枯季的4.28 ~ 12.44倍。2011年洪季、2012年洪季与2011年枯季南导堤越堤潮量和沙量的洪枯季比值如表6–47所示。

2011年洪季和2011年枯季涨落潮潮量和沙量数据比值 表6–45

潮型	涨落潮	北槽上口		北槽下口		净潮量	净沙量
		潮量	沙量	潮量	沙量		
大潮	涨潮	1.09	0.97	1.04	1.24	0.96	1.92
	落潮	1.34	1.25	1.34	2.09	1.33	3.52
	全潮	2.38	4.59	2.38	5.73	2.39	6.11
中潮	涨潮	1.39	1.58	1.43	3.29	1.51	8.74
	落潮	1.67	2.33	1.74	4.52	1.87	9.63
	全潮	2.43	11.12	2.70	11.37	3.41	11.51
小潮	涨潮	0.72	0.65	0.68	1.21	0.59	1.93
	落潮	1.13	1.07	1.10	0.54	1.03	0.36
	全潮	1.60	1.58	1.52	0.50	1.38	6.20

2012年洪季和2011年枯季涨落潮潮量和沙量数据比值 表6–46

潮型	涨落潮	北槽上口		北槽下口		净潮量	净沙量
		潮量	沙量	潮量	沙量		
大潮	涨潮	1.00	0.47	1.09	1.50	1.22	4.14
	落潮	1.26	0.69	1.32	2.70	1.42	6.14
	全潮	2.32	3.34	2.16	7.87	1.99	9.39
中潮	涨潮	1.38	0.87	1.60	1.75	1.97	4.56
	落潮	1.61	1.41	1.68	2.48	1.81	4.98
	全潮	2.24	7.74	1.94	6.53	1.14	5.85
小潮	涨潮	0.80	0.54	0.91	1.29	1.18	2.28
	落潮	1.26	1.02	1.09	0.51	0.74	0.34
	全潮	1.77	1.60	1.27	0.71	0.39	7.03

南导堤越堤潮量和沙量洪枯季数据比值　　表 6-47

洪季数据／枯季数据	潮型	潮量		沙量		$Q_{净}$	$Q_{s净}$
		$Q_{入}$	$Q_{出}$	$Q_{s入}$	$Q_{s出}$		
2011 洪季数据／2011 枯季数据	大潮	2.13	3.67	4.25	1.32	2.08	4.28
	中潮	2.72	7.11	12.54	20.39	2.61	12.44
	小潮	3.99	9.35	8.27	25.14	3.63	7.93
2012 洪季数据／2011 枯季数据	大潮	1.72	3.14	5.34	11.90	1.68	5.28
	中潮	2.51	4.69	7.77	11.34	2.45	7.72
	小潮	4.57	2.46	7.36	4.29	4.71	7.42

6.8.3　洪枯季越堤差异分析

前述分析表明，洪季越过南导堤的潮量和沙量均要比枯季大很多。造成洪枯季越堤潮量和沙量差异的主要因素为越堤流速、越堤水深和含沙量等。实测观测结果也表明，洪季期间的越堤流速、越堤水深和含沙量均较枯季大许多。以洪枯季北槽中潮位和 C1a 站点为例，其洪枯季比较结果如图 6-73 ～图 6-76 所示。

从图 6-73 和图 6-74 可以看出，洪季期间潮位较枯季高，因此越堤水深也更大，从而使越堤潮量增大，进而使越堤沙量增大。

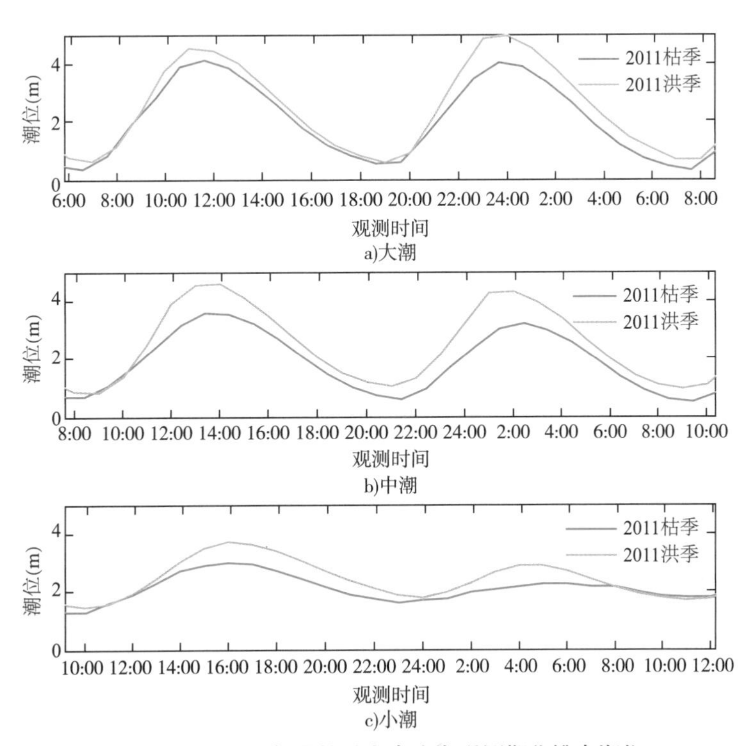

图 6-73　2011 年洪枯季大中小潮观测期北槽中潮位

从图 6-75 和图 6-76 可以看出，洪季期间的越堤流速和越堤含沙量均大于枯季，洪季期间较大的越堤流速和越堤含沙量也是造成洪枯季越堤潮量和沙量差异的主要原因。

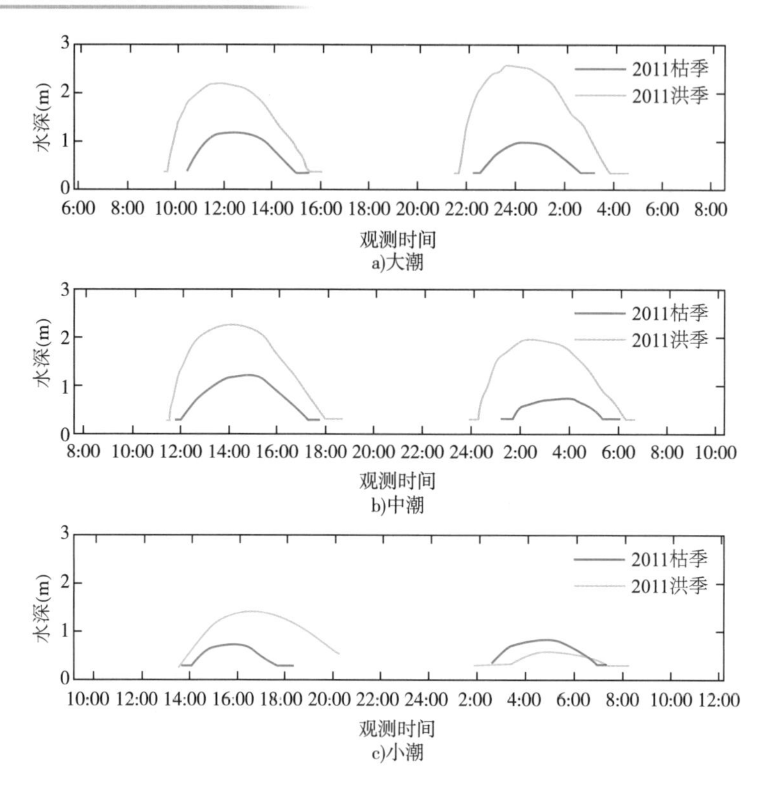

图 6-74　2011 年洪枯季大中小潮观测期 C1 站点越堤水深

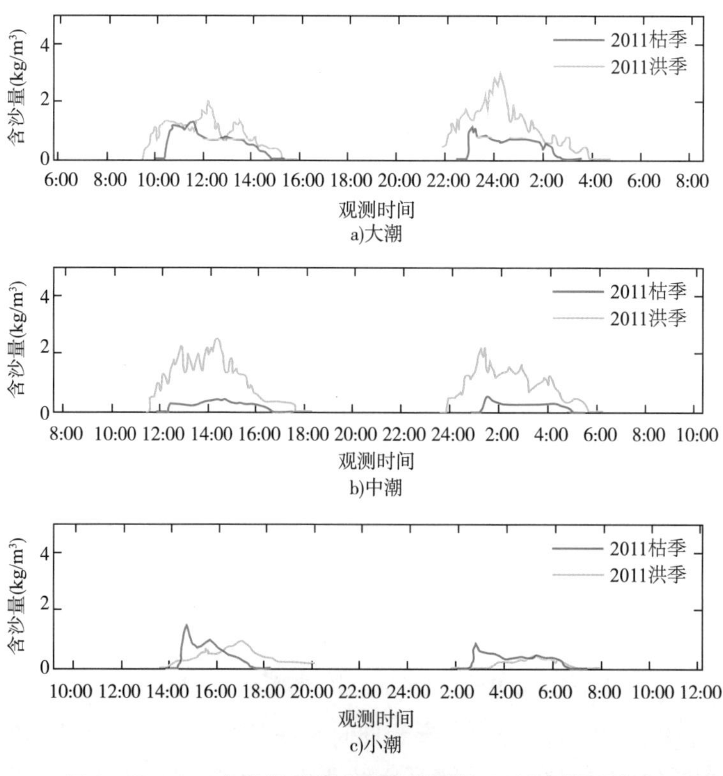

图 6-75　2011 年洪枯季大中小潮观测期 C1 站点越堤流速

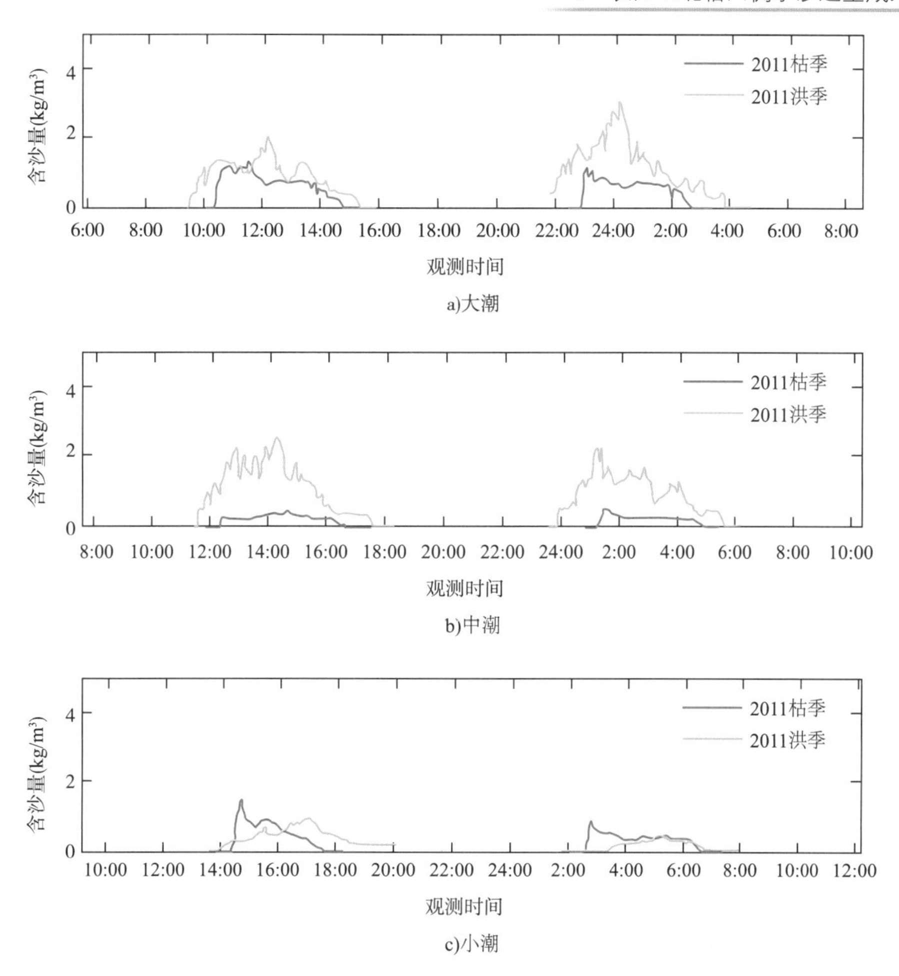

图 6−76　2011 年洪枯季大中小潮观测期 C1 站点越堤含沙量

6.9　北槽四侧断面涨落潮含沙量及输沙比较

6.9.1　北槽四侧断面涨潮含沙量比较

2012 年洪季大中小潮北槽上口、北槽下口、南导堤和北导堤四侧断面涨潮期间平均含沙量（本节中的平均含沙量是采用断面输沙量除以断面潮量获得的综合平均含沙量）如表 6−48 ～表 6−53 和图 6−77 所示。

（1）北槽上口、南导堤和北导堤基本上均为涨潮平均含沙量大于落潮平均含沙量，尤其以南导堤的涨潮和落潮平均含沙量差异最大；与之相反，北槽下口的落潮平均含沙量大于涨潮平均含沙量。

（2）四侧断面涨潮平均含沙量比较中，以南导堤的涨潮平均含沙量最大，2011 年洪季、2012 年洪季和 2013 年洪季大潮期间，其与北槽下口涨潮期间平均含沙量的比值分别为 1.73、2.12 和 2.27。

大潮期间北槽上口和下口涨落潮平均含沙量（kg/m³） 表 6-48

涨落潮	2012 年		2013 年		2011 年	
	上口	下口	上口	下口	上口	下口
前涨	0.37	1.26	0.57	0.52	0.66	0.72
前落	0.39	1.56	0.50	0.63	0.63	0.97
后涨	0.41	0.75	0.74	0.59	0.81	0.98
后落	0.41	1.27	0.55	0.69	0.73	1.18
涨潮	0.39	1.00	0.65	0.55	0.74	0.85
落潮	0.40	1.41	0.53	0.66	0.68	1.08

大潮期间南导堤和北导堤涨落潮平均含沙量（kg/m³） 表 6-49

断　面	南导堤入	南导堤出	北导堤入	北导堤出	比　值
2012 年洪季	2.28	0.90	0.91	1.50	2.27
2013 年洪季	1.17	0.64	0.55	1.11	2.12
2011 年洪季	1.47	0.09	—	—	1.73

注：表中“比值”为南导堤越堤进入和北槽下口涨潮进入北槽的平均含沙量比值。

中潮期间北槽上口和下口涨落潮平均含沙量（kg/m³） 表 6-50

涨落潮	2012 年		2013 年		2011 年	
	上口	下口	上口	下口	上口	下口
前涨	0.42	0.68	0.78	0.44	0.81	1.30
前落	0.49	0.74	0.81	0.50	0.78	1.29
后涨	0.44	0.52	0.59	0.49	0.71	1.25
后落	0.44	0.72	0.56	0.29	0.71	1.30
涨潮	0.43	0.60	0.68	0.47	0.76	1.28
落潮	0.47	0.73	0.69	0.39	0.75	1.29

中潮期间南导堤和北导堤涨落潮平均含沙量（kg/m³） 表 6-51

断　面	南导堤入	南导堤出	北导堤入	北导堤出	比　值
2012 年洪季	1.28	0.56	0.40	0.99	2.15
2013 年洪季	0.86	0.26	0.34	0.56	2.42
2011 年洪季	1.91	0.66	—	—	1.50

注：表中“比值”为南导堤越堤进入和北槽下口涨潮进入北槽的平均含沙量比值。

小潮期间北槽上口和下口涨落潮平均含沙量（kg/m³） 表 6-52

涨落潮	2012 年		2013 年		2011 年	
	上口	下口	上口	下口	上口	下口
前涨	0.18	0.47	0.23	0.21	0.26	0.57
前落	0.24	0.16	0.23	0.06	0.26	0.17
后涨	0.14	0.35	0.19	0.21	0.15	0.52
后落	0.14	0.07	0.29	0.07	0.19	0.08
涨潮	0.16	0.41	0.21	0.21	0.21	0.54
落潮	0.19	0.11	0.26	0.06	0.22	0.12

小潮期间南导堤和北导堤涨落潮平均含沙量（kg/m³） 表 6-53

断　面	南导堤入	南导堤出	北导堤入	北导堤出	比　值
2012 年洪季	0.35	0.12	0.15	0.32	0.85
2013 年洪季	0.23	0.14	0.18	0.22	1.07
2011 年洪季	0.45	0.19	—	—	0.83

注：表中“比值”为南导堤越堤进入和北槽下口涨潮进入北槽的平均含沙量比值。

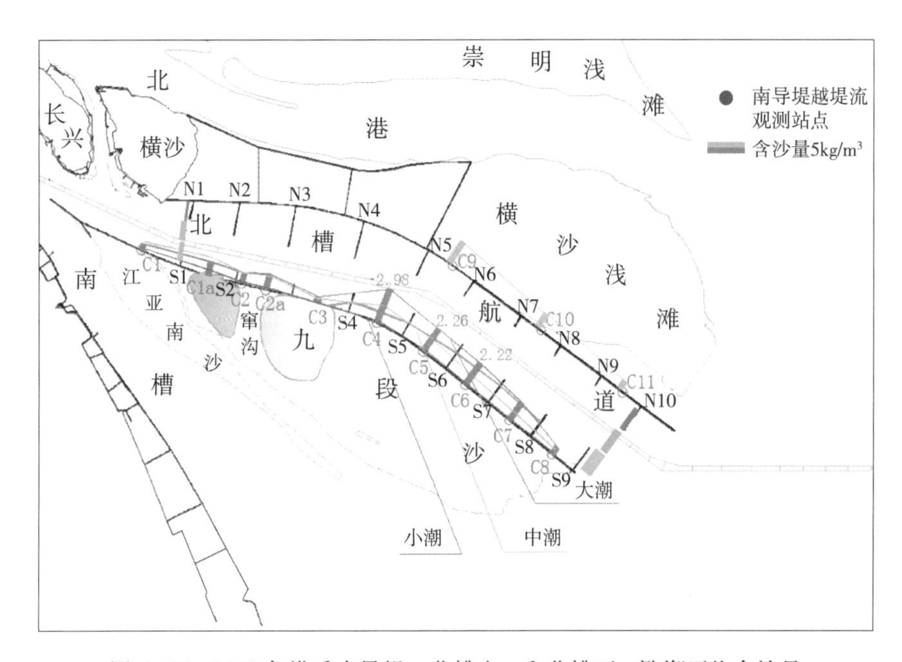

图 6-77　2012 年洪季南导堤、北槽上口和北槽下口涨潮平均含沙量

6.9.2　北槽四侧断面涨落潮输沙比较

2012 年洪季和 2013 年洪季大中小潮北槽上口、北槽下口、南导堤和北导堤四侧断面涨潮期间和落潮期间进入和输出北槽的沙量分别如图 6-78、图 6-79 所示。从中可知：

（1）涨潮期间，南导堤和北槽下口输沙进入北槽，北槽上口和北导堤输沙离开北槽，输沙进入北槽和离开北槽分别以南导堤和北导堤为主。

（2）落潮期间，南导堤和北槽下口输沙离开北槽，北槽上口和北导堤输沙进入北槽，输沙进入北槽和离开北槽分别以北槽上口和北槽下口为主。

（3）大、中、小潮涨潮期间，北槽上口、北槽下口、南导堤和北导堤四侧断面综合输沙净进入北槽，2012 年大、中、小潮涨潮期间的净进入沙量分别为 380.9 万 t、162.9 万 t 和 30.25 万 t，2013 年大、中、小潮涨潮期间的净进入沙量分别为 126.1 万 t、81.61 万 t 和 9.87 万 t；大潮落潮期间的四侧断面综合输沙净出北槽，2012 年和 2013 年大潮净出北槽沙量分别为 412.41 万 t 和 108 万 t；2013 年中潮和小潮落潮期间的四侧断面综合输沙也净进入北槽。

(4) 大潮全潮（涨潮和落潮）期间，北槽上口、北槽下口、南导堤和北导堤四侧断面综合输沙净输出北槽，2012 年和 2013 年综合输沙输出北槽分别为 31.53 万 t 和 18.08 万 t；中潮和小潮全潮（涨潮和落潮）期间，四侧断面综合输沙均进入北槽，其中 2012 年中潮和小潮的综合输沙分别为 30.73 万 t 和 35.78 万 t，2013 年中潮和小潮的综合输沙分别为 91.59 万 t 和 40.87 万 t。

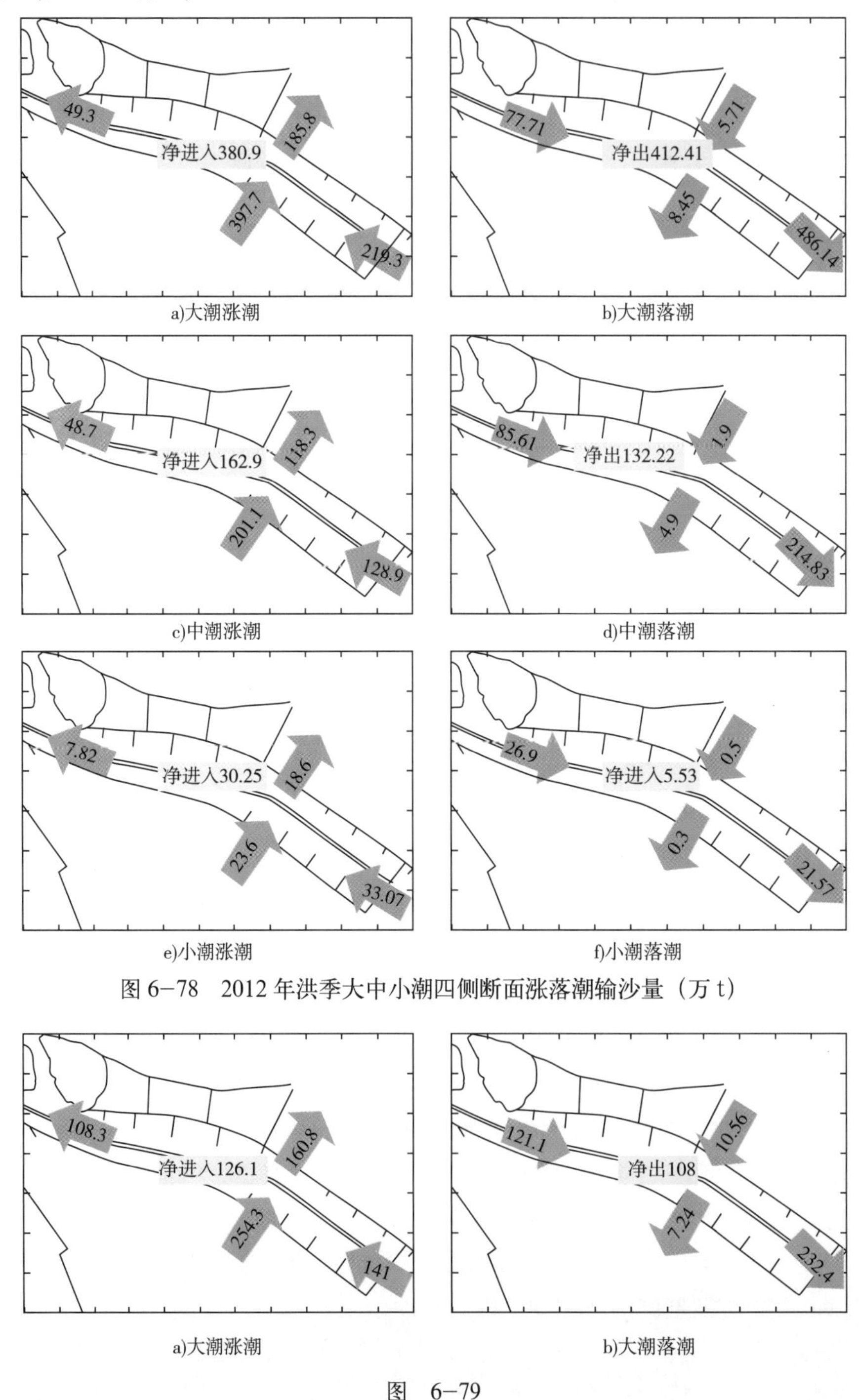

a)大潮涨潮　b)大潮落潮

c)中潮涨潮　d)中潮落潮

e)小潮涨潮　f)小潮落潮

图 6-78　2012 年洪季大中小潮四侧断面涨落潮输沙量（万 t）

a)大潮涨潮　b)大潮落潮

图　6-79

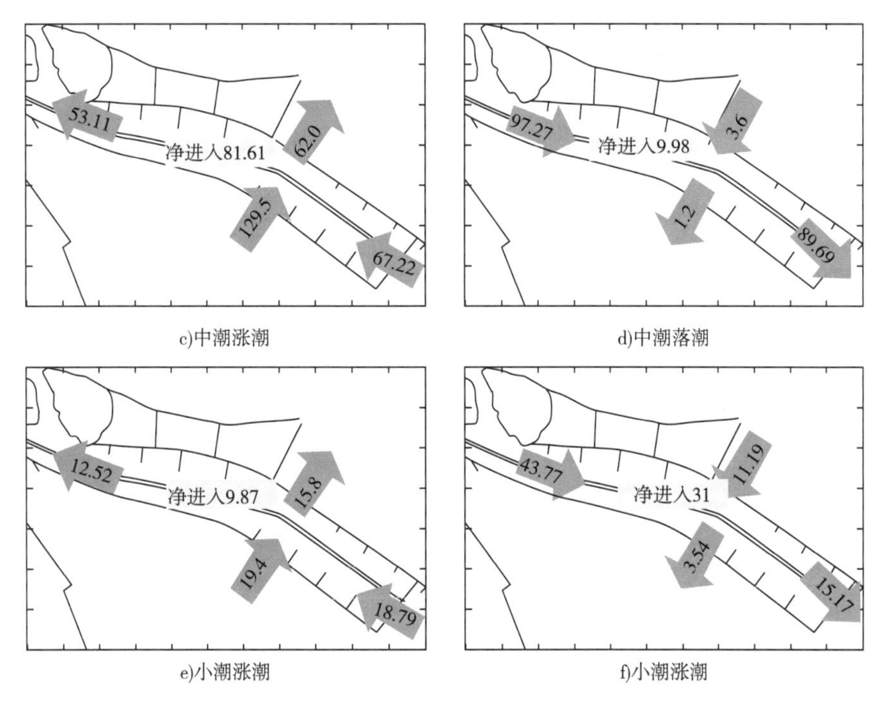

c)中潮涨潮　d)中潮落潮

e)小潮涨潮　f)小潮涨潮

图 6-79　2013 年洪季大中小潮四侧断面涨落潮输沙量（万 t）

6.10　北槽四侧断面通量四次观测小结

从 2011 年枯季至 2013 年洪季，我们一共开展了四次通量观测。自第一次通量观测之后，后续的每一次通量观测均是在之前通量观测经验总结的基础上开展，如在 2011 年通量观测之后，我们改进了越堤流观测架的布置方式，同时重视了北导堤的观测，其中 2013 年通量观测中越堤含沙量观测由单点观测增加至三层观测，详细介绍参见“5.4 现场观测情况”。表 6-54 是四次通量观测水文条件汇总表，结合“5.4 节现场观测情况”内容可知，2012 年洪季和 2011 年洪季通量观测潮差最大，同时受到台风影响最大的也是 2012 年洪季的通量观测。

尽管各次通量观测（主要是洪季）水文条件各有差异，但总体上洪季通量观测结果呈现了下面几个共同的特征（以大潮为例），包括：

（1）北槽下口输入北槽的潮量为最大，其次为南导堤或北槽上口（表 6-55）；

（2）南导堤越堤进入北槽的沙量为最大，其次为北槽下口和北槽上口（表 6-56）；

（3）四侧断面涨潮平均含沙量比较中，以南导堤的涨潮平均含沙量最大，2011 年洪季、2012 年洪季和 2013 年洪季大潮期间，其与北槽下口涨潮期间平均含沙量的比值分别为 1.73、2.12 和 2.27（见“6.9.1 四侧断面涨潮含沙量比较”）。

大风过程对越堤含沙量有较大的影响。2012 年洪季和 2011 年洪季的大潮前期长江口均受到了较大的台风影响，致使风后大潮期间观测到的含沙量较大，从而使得越过南导堤进入北槽的沙量也较大。

四次通量观测水文条件汇总　　表 6-54

测　次	大　潮			中　潮			小　潮		
	潮差(m)	流量(m^3/s)	台风影响	潮差(m)	流量(m^3/s)	台风影响	潮差(m)	流量(m^3/s)	台风影响
2011 年枯季	3.62	13 350	无	2.3	13 250	无	1.75	13 750	无
2011 年洪季	4.24	21 200	有	3.28	18 400	有	1.48	19 600	无
2012 年洪季	4.16	38 000	有	3.51	37 150	有	1.84	37 700	无
2013 年洪季	3.78	29 600	较小	2.78	27 100	较小	2.13	30 200	无

各断面大潮期间输入北槽的潮量和北槽上口输入潮量的比值　　表 6-55

断　面	北槽上口	北槽下口	南导堤	北导堤
2011 年枯季	1.00	1.31	0.70	—
2011 年洪季	1.00	1.02	1.11	—
2012 年洪季	1.00	1.13	0.95	0.03
2013 年洪季	1.00	1.23	1.17	0.17

各断面大潮期间输入北槽的沙量和北槽上口输入沙量的比值　　表 6-56

断　面	北槽上口	北槽下口	南导堤	北导堤
2011 年枯季	1.00	1.29	0.70	—
2011 年洪季	1.00	1.28	2.39	—
2012 年洪季	1.00	2.82	5.46	0.07
2013 年洪季	1.00	1.16	1.99	0.13

7 长江口水沙盐三维数模介绍

长江口水沙盐三维数值模型 SWEM3D 基于当下流行的无结构网格和有限体积法来离散三维浅水方程，具有很好的复杂边界适应能力和质量守恒性。由于长江口具有较大的开敞计算边界和大范围计算域，且河口地区的水沙盐分层特征较为明显，使得三维数值模型的计算量非常大，因此本模型中对于流场动量方程的对流项计算采用了欧拉—拉格朗日法追踪，使计算在理论上具有无条件稳定的特征，提高了计算效率，可满足长江口水沙盐数值模拟研究需要。

7.1 三维浅水流动模型控制方程

三维潮流泥沙数学模型SWEM3D采用的三维浅水控制方程如下：

$$\frac{\partial \eta}{\partial t} + \nabla \cdot \vec{q} = 0 \vec{q} = \int_{-k}^{\eta} \vec{U} \mathrm{d}z \tag{7-1}$$

$$\frac{\mathrm{d}}{\mathrm{d}t}(D\vec{U}) = -\frac{D}{\rho_0}\nabla p_{\mathrm{a}} - gD\nabla\eta - \frac{gD^2}{\rho_0}\int_{\sigma}^{0}\left(\nabla\rho - \frac{\sigma'}{D}\frac{\partial\rho}{\partial\sigma'}\nabla D\right)\mathrm{d}\sigma' - D\vec{f}\cdot\vec{U} + \nabla\cdot\left[DA_{\mathrm{H}}(\nabla\vec{U} + \nabla^{\mathrm{T}}\vec{U})\right] + \frac{\partial}{\partial\sigma}\left(\frac{A_{\mathrm{V}}}{D}\frac{\partial\vec{U}}{\partial\sigma}\right) \tag{7-2}$$

式中： η——自由水面；

$\vec{\boldsymbol{U}}$——流速矢量，$\vec{U}=\begin{pmatrix} u \\ v \end{pmatrix}$；

$\vec{f}$——柯氏力参数；

ρ_0——参考密度；

ρ——水的密度；

p_{a}——自由水面的大气压强；

A_{H}、A_{V}——分别为水平涡黏系数、垂直涡黏系数；

∇——算子，$\nabla = \left(\frac{\partial}{\partial x}, \frac{\partial}{\partial y}\right)$；

σ——z坐标进行σ坐标转换后的垂线位置（图7–1），$\sigma = \frac{z - \eta}{H + \eta} = \frac{z - \eta}{D}$；

D——总水深，$D=H+\eta$。

σ坐标系的垂向流速ω为：

$$\omega = w - \vec{U} \cdot \nabla(\sigma D + \eta) - \frac{\partial(\sigma D + \eta)}{\partial t} \tag{7-3}$$

式中：w——z坐标系下的垂向流速。

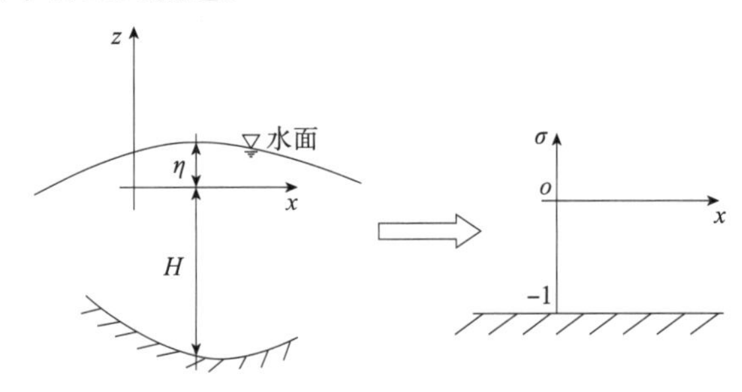

图 7-1　z坐标和σ坐标转换示意图

Smagorinsky 亚格湍流模型（1963）得到水平涡黏系数 A_H 和水平扩散系数 K_H，定义如下：

$$A_H = c_H \delta A \left[\left(\frac{\partial u}{\partial x}\right)^2 + \frac{1}{2}\left(\frac{\partial v}{\partial x} + \frac{\partial u}{\partial y}\right)^2 + \left(\frac{\partial v}{\partial y}\right)^2 \right] \tag{7-4}$$

式中：c_H——Smagorinsky 常数，取值 0.1；

δA——网格面积。

垂直涡黏系数 A_V 和垂直扩散系数 K_V 由紊流模型给出，采用 Mellor and Yamada 2.5 阶（MY-2.5）紊流模型。

$$\frac{D}{Dt}(Dq^2) = 2D(P_s + P_b - \varepsilon) + \frac{\partial}{\partial \sigma}\left(\frac{1}{D}K_Q \frac{\partial q^2}{\partial \sigma}\right) \tag{7-5}$$

$$\frac{D}{Dt}(q^2 l D) = lE_1 D\left(P_s + P_b - \frac{\tilde{W}}{E_1}\varepsilon\right) + \frac{\partial}{\partial \sigma}\left(\frac{1}{D}K_Q \frac{\partial q^2 l}{\partial \sigma}\right) \tag{7-6}$$

式中：q^2——紊动动能，$q^2 = (u'^2 + v'^2)/2$；

l——紊动长度；

K_Q——紊动动能的扩散系数；

P_s、P_b——表底层边界条件，$P_s = A_V(u_z^2 + v_z^2)$和$P_b = (gK_V\rho_z)/\rho_0$；

ε——紊动耗散，$\varepsilon=q^3/B_1 l$；

$\tilde{W}$——壁函数，$\tilde{W} = 1 + 1.33\ (l/\kappa d_b)^2 + 0.25\ (l/\kappa d_s)^2$；

d_b、d_s——分别为离地和表面的距离；

B_1、E_1——参数，分别取值 16.6 和 1.33；

K——卡门系数。

垂直涡黏系数 A_V 和垂直扩散系数 K_V 值的计算如下：

$$A_V = lqS_m,\ K_V = lqS_h,\ K_Q = 0.2lq \tag{7-7}$$

式中：S_m、S_h——稳定函数，取值分别如下：

$$S_m = \frac{0.393\,3 - 3.085\,8G_h}{(1 - 34.676G_h)(1 - 6.127\,2G_h)} \tag{7-8}$$

$$S_h = \frac{0.494}{1 - 34.676G_h} \tag{7-9}$$

这里，$G_h = (l^2 g/q^2 \rho_0)\rho_z$。

7.2 控制方程离散求解

上述连续方程和动量方程的离散如下：

$$\delta A_i \frac{\eta_i^{n+1} - \eta_i^n}{\Delta t} + \Sigma_{fi}\Sigma_k \delta A_k \overrightarrow{\delta l_{fi}} \cdot \left[(1-\theta)\vec{q}^{\,n}_{(f_i,k)} + \theta \vec{q}^{\,n+1}_{(f_i,k)} \right] = 0 \tag{7-10}$$

$$\frac{\vec{q}^{\,n+1}_{(i,k)} - \vec{q}^{\,b}_{(i,k)}}{\Delta t} = -\frac{D_j}{\rho_0}\nabla(P_a^n)_j - D_j g\nabla[(1-\theta)\eta_j^n + \theta\eta_j^{n+1}] - B_H(\vec{q}_{j,k}) + \vec{f}_j \times \vec{q}^{\,n}_{(j,k)} + D_H(\vec{q}_{j,k}) + \frac{1}{D_j^2 \delta\sigma_k}\left[(A_V)^n_{(j,t(k))} \frac{\partial \vec{q}^{\,n+1}}{\partial \sigma}\bigg|_{(j,t(k))} - (A_V)^n_{(j,b(k))} \frac{\partial \vec{q}^{\,n+1}}{\partial \sigma}\bigg|_{(j,b(k))} \right] \tag{7-11}$$

式中：$(\ )^b$——拉格朗日追踪的值；

$\delta\sigma_k$——第 k 层厚度；

θ——半隐参数；

$B_H(\vec{q}_{j,k})$、$D_H(\vec{q}_{j,k})$——分别为斜压项和水平扩散项；

$\vec{q}_{j,k}$——第 j 条边的第 k 层流矢量；

Δt——离散时间步长；

δA_i——第 i 单元面积；

j、k——分别表示第 j 条边和第 k 层；

f_i——沿单元 i 各条边的积分分量。

由于 σ 坐标下的盐度斜压梯度力在河口地区地形变化较为剧烈时会产生较为明显的误差，因此在实际求解时转换到同一 z 坐标下，进行求解边的两侧对应 z 坐标高度上的盐度插值，以减小虚假的盐度梯度力的影响。

垂向流速 ω 由连续方程计算得出：

$$\frac{\partial \eta}{\partial t} + \nabla \cdot \vec{q} + \frac{\partial \omega}{\partial \sigma} = 0 \tag{7-12}$$

用有限体积法离散上述方程，可得：

$$\omega_{i,k}^{n+1} = \omega_{i,k-1}^{n+1} - \frac{\delta\sigma_k}{\delta A_i}\Sigma_{fi} D_{f_i} \vec{U}_{(f_i,k)} \cdot \overrightarrow{\delta l_{f_i}} + \delta\sigma_k \frac{\eta^{n+1} - \eta^n}{\Delta t} \tag{7-13}$$

上述方程的边界条件为：

$\omega=0$，当 $\sigma=0$；

$\omega=0$，当 $\sigma=-1$。

式（7-10）～式(7-13)中变量布置参见图7-2。其中，流速变量布置在图中三棱柱边的中心，潮位、紊动参数等布置在上下面的中心，盐度泥沙布置在三棱体单元的中心。

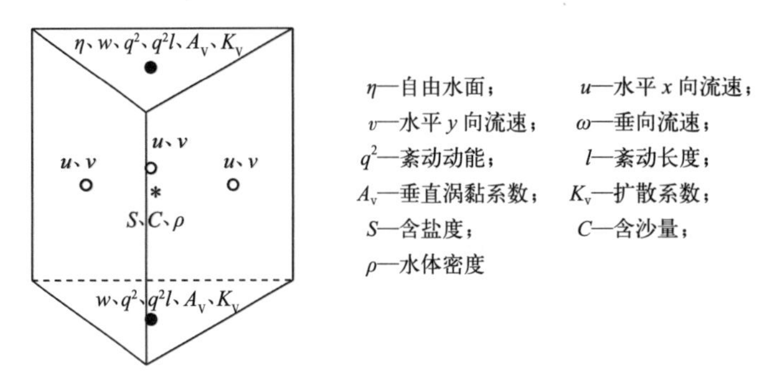

图 7-2　网格变量分布

7.3　三维浅水控制方程的数值求解过程

SWEM3D 模型的数值求解过程参考 Casulli 等提出的方法，主要包括三步：第一步是流场的预测步，利用半隐式计算预估的流场；第二步是水位方程的隐式计算，其利用预估流场构建水位变量的稀疏矩阵,利用开源的高效率数值计算求解包——ITPACK 进行求解；第三步利用水位变量更新流场。

其主要求解步骤详述如下：

（1）计算预估流场$\overrightarrow{q}^*$

$$\frac{\overrightarrow{q}^*_{(j,k)}-\overrightarrow{q}^b_{(j,k)}}{\Delta t}=-\frac{D_j}{\rho_0}\nabla(P_a^n)_j-D_jg\nabla\eta_j^n-B_{\mathrm{H}}(\overrightarrow{q}_{j,k})+D_j\overrightarrow{f}_j\cdot\overrightarrow{U}^n_{(j,k)}+D_{\mathrm{H}}(\overrightarrow{q}_{j,k})+$$

$$\frac{1}{D_j^2\delta\sigma_k}\left[(A_{\mathrm{V}})^n_{(j,t(k))}\frac{\partial\overrightarrow{q}^*}{\partial\sigma}\bigg|_{(j,t(k))}-(A_{\mathrm{V}})^n_{(j,b(k))}\frac{\partial\overrightarrow{q}^*}{\partial\sigma}\bigg|_{(j,b(k))}\right]\tag{7-14}$$

上述方程式可写成：

$$\boldsymbol{A}_j\cdot\boldsymbol{Q}_j^*=-D_jg\nabla\eta_j^n+\boldsymbol{F}_j\tag{7-15}$$

其中，$\boldsymbol{A}_j$为三对角矩阵，$\boldsymbol{F}_j$包含所有的常数项，$\boldsymbol{Q}_j^*$的定义如下：

$$\boldsymbol{Q}_j^*=\left(\boldsymbol{q}^*_{(j,1)},\boldsymbol{q}^*_{(j,2)},\cdots,\boldsymbol{q}^*_{(\mathrm{nvrt}-1,2)}\right)\tag{7-16}$$

代入水面及水底的边界条件，上述方程可以精确求解。

（2）水位方程隐式计算

方程式（7-14）减方程式（7-11），可以得到：

$$\frac{\vec{q}'_{(j,k)}}{\Delta t} = -\theta D_j g \nabla \eta'_j +$$

$$\frac{1}{D_j^2 \delta\sigma_k}\left[(A_V)^n_{(j,t(k))}\frac{\vec{q}'_{(j,k+1)}-\vec{q}'_{(j,k)}}{\partial\sigma_{t(k)}}-(A_V)^n_{(j,b(k))}\frac{\vec{q}'_{(j,k)}-\vec{q}'_{(j,k-1)}}{\partial\sigma_{b(k)}}\right] \quad (7-17)$$

其中，$\vec{q}' = \vec{q}^{n+1} - \vec{q}^*$，$\eta' = \eta^{n+1} - \eta^n$。

上述方程式可以写成：

$$\boldsymbol{A}_j \cdot \boldsymbol{Q}'_j = -\theta D_j g \nabla \eta_j^n \boldsymbol{I} \quad (7-18)$$

其中 $\boldsymbol{I}$ 为单位矩阵。方程（7–10）可以写成：

$$\delta A_i \frac{\eta'_i}{\Delta t} + \Sigma_{fi}\Sigma_k \delta\sigma_k \vec{\delta l}_{f_i} \cdot \left[\theta \vec{q}'_{(f_i,k)} + \theta \vec{q}^*_{(f_i,k)} + (1-\theta)\vec{q}^n_{(f_i,k)}\right] = 0 \quad (7-19)$$

或者：

$$\delta \mathrm{A}_i \frac{\eta'_i}{\Delta t} + \Sigma_{fi}\theta \vec{\delta l}_{f_i} \boldsymbol{\delta\sigma} \cdot \boldsymbol{Q}'_{f_i} = Rm_i \quad (7-20)$$

其中，$\boldsymbol{\delta\sigma} = (\delta\sigma_2, \delta\sigma_3, \cdots, \delta\sigma_{\mathrm{nvrt}-1})$，$Q'_{fi}$为第 i 个单元的流量变化积分分量。

$$Rm_i = -\sum_{fi}\sum_k \boldsymbol{\delta\sigma}_k \vec{\delta l}_{f_i} \cdot \left[\theta \vec{q}^*_{(f_i,k)} + (1-\theta)\vec{q}^n_{(f_i,k)}\right]$$

代入（7–20）式，可得：

$$\delta \mathrm{A}_i \frac{\eta'_i}{\Delta t} - \Sigma_{fi}\theta^2 D_{f_i} g \vec{\delta l}_{f_i} \cdot \boldsymbol{\delta\sigma} \cdot \boldsymbol{A}_{f_i}^{-1} \boldsymbol{I} \nabla \eta'_{f_i} = Rm_i \quad (7-21)$$

水位余量的梯度可由下式得出：

$$\vec{\delta l}_{f_i} \cdot \nabla \eta'_{f_i} \approx \vec{\delta l}_{f_i} \cdot (\eta'^R - \eta'^L)\vec{g}^l \quad (7-22)$$

由此，可以得出下述方程式：

$$\left(\frac{\delta \mathrm{A}_i}{\Delta t} + \theta^2 \Sigma_{fi} P_{f_i}\right)\eta'_i - \theta^2 \Sigma_{fi}(P_{f_i}\eta'_{cf}) = Rm_i \quad (7-23)$$

其中，$P_{f_i} = g D_{f_i} \vec{\delta l}_{f_i} \cdot \vec{g}^l \boldsymbol{\delta\sigma} \cdot \boldsymbol{A}_{f_i}^{-1} \cdot \boldsymbol{I}$。

上述方程的系数矩阵是对称、正定的，因此可以使用有效的稀疏矩阵。

（3）水位、流量的更新

$$\begin{aligned} \eta_i^{n+1} &= \eta_i^n + \eta'_i \\ D_i &= \eta_i^{n+1} + h_i \end{aligned} \quad (7-24)$$

$$\boldsymbol{Q}_j^{n+1} = \boldsymbol{Q}_j^* - \theta \boldsymbol{A}_j^{-1} \cdot \boldsymbol{I} D_j g \nabla \eta'_j$$

7.4 对流项和水平项的 ELM 离散求解

在利用 ELM 法求解对流项时，从 $n+1$ 时刻的指点位置高效精确的沿流线逆向追踪到其初始位置（n 时刻的位置）是该方法的核心思想（图 7-3），这里仅作简单叙述。逆向追踪是采用 ELM 方法的模型求解过程中最耗时的部分，本模型采用多步欧拉法进行分步计算，各分步的时间步长 $\Delta t/N$，追踪点在 n 时刻的初始位置确定后，利用双线性插值，获取式（7-14）中拉格朗日追踪的值$(\ )^b$。由于采用插值计算方法，因此，ELM 求解对流项的守恒性无法保证。该方法在计算物质输运时会有较明显的误差，所以本模型在计算物质输运时采用亚循环离散求解的方法，保证物质输运的守恒性。

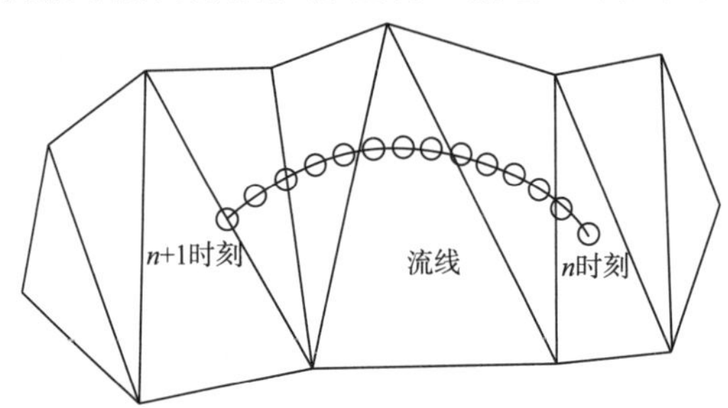

图 7-3 ELM 在平面上沿流线的逆向追踪

7.5 三维物质输运控制方程

三维物质输运控制方程如下：

$$\frac{d}{\mathrm{d}t}(DS) = \nabla\cdot(DK_{\mathrm{H}}\nabla S) + \frac{\partial}{\partial\sigma}\left(\frac{K_{\mathrm{V}}}{D}\frac{\partial S}{\partial\sigma}\right) \tag{7-25}$$

$$\frac{\partial(DC)}{\partial t} + \frac{\partial(Du)}{\partial x} + \frac{\partial(Dv)}{\partial y} + \frac{\partial[D(\omega - w)]}{\partial\delta} = \nabla\cdot(DK_{\mathrm{H}}\nabla C) + \frac{\partial}{\partial\sigma}\left(\frac{K_{\mathrm{V}}}{D}\frac{\partial C}{\partial\sigma}\right) \tag{7-26}$$

式中：S——盐度；

C——泥沙；

K_{V}——垂直扩散系数。

状态方程 $\rho=\rho\ (s,\ c)$ 按经验公式取值如下：

$$\rho = \rho_0 + 0.78S + 0.62C \tag{7-27}$$

7.6 三维物质输运控制方程的亚循环离散求解

欧拉拉格朗日格式 (ELM) 在计算对流项时具有无条件稳定性，但它本身并不具有守恒性，因此这里选用守恒性更好的有限体积法计算盐度及泥沙输运方程中的对流项。为了物质输运计算求解不对水流模型计算形成附加的稳定限制条件，在求解物质输运方程时引入较为通用的亚循环分布模式。该模式把时间步长 Δt 分解为 N 段（其值取决于对流作用的强弱），每个分步的时间间隔为 $\Delta\tau$，在第 i 分步，$t_1=(i-1)\Delta\tau$，$t_2=i\Delta\tau(i=1,2\cdots N)$ 分别为它的起始、终止时刻。引入隐式因子 θ，让其作为两个分步之间流速变量的计算权重。

物质输运方程离散如下（以泥沙 C 为例）：

$$
\begin{aligned}
&\delta_{i,k}^{n+t_1/\Delta t}C_{i,k}^{n+t_2/\Delta t} - \Delta\tau\left[\omega_{i,k+\frac{1}{2}}^{n}C_{i,k+\frac{1}{2}}^{n+\frac{t_2}{\Delta t}} + (K_{\mathrm{V}})_{i,k+\frac{1}{2}}^{n}\frac{C_{i,k+1}^{n+\frac{t_2}{\Delta t}} - C_{i,k}^{n+\frac{t_2}{\Delta t}}}{\delta_{i,k+\frac{1}{2}}^{n+\frac{t_2}{\Delta t}}}\right] + \\
&\Delta\tau\left[\omega_{i,k-\frac{1}{2}}^{n}C_{i,k-\frac{1}{2}}^{n+\frac{t_2}{\Delta t}} + (K_{\mathrm{V}})_{i,k-1/2}^{n}\frac{C_{i,k}^{n+\frac{t_2}{\Delta t}} - C_{i,k-1}^{n+\frac{t_2}{\Delta t}}}{\delta_{i,k-\frac{1}{2}}^{n+\frac{t_1}{\Delta t}}}\right] \\
&= \delta_{i,k}^{n+t_1/\Delta t}C_{i,k}^{n+t_1/\Delta t} - \Delta\tau\left[\omega_{i,k+\frac{1}{2}}^{n+\theta}C_{i,k+\frac{1}{2}}^{n+\frac{t_1}{\Delta t}} - \omega_{i,k-\frac{1}{2}}^{n+\theta}C_{i,k-\frac{1}{2}}^{n+\frac{t_1}{\Delta t}}\right] + \mathrm{fm}_{i,k}^{n+t_1/\Delta t}
\end{aligned}
\tag{7-28}
$$

其中，$\mathrm{fm}_{i,k}^{n+t_1/\Delta t}$ 为泥沙起始时刻 $n+t_1/\Delta t$ 的水平物质输运及扩散的有限体积离散。

在完成水位流速计算后，执行亚循环进行物质输运模块的求解。在亚循环各分步，首先通过迎风插值获取单元各面上的浓度值，随后执行式（7–28）计算更新泥沙浓度；在计算亚循环结束后，最终获取 $n+1$ 时刻单元中心的物质浓度，即完成求解。该方法具有守恒、迎风、低阶的特点，能在一定程度上缓解稳定条件对时间步长的限制。

7.7 边界条件

7.7.1 水底摩阻应力

水底摩阻应力由下式所示：

$$\rho_0 A_{\mathrm{V}}\frac{1}{D}\left(\frac{\partial u}{\partial\sigma},\frac{\partial v}{\partial\sigma}\right) = (\tau_{\mathrm{b}x},\tau_{\mathrm{b}y})\quad\sigma = -1 \tag{7-29}$$

底部应力由下列二次方程给出：

$$(\tau_{\mathrm{b}x},\tau_{\mathrm{b}y}) = \rho_0 C_{\mathrm{Db}}\sqrt{u_{\mathrm{b}}^2 + v_{\mathrm{b}}^2}(u_{\mathrm{b}},v_{\mathrm{b}}) \tag{7-30}$$

假定边界，且流速呈对数分布，底部拖曳系数 C_{Db} 可由下式得到：

$$C_{\mathrm{Db}} = \max\left\{\left(\frac{K}{\ln\frac{\delta_{\mathrm{b}}}{z_0}}\right)^2, C_{\mathrm{Dbmin}}\right\} \tag{7-31}$$

式中：K——卡门系数，取 0.4；

z_0——底部粗糙长度，$z_0=k_{\mathrm{s}}/30$；

k_{s}——局部底摩阻；

δ_{b}——底部计算网格的半厚；

C_{Dbmin}——通常取值为 0.002 5，在长江口由于近底层存在较高浓度的泥沙导致分层及盐度分层的特征，使得近底层床面的减阻作用相对明显，经过反复率定验证取值为 0.000 6。

7.7.2 工程边界条件

上游流量边界为大通站，验证为测量期间的实际的流量资料，方案计算时洪枯季分别选取概化流量为 40 000m^3/s 和 20 000m^3/s。

模型考虑的拟建或已建工程如下（参见附录 A）：

①长江口深水航道治理三期工程（包含 YH101 方案、长兴潜堤等）；

②横沙东滩圈围工程（含横沙大道、促淤潜堤等）；

③中央沙圈围工程及青草沙水库；

④长兴岛北沿圈围工程；

⑤新浏河沙护滩及南沙头通道潜堤工程；

⑥长江口相关企业码头等。

7.7.3 流量、潮位边界条件

长江口三维计算模型给定的上游边界为上游流量和下游潮位边界。其中 2012 年洪季的验证期间的上游大通流量过程线如图 7-4 所示。

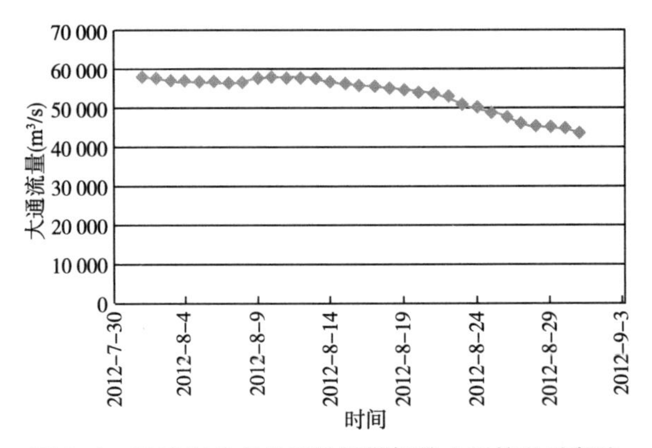

图 7-4　2012 年 8 月洪季验证期间的大通流量过程线

该模型范围较大，外海一直延伸到较深海域，因此，外海边界潮位可直接由 16 个天文分潮的调和函数计算给定。上游边界取为长江口的潮临近位置——大通站。

7.7.4 盐度及泥沙边界条件

盐度初始场由模型进行单独的长历时计算提供，外海边界为 34‰，上游边界取值为零。

泥沙场上游边界取值 0.3kg/m^3，下游外海边界取值为零。

7.8 泥沙主要计算参数选取

7.8.1 近底泥沙通量计算及航道淤积统计

（1）近底泥沙通量计算

在 σ 坐标系下表面垂向流速为 0（w=0），因而方程的表面边界条件有：

$$-\omega_s C-\frac{K_V}{H}\frac{\partial C}{\partial \sigma}=0$$
$$\sigma=0 \tag{7-32}$$

在底边界条件可用下式表示：

$$-\omega_s C-\frac{K_V}{H}\frac{\partial C}{\partial \sigma}=f$$
$$\sigma=-1 \tag{7-33}$$

其中，f为源汇项，即单位时间单位面积底部通量，包括河床的冲刷和淤积。

长江口北槽航道回淤量计算通常可用如下底部泥沙通量计算式来表示：

$$f=f_d-f_e \tag{7-34}$$

$$f_d=\int_{0<t<T_1}\alpha\omega C_b\left(1-\frac{\tau_b}{\tau_d}\right)\mathrm{d}t \qquad \tau_b<\tau_d \text{淤积}$$

$$f_e=\int_{0<t<T_2}m\left(\frac{\tau_b}{\tau_e}-1\right)\mathrm{d}t \qquad \tau_b>\tau_e \text{冲刷}$$

式中：f——单位面积的实际回淤量；

f_d——单位面积的淤积量；

f_e——单位面积的冲刷量；

τ_d、τ_e——分别为底部的临界淤积和冲刷切应力；

α——沉降概率；

ω——底部泥沙沉降速度；

τ_b——底部切应力；

C_b——底部含沙量；

T_1、T_2——分别为冲刷及淤积的统计周期。

$$\tau_b=C_d|u_b|u_b \tag{7-35}$$

式中：C_d——底部阻力系数；

u_b——近底层流速。

C_d的计算式如下：

$$C_d=\left(\frac{\kappa}{\ln\frac{\delta_b}{z_0}}\right)^2 \tag{7-36}$$

式中：δ_b——近底层选取的计算厚度；

z_0——底部粗糙长度；

κ——卡门系数。

式（7–34）表明，航道底部的泥沙通量（淤积或冲刷）的变化主要与近底层的水动力、泥沙沉速、含沙量及沉降概率系数等参数相关。为了计算得到合理的航道回淤量值，需要对它们进行合理的选取和率定。其中主要参数取值如下：

①沉降概率系数α取值一般约在0～1之间，模型计算取值约0.2～1之间；

②冲刷系数 m 一般约为 0.000 04 ~ 0.000 5，模型冲刷系数 m 取值 0.000 2；

③根据经验及现场试验结果，经验证取 τ_d 为临界淤积应力：0.4Pa，τ_e 为临界起动应力：0.4Pa；

④沉速 ω 取值参考上海河口海岸科学研究中心的泥沙沉降机理试验经验公式，取值范围约为 0.02 ~ 0.4mm/s。

（2）航道淤积量统计

航道淤积量的统计主要考虑如下河床变形方程：

$$\rho'\frac{\partial z_b}{\partial_t}=f \tag{7-37}$$

其中，ρ'为河床泥沙的干密度。

航道淤积量统计计算模式：泥沙数学模型中，航道淤积计算采用模拟“随淤随挖”的方式，根据经验和实际的工程疏浚强度以及机械疏浚的下耙深度，在模型中估取实际 2d 后的航道地形调整值；或者满足航道地形实际调整值大于 0.2m 时，统计航道地形调整值 z_b 并调整航道地形至初始地形。这里考虑航道周边的河床调整量和航道淤积量相比较是小量，因而在计算中不考虑航道外的河床调整，以避免由于河床调整计算误差较大带来的航道淤积量的计算误差。

为了模拟一年的航道淤积量，计算采用洪枯季的概化流量及外海大、中、小潮潮型。实际计算选取计算平衡后的 15d（完整的潮周期）的航道淤积量，其值在时间尺度上进行倍乘系数（即分别换算至洪枯季的半年值），最后洪枯季累加可得年回淤量。其中，洪季上游概化流量根据多年平均值选取 40 000m^3/s，下游边界选取 2012 年 8 月 12 日 ~ 27 日 15d 完整的大、中、小潮过程线；枯季上游概化流量取 20 000m^3/s，外海边界取 2 月份对应的大、中、小潮过程线。

7.8.2 长江口悬沙的泥沙沉速取值

（1）基于长江口悬沙的泥沙沉速室内试验成果

长江口悬沙的泥沙沉速取值参考长江口悬沙的室内机理试验，根据该试验的成果可得到泥沙沉速，采用如下统一形式表达。

$$\omega = [k_1(S-s_0)^2+k_2]*C^{k_3} \qquad (0\leqslant S<30, 0\leqslant C<20) \tag{7-38}$$

式中：ω——沉速（mm/s）；

S——含盐度（‰）；

C——含沙量（kg/m^3）；

s_0——最佳絮凝盐度（‰）；

k_1、k_2、k_3——经验系数。

沉降机理室内试验的所有组次得到的沉速值见图 7-5。

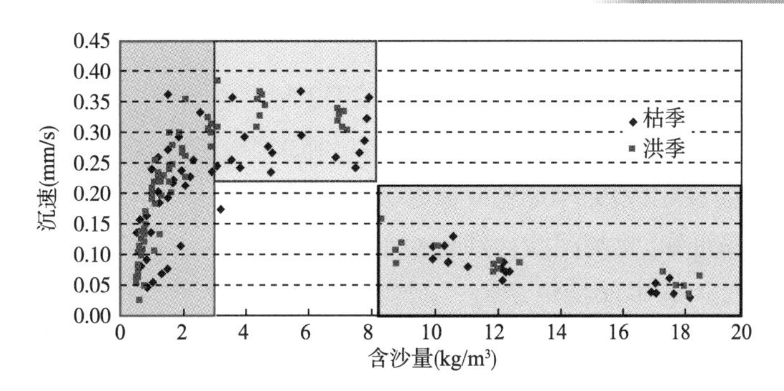

图 7-5　不同含沙量对沉速的影响

回归分析得到的经验公式参数取值如下（图 7-6）：

①枯季（水温为 5 ～ 15℃）

絮凝加速段：相关性 R=0.86；

s_0=7，k_1=−0.006 7，k_2=0.22，k_3=0.49($4 \leqslant S \leqslant 10$，$0.5<C \leqslant 3$)；

s_0=7，k_1=0.000 5，k_2=0.10，k_3=0.41($0 \leqslant S < 4$ 且 $10 < S < 30$，$0.5<C \leqslant 3$)；

s_0=7，k_1=−0.000 4，k_2=0.23，k_3=0.16($3 < C \leqslant 8$)。

②洪季（水温为 25 ～ 30℃）

絮凝加速段：相关性 R=0.94；

s_0=12，k_1=−0.0025，k_2=0.20，k_3=0.68($0.5 < C \leqslant 3$，$9 \leqslant S \leqslant 15$)；

s_0=12，k_1=−0.0004，k_2=0.18，k_3=0.66($0.5 < C \leqslant 3$，$0 \leqslant S < 9$ 且 $15 < S < 30$)；

s_0=12，k_1=−0.0001，k_2=0.41，k_3=0.12($3 < C \leqslant 8$)。

③洪、枯季

制约减速段：相关性 R=0.87($8 < C \leqslant 20$)；

k_1=0，k_2=0.99，k_3=−1.02。

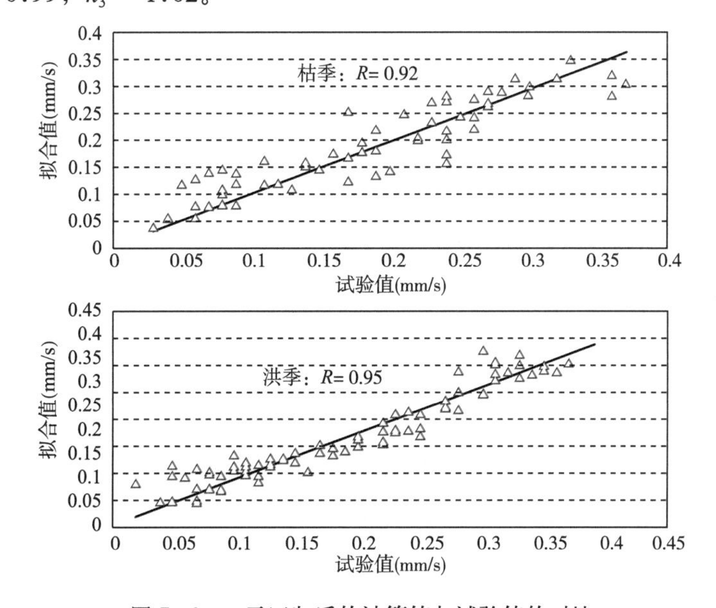

图 7-6　二元回归后的计算值与试验值的对比

(2) 长江口近底层悬沙沉降速度取值示例

泥沙沉速一般和泥沙粒径密切相关，选取 2012 年洪季（8 月）和枯季（2 月）实测航中测点 csw 的近底层悬沙中值粒径参见图 7–7，可知北槽航道近底层悬沙平均中值粒径约为 0.01mm。此类细颗粒泥沙的沉速可参考图 7–5 中长江口细颗粒泥沙（d_{50}=0.008mm）室内试验结果。由图可知，此类泥沙含沙量由低到高(0 ~ 3kg/m^3)时沉速有一个增加过程，在 3 ~ 8kg/m^3 时沉速基本保持恒定值，而当泥沙浓度大于约 8kg/m^3 时沉速将受到抑制变小。该变化特征与类似研究的结果基本一致。图 7–5 中试验在洪季采用的水温和盐度分别为 25℃和 7‰，枯季分别为 10℃和 12‰。

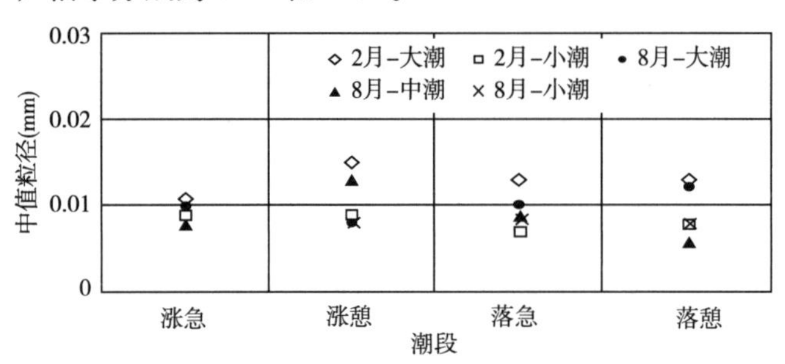

图 7–7　测点 csw 近底层悬沙中值粒径

选取 2012 年枯、洪季（2 月和 8 月）北槽航道沿程测点的实测水文资料，统计淤积条件下的平均近底层含沙量，根据沉降试验得到的底层平均泥沙沉速计算公式计算，将结果绘制于图 7–8。由图可知，洪季 8 月北槽航道中段高淤积强度范围内淤积时的近底层平均泥沙浓度基本都受到抑制沉降作用的影响而变小，高淤积区域的底层悬沙平均沉速取值约为 0.15mm/s；而枯季泥沙浓度相对较低（大多处于 0 ~ 3kg/m^3 范围），对应的北槽中段的近底层泥沙沉速枯季大于洪季。

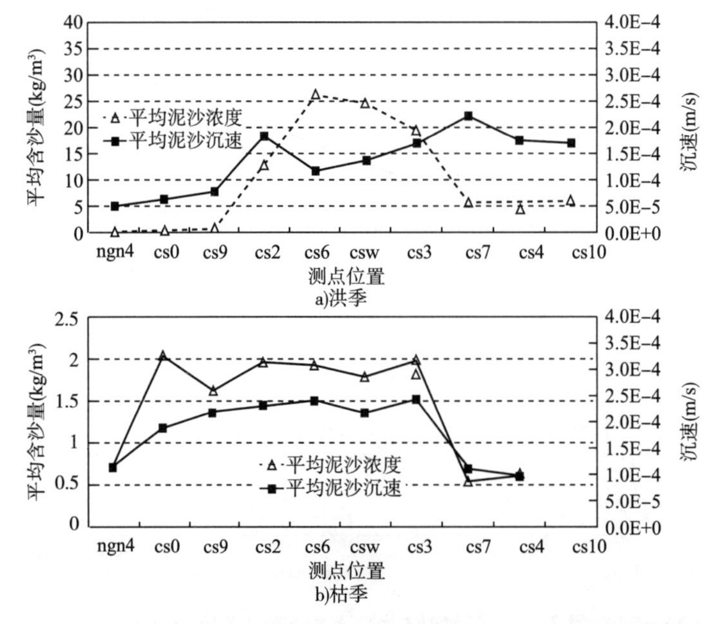

图 7–8　航道沿程满足淤积条件下的平均含沙量分布和泥沙沉速分布

这里主要关注航道底层小流速期的航道内的泥沙淤积，其紊动相对较小且受高浓度泥沙制紊作用影响较大，因此泥沙沉速选取直接参考了静水沉速的试验结果，而没有采用动水沉速；另外，选取沉速时对应的温度和盐度为洪、枯季的典型值，具有一般性。

7.8.3 沉降概率系数经验公式的率定和选取

在式（7−34）的计算中，沉降概率是一个影响航道回淤量计算的重要参数，通常情况可通过实测资料来率定。为了分析沉降概率系数变化的一般规律，选取 2012 年 2 月和 8 月沿长江口北槽航道的定点观测资料，共计 10 个位于航道中的测点，其中 2 月和 8 月分别作为枯、洪季的典型月份进行分析。每个测点在垂线上均采用 6 点法进行观测，测点位置见图 7−9。由于测点位置位于航道中间，测量受通航船舶影响，使得部分时段水沙资料缺测，因而对部分时段近底层水沙资料缺测数据进行插补；其中洪季 8 月份大、中、小潮资料基本完整，枯季 2 月份中潮及 cs10 测点的资料缺测。

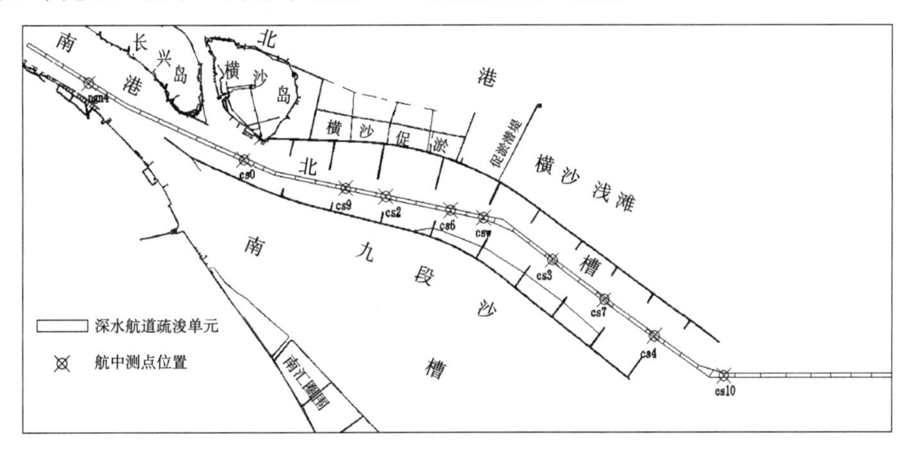

图 7−9 北槽航道位置及测点位置示意图

航道沿程回淤量的统计以疏浚单元来划分，共计 44 个单元位置（图 7−8）。其中，航中 10 个测点所在的疏浚单元的 2012 年的 2 月和 8 月份航道淤积量分布见图 7−10。航道回淤量的测量值为长江口北槽航道每个单元的船舶月疏浚量和每个月地形变化的测图方量之和，其有别于天然条件下的泥沙淤积，不可避免受到人工疏浚挖深的影响，因此在计算模型中需要对模型计算的主要参数进行专门的率定。

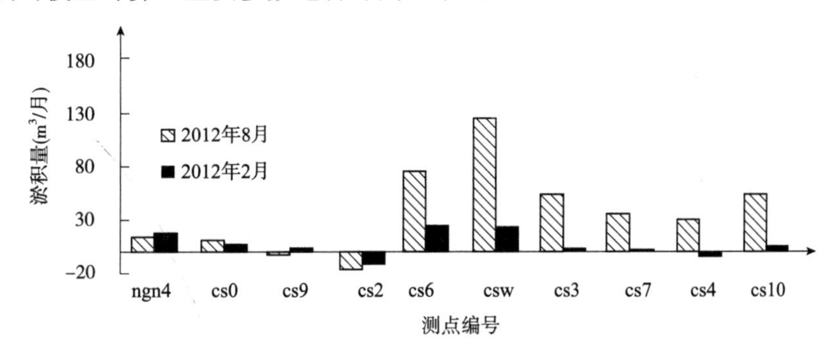

图 7−10 测点位置对应的航道单元淤积量分布图

实测航道疏浚单元的淤积量 F 是按月进行统计的。由于统计月内的上游流量变幅以及不同期大、中、小潮各自的潮动力差异等影响条件变化都较小，因此通过时间倍乘系数近似换算到包含完整大、中、小潮的 30d 代表一个月（2014 年 7 月 24 日～ 8 月 24 日）。计算选取的时间倍乘系数 β 为 10。疏浚单元 i 的月度回淤总量 F_i 的计算式如下：

$$F_i = \beta(f_{\mathrm{d}} - f_{\mathrm{e}})A_i \tag{7-39}$$

式中：f_{d}、f_{e}——分别为实测资料时间段内（大、中、小潮各 24h）的淤积和冲刷总量；

A_i——疏浚单元的面积。

根据式（7-34）～式（7-36）和式（7-39），基于实测水沙资料，选取合理的近底层泥沙通量的计算参数即可计算航道淤积量。计算部分参数按长江口三维潮流泥沙数学模型的计算参数取值见表 7-1。

计算参数取值 表 7-1

τ_{d}(N)	τ_{e}(N)	m(kg/m^2/s)	δ_{b}	z_0(m)	κ
0.4	0.4	0.000 2	0.2	0.000 01	0.35

表 7-1 中临界应力的选取基于长江口北槽内进行的坐底观测架实测资料，从临底动力和河床变化的过程线中获取一致。

根据式（7-34）～式（7-36）和式（7-39），假定疏浚单元 i 的平均淤积概率 $\overline{\alpha}_i$ 为定值，则其计算式可表述为：

$$\overline{\alpha}_i = \frac{\dfrac{F_i}{\beta A_i} + f_{\mathrm{e}}}{\displaystyle\int_{0<t<T_1} \omega C_{\mathrm{b}}\left(1 - \frac{\tau_{\mathrm{b}}}{\tau_{\mathrm{d}}}\right)\mathrm{d}t} \tag{7-40}$$

一般认为，沉降概率是泥沙重力和水流紊动的综合作用下能沉积在床面上的泥沙量与可能下沉的泥沙量之比，取值范围为 0 ～ 1。表征其关系的特征值可取值如下：

$$\alpha = f\left(\frac{\omega}{\kappa u_*}\right) \tag{7-41}$$

即沉降概率 α 是 $\omega/(\kappa u^*)$ 的函数，κ 为库朗特数，u^* 为底摩阻流速，其计算式如下：

$$u^* = \sqrt{\frac{\tau_{\mathrm{b}}}{\rho}} \tag{7-42}$$

利用洪枯季资料计算得到的各航道单元 i 对应的沉降概率 $\overline{\alpha}_i$ 值与满足淤积条件时的 $\omega/(\kappa u^*)$ 平均值以及平均含沙量 $\overline{C}_{\mathrm{b}}$ 的关系如图 7-11、图 7-12 所示。

从计算结果来看，沉降概率 α 和 $\omega/(\kappa u_*)$ 的相关性并不好；而沉降概率和淤积时的近底层泥沙浓度关系较为密切，其随着泥沙浓度的增大而增大，尤其当洪季泥沙浓度较高时这种特征更为明显。分析形成上述特征的可能原因如下：

(1) 沉降概率的计算采用 $\omega/(\kappa u^*)$ 的函数形式时，其中沉速的取值已经考虑泥沙浓度等的影响，但利用式（7−35）和式（7−36）计算摩阻流速时，所采用的阻力系数同样会受到近底泥沙及盐度分层制紊的影响。有别于式（7−36），其计算式为：

$$C_{\mathrm{Db}} = \left[\frac{\kappa}{(1 + AR_{\mathrm{f}})\ln(\delta_{\mathrm{b}}/z_0)}\right]^2 \tag{7-43}$$

其中，A、R_{f} 分别为考虑近底输运物质的密度差异的参数。由于式（7−43）中（$1+AR_{\mathrm{f}}$）在底部存在高浓度泥沙时通常是一个大于 1 的数，因而计算得到的阻力系数将会减小，由式（7−42）可知 u^* 也会减小，从而导致 $\omega/(\kappa u^*)$ 会增大，并最终导致沉降概率增大。由于近底层泥沙浓度增大通常会导致密度分层现象和制紊作用加强，因此这一分析结论和图 7−12 描述的现象特征基本一致。

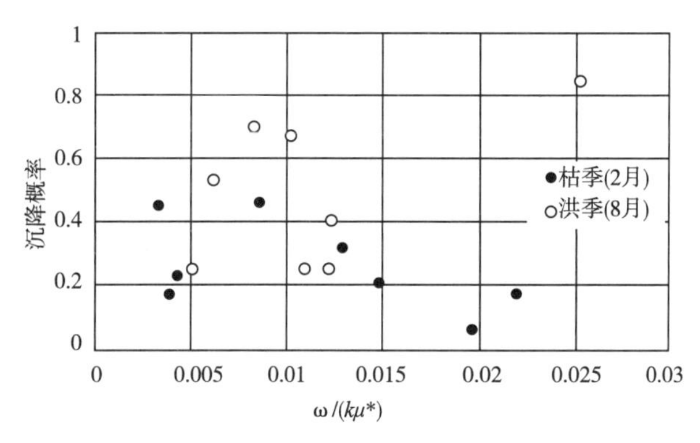

图 7−11 沉降概率系数与 $\omega/(\kappa u^*)$ 平均值的关系

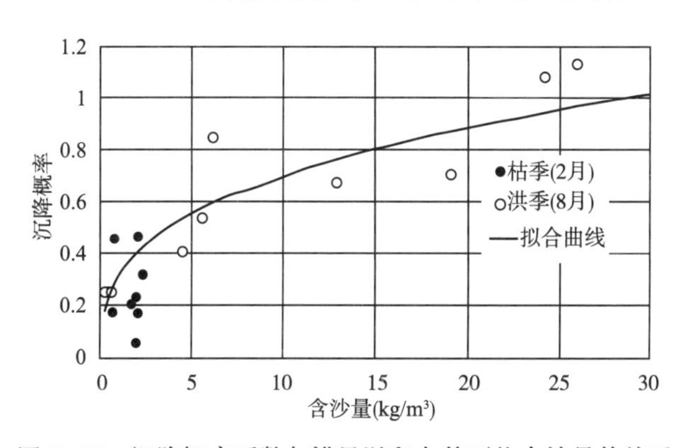

图 7−12 沉降概率系数与满足淤积条件平均含沙量的关系

(2) 另外，根据 2012 年 2 月和 8 月采用双频测深仪（高频 200k、低频 24k）测量得到的航道水深数据见图 7−13、图 7−14。可知，洪枯季均在航道底层存在明显的高低频水深差。利用泥浆密度计测量的实测结果显示，高频测深密度界面约为 1 033kg/m³，低频测深密度界面约为 1 245kg/m³。目前长江口北槽航道疏浚以高频水深作为水深考核目标，因而长江口北槽航道的疏浚作业中需要吸入大量密度介于 1 033 ~ 1 245kg/m³ 之间的高浓度泥沙，以保证高频水深满足考核目标水深。此类泥沙大部分处于宾汉体状态而小于新淤土的密度。在航道维护阶段，为了维持航道满足 12.5m 水深的通航要求标准，长江口北槽航道回淤量主要以疏浚船方的形式体现（航道回淤量与船方量的比较见图 7-15），因而在航道内泥沙浓度较大且淤积强度较强的区域，当船舶机械疏浚作业吸入较多没有淤积密实形成新淤土的近底高浓度泥沙时，显然会人为提高航道内泥沙的沉降概率，导致疏浚条件下航道淤积的沉降概率和近底层泥沙浓度之间存在密切的相关关系。

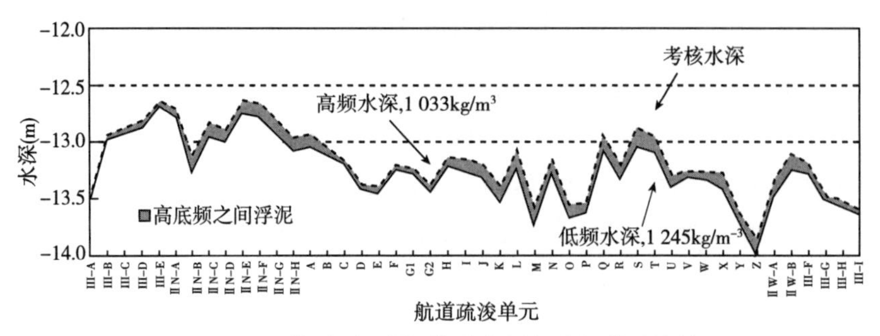

图 7-13　枯季（2 月）航道高低频水深差异比较

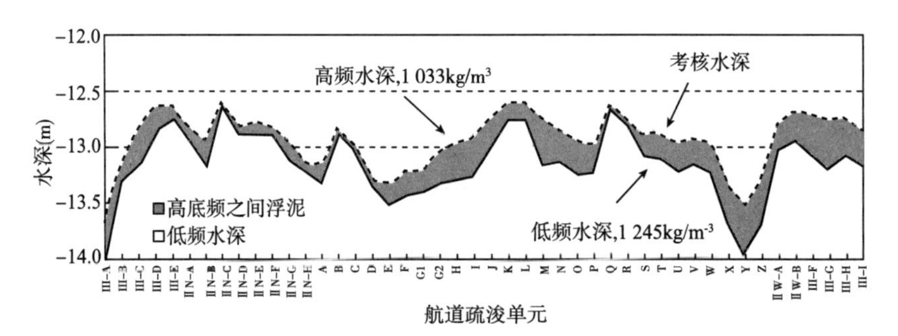

图 7-14　洪季（8 月）航道高低频水深差异比较

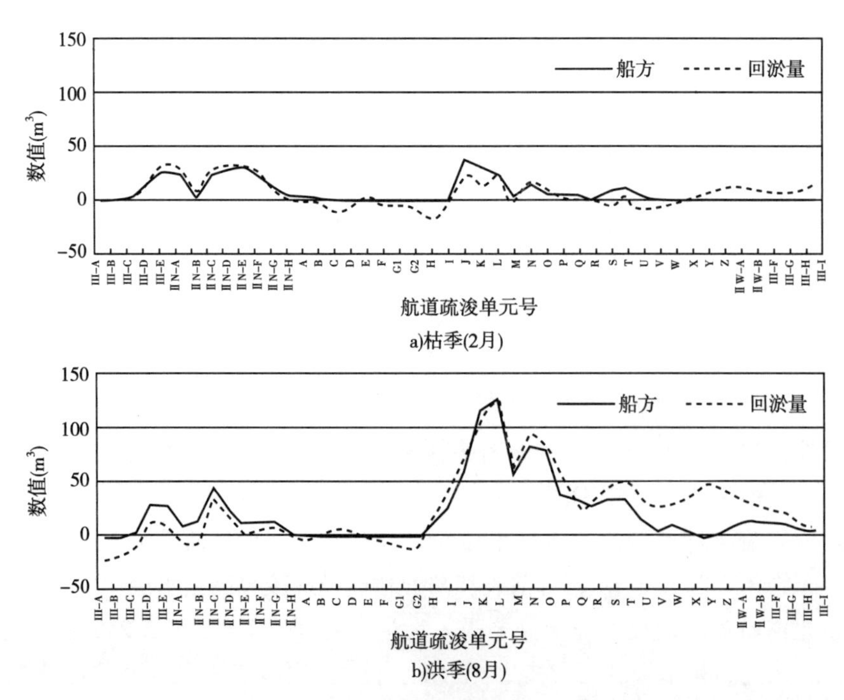

图 7-15　疏浚船舶方量和航道回淤量比较

根据图 7-11 可建立平均沉降概率$\overline{\alpha}$与底层平均含沙量的经验关系，拟合关系表述如下：

$$\overline{\alpha}=0.33\overline{C}_{\mathrm{b}}^{0.33}\qquad(0\leqslant\overline{\alpha}\leqslant1)\tag{7-44}$$

其中满足淤积条件（T_1时段内）的底层平均含沙量计算式如下：

$$\overline{C}_{\mathrm{b}}=\frac{1}{T_1}\int_{0<t<T_1}C_{\mathrm{b}j}\mathrm{d}t\qquad\tau_{\mathrm{b}}<\tau_{\mathrm{d}}\qquad（淤积）\tag{7-45}$$

式中：$C_{\mathrm{b}j}$——j 时刻近底层含沙量。

式（7-44）反映了船舶疏浚条件下近底层含沙浓度和淤积概率关系的一般规律，也表明了 α 不是定值，因而利用式（7-44）的关系假定在淤积时段 T_1 内的任意时刻 j 有相似的关系，即

$$\alpha_j=0.33C_{\mathrm{b}j}^{0.33},\ j=1\cdots t_1\tag{7-46}$$

利用式（7-46）以及式（7-34）～式（7-36）和式（7-39）即可进行航道淤积量的修正计算。分别取 2012 年 8 月和 2 月洪枯季的计算结果和实测值进行比较（图 7-16），计算结果表明洪枯季的计算和实测值都基本吻合，反映了北槽航道洪枯季回淤特征，从而验证了式（7-46）表征的沉降概率和近底层泥沙浓度的特征关系在长江口北槽航道回淤计算中的适用性。

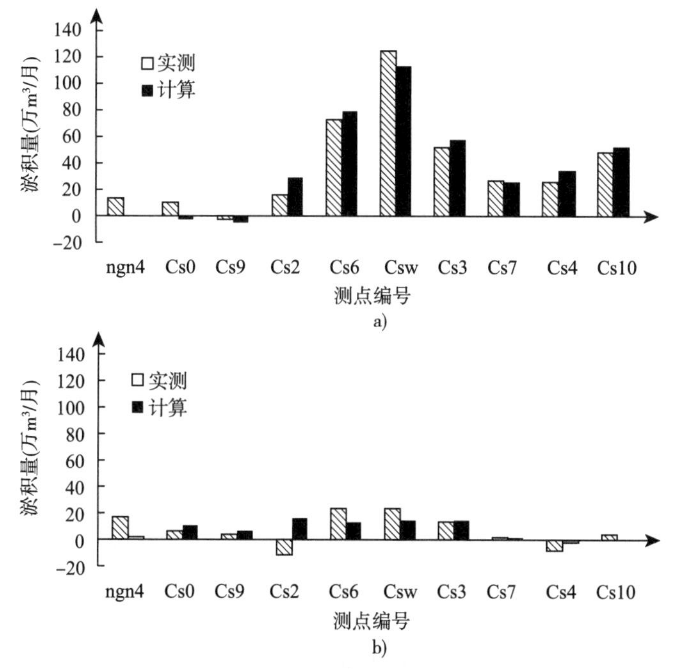

图 7-16　计算与实测航道淤积量的验证比较

以上沉降概率的经验计算式建立在实测航道水文及回淤量基础上。对于航道以外的区域，由于地形基本处于冲淤平衡状态且近底层往往无法形成类似航道内的高浓度泥沙层，因此沉降概率取值接近于枯季冲淤较为平衡的状态，经率定取值为 0.1 ～ 0.2。

7.8.4 临界起动应力的现场率定

2012 年 2 月份在长江口北槽 CSWN 和 CS3N 比对点附近，布设了坐底三脚架观测系统，配备必要的监测仪器，监测了局部地形冲淤变化过程、近底水沙变化过程，尤其是高频水流和泥沙变化过程。根据现场观测资料，可分析现场泥沙临界起动切应力等现场泥沙特性。

其主要技术路线：根据坐底三角架上的 Nortek AquaPro HR 或 Nortek Vector 可以获取观测区域的床面波动情况，将根据测量得到的有效床面波动过程，并结合同步测量计算得到的水深过程、流速和流向过程、含沙量过程、底部切应力过程等资料，分析观测区域床面冲刷及对应的临界泥沙起动应力值征。其中，底部切应力的计算采用紊动能量法，即 TKE 法（Turbulent Kinetic）Energy，计算如下：

$$\left.\begin{aligned} E &= \frac{u'^2 + v'^2 + w'^2}{2} \\ \tau &= E \cdot c \end{aligned}\right\} \tag{7-47}$$

其中，c 为经验系数，通常取值为 0.19。

典型时刻的近底层剪切应力过程线和河床滩面变化及流速过程线见图 7-17。从图可知，长江口北槽内河床泥沙冲刷起动的临界应力值约为 0.2 ~ 0.4Pa，本模型根据实际含沙量验证结果取值 0.4Pa。

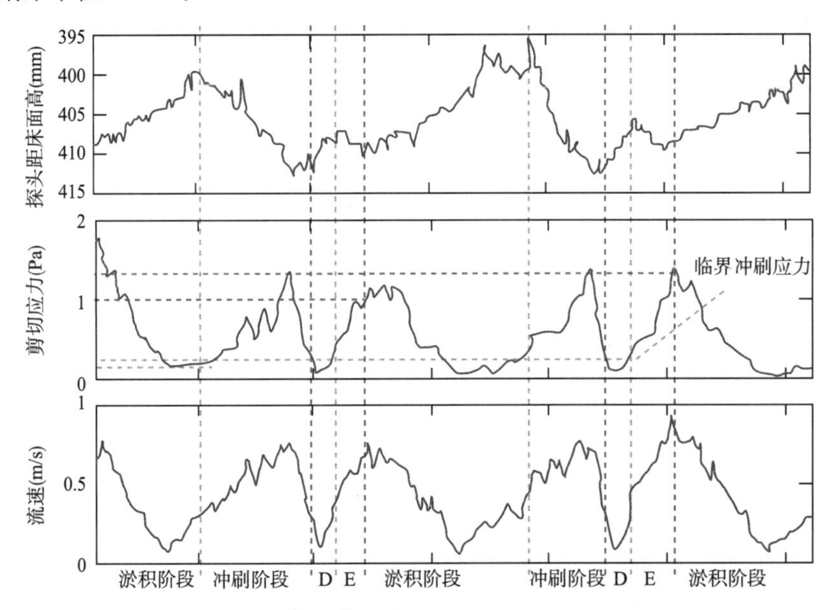

图 7-17 典型时刻的近底层剪切应力过程线和河床滩面变化及流速实测过程线

（其中，探头距离床面距离变大代表床面冲刷）

7.9 计算范围、地形、网格及计算参数

7.9.1 模型计算范围及网格

模型计算范围及网格示意图见图 7-18 ~图 7-20，模型计算网格总数 158 828 个，最

小网格尺度小于 30m，垂线分层为 10 层。

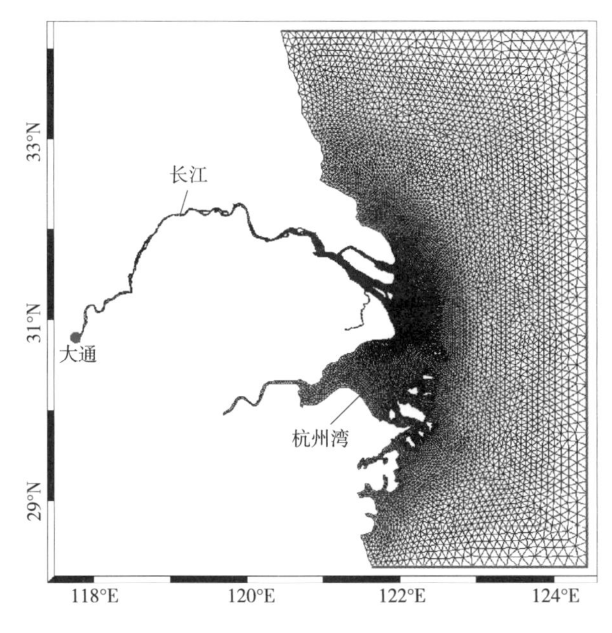

图 7-18　模型水平计算网格示意图

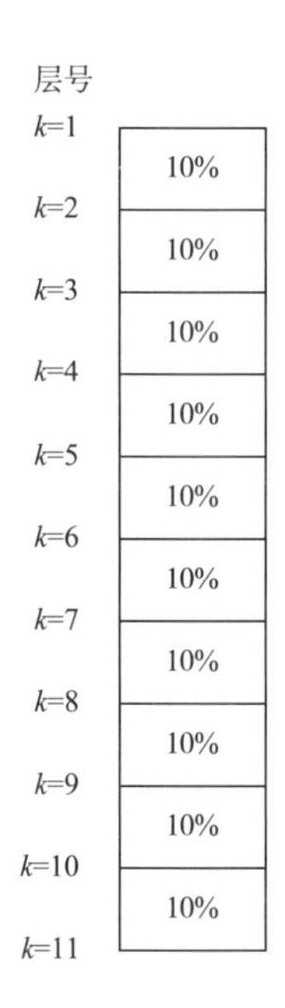

图 7-19　模型垂向计算网格示意图

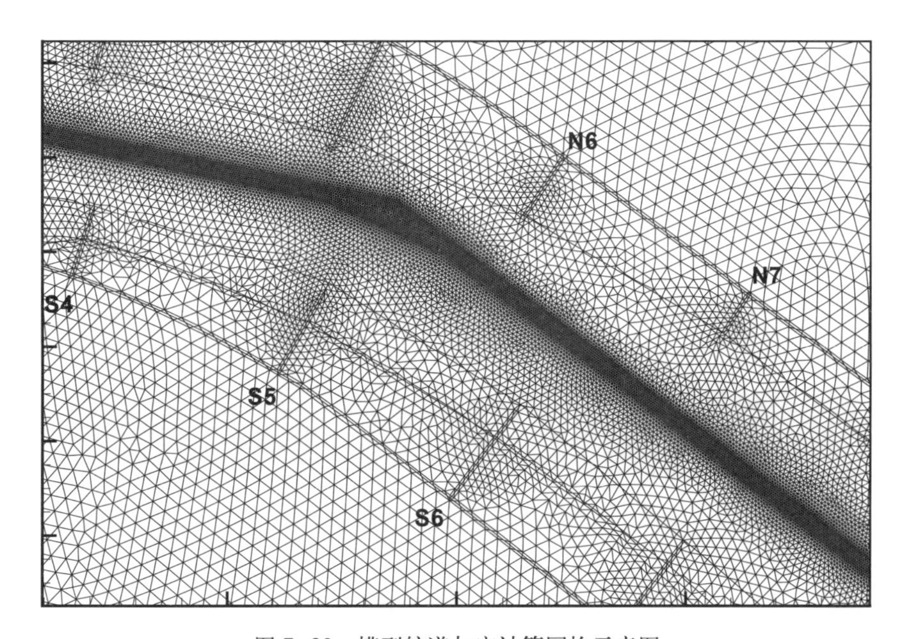

图 7-20　模型航道加密计算网格示意图

7.9.2　计算区域地形

长江口南港河段、北槽河段在方案计算时采用 2013 年 5 月实测水下地形资料，在水文资料验证时采用对应 2012 年 2 月、8 月地形资料。

8 长江口三维潮流泥沙数学模型验证

长江口三维潮流泥沙数学模型分三个阶段，首先对具有理论分析解的数值问题进行验证，其次对经典的机理试验成果进行验证，最后对研究区域的现场水文资料进行验证。前两个阶段验证目的是保证模型开发的算法是准确的。第三个阶段现场水文资料验证目的是保证模型选择的参数符合长江口现场水沙盐的特点。

8.1 数值试验验证

8.1.1 恒定均匀流数值机理试验

水流数值试验采用 Warner 等人提出的明渠流算例，其主要参数为：

(1) 模型计算区域为一矩形区域，长 10 000m，宽 1 000m，模型的网格划分如图 8-1 所示，分辨率约为 50m，垂向采用等间隔 σ 分层，分隔间隔为 0.1；

(2) 河床底面粗糙高度 k_s=0.005m，河床底面比降 $s=4\times10^{-5}$；

(3) 进口给定单宽流量为 $10m^2/s$，出口控制水深为 10m。

解析解得到水深 H=10m，沿水深平均的水平纵向流速 U=1m/s。在上述进出口边界条件下，在上游边界允许表面波自由传播，且上下游边界不对动量的传播构成约束。

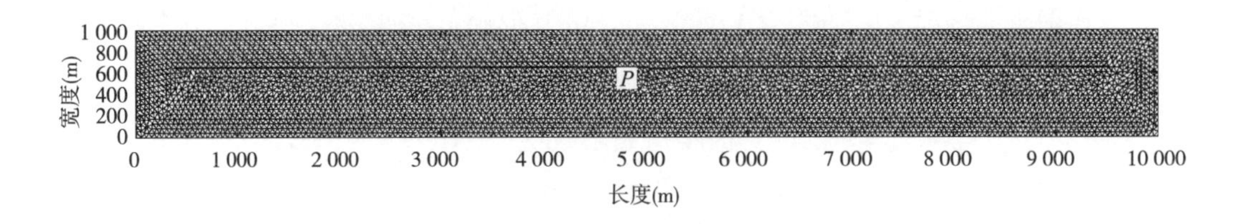

图 8-1 模型网格分布图

根据 Warner 等人的论述，对于上述规则的明渠流动，其流速特点基本满足均匀流特征，流速分布满足对数分布。其解析解通常可通过规定一种抛物线形的涡黏性系数 K_M 的垂线分布得到：

$$K_M=\kappa u^* h\left(1-\frac{h}{H}\right) \tag{8-1}$$

其中，h 为水流质点离床面的距离，H 为水深。将流速的对数分布公式 $\frac{u}{u^*}=\frac{1}{\kappa}\ln(h/k_s)$ 代入水深平均流速公式 $U=\frac{1}{H}\int_{k_s}^{H}u(h)\mathrm{d}h$ 并积分，可得摩阻流速 u^* 为：

$$u^*=\frac{\kappa U}{\ln\frac{H}{k_s}-1+\frac{k_s}{H}} \tag{8-2}$$

进而可推得该试验下解析的垂向流速分布。

数值试验分别采用时间步长为 5s、10s、15s、30s、100s 五组数值试验进行分析比较。模型输出点位置见图 8-1 中红色标点。图 8-2 为水平垂线流速分布结果对比图。从计算结果可以看出：试验中模型不同时间步长下计算结果彼此差异不大，模型垂向流速分布与实际解析结果非常接近。

8.1.2 盐度的数值机理试验

为了验证盐度模型的正确性，本书采用一维定常盐水入侵模型进行测试，模型示意图见图 8-3。其基本控制方程为：

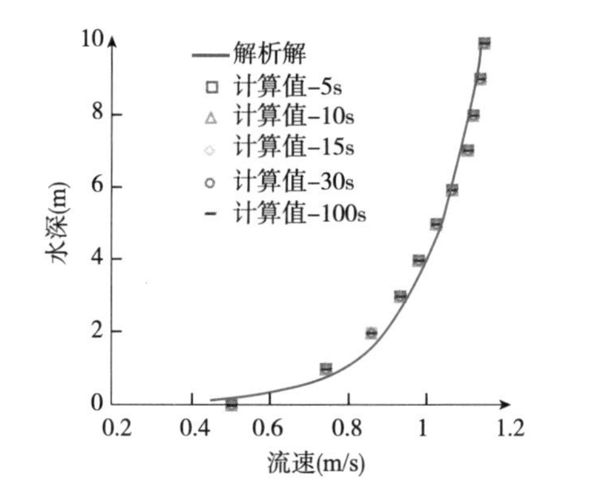

图 8-2 垂向计算结果对比图

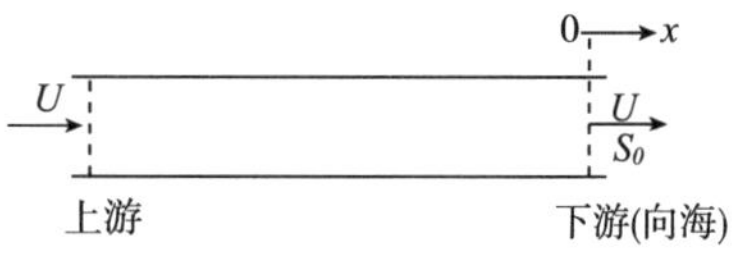

图 8-3 一维盐水入侵模型示意图

$$U\frac{\partial S}{\partial x}=D\frac{\partial^2 S}{\partial x^2} \tag{8-3}$$

边界条件为：

$$\begin{cases}S=0 & x=-\infty\\ S=S_0 & x\geqslant 0\end{cases}$$

模型理论解为：

$$\begin{cases}S=S_0\exp\left(\frac{Ux}{D}\right) & x\leqslant 0\\ S=S_0 & x>0\end{cases}$$

式中：S——盐度；

U——定常流速；

D——x 方向扩散系数；

S_0——外边界盐度。

为了验证三维物质输运数学模型的正确性，对上述一维盐水入侵方程和边界条件进行数值求解。模型中取 U=0.03m/s，D=30.0m²/s，S_0=30.0‰，计算域为 12km×1km，水深为 10m，网格块数为 1，网格几何步长为 200m×100m，网格有限体数为 60×10，垂线分层 10 层。计算中分别考虑一阶迎风和二阶迎风格式，其中二阶迎风格式的计算结果与理论解的比较见图 8-4，计算不考虑盐度斜压力。

由图 8-4 中可以看出，模型中计算的结果与理论解拟合非常好，证明建立的物质输运计算模型是正确的。模型中采用二阶迎风格式可以很好地处理物质输运方程中的对流输运。

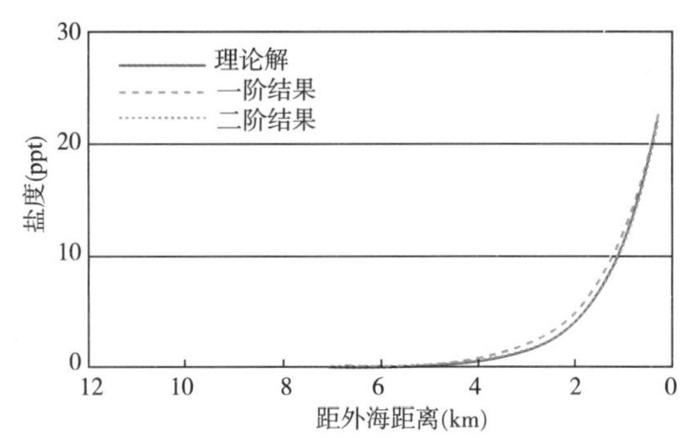

图 8-4　盐水入侵模型计算结果和理论解的比较

8.1.3　泥沙数值机理试验

泥沙数值试验可得到净冲刷条件下的水槽实测泥沙浓度分布资料，对模型模拟泥沙运动的精度进行检验。

van Rijn 在 1981 年进行了清水冲刷松散泥沙床面的水槽试验，试验情形如图 8-5 所示。床面的泥沙颗粒在水流作用下上扬直至形成稳定的泥沙浓度分布。

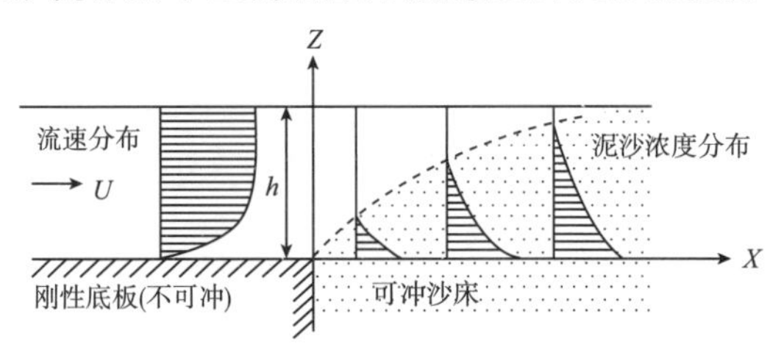

图 8-5　清水冲刷床面试验的示意图

试验水槽长约为 30m，宽约为 0.5m，高为 0.7m，试验水深为 0.25m，水深平均流速为 0.67m/s，泥沙颗粒的 d_{50}=0.23mm、d_{90}=0.32mm。在本次模型的验证计算中，一般代表粒径取 d_{50}，相应的沉速约为 0.022m/s，床面粗糙高度 k_s=0.01m。

数值试验计算区域为整个水槽范围，前 10m 设置为刚性底板即不可冲刷，其后部分设置为松散泥沙床面。在进口给定流量边界条件并使流速在垂线上服从对数分布，含沙量设为 0；在出口给定水位边界条件，并设含沙量的水平梯度为 0。选用 0 阶紊流闭合方式计算涡黏性系数，近底泥沙源汇项由切应力公式计算。垂向分为 12 层，时间步长

Δt=0.5s。计算稳定后，对距离冲刷起点不同位置处的含沙量垂线分布的计算值与实测值进行比较，由图 8-6 可见，二者吻合较好。

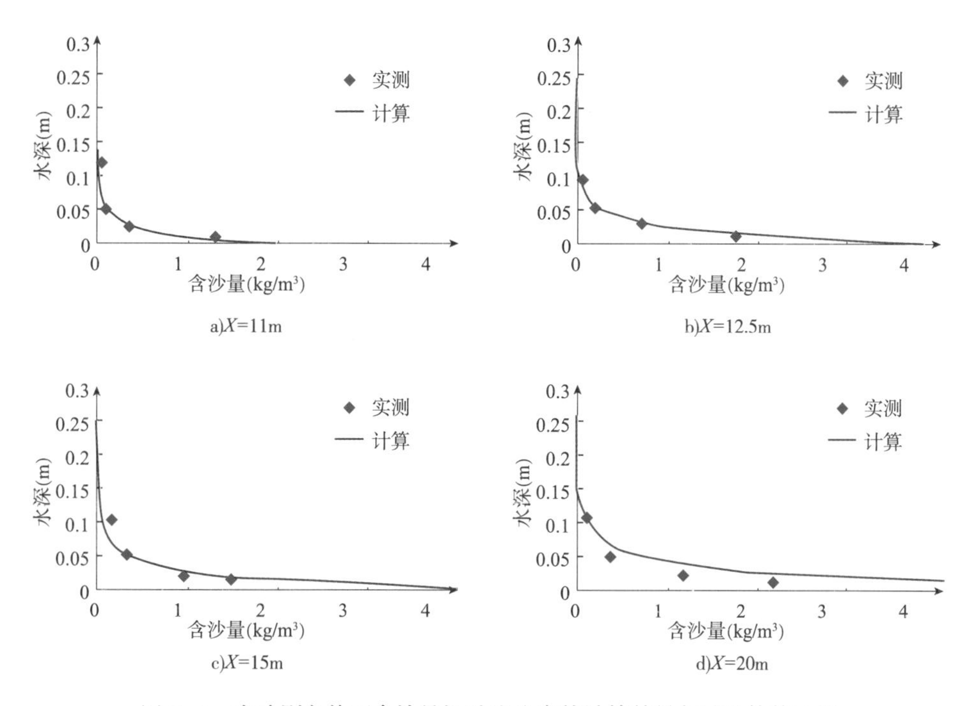

图 8-6 净冲刷条件下含沙量沿垂线分布的计算结果与试验值的比较

8.2 长江口固定测点水文资料验证

长江口固定测点水文资料验证选取 2012 年 8 月洪季水文测量资料。其中潮位测站位置、固定水文测点位置参见附录 A，潮位、流速、含沙量及盐度验证参见附录 B。

从模型验证成果来看，计算结果符合《海岸与河口潮流泥沙模拟技术规程》(JTS/T 231-2—2010) 精度控制要求，可以进行满足工程应用的要求。

8.3 长江口北槽水动力分布特征验证

8.3.1 北槽航道近底层流速沿程分布特征模拟和验证

由于北槽航道的水动力三维特征明显，尤其是近底层水动力对于航道的淤积有直接密切的关系。图 8-7 为南港—北槽航道沿程底层落潮、涨潮流速分布模型计算值与实测值对比图。从实测资料来看，北槽中段的近底层落急流速较南港圆圆沙段及北槽下游出口段大。因此，仅就落潮流速来看，北槽水动力条件较南港圆圆沙段强。

从计算和实测资料比较分布来看，模型计算值与现场实测值吻合良好，说明模型可以较好地反映南港—北槽深水航道沿程近底层水动力分布特征。

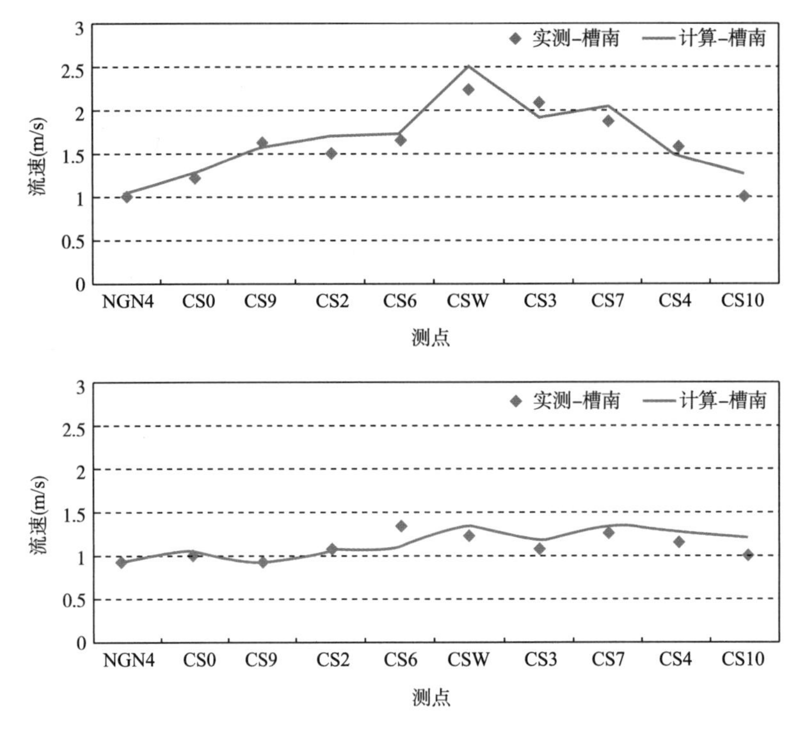

图 8-7　北槽航道沿线近底层涨落急流速计算和实测比较

8.3.2　北槽航道沿线平均流速垂线分布特征模拟和验证

图 8-8 为南港—北槽航道南侧沿程选取的 3 个典型测点位置的大潮期平均流速垂线分布计算值与现场实测值对比图（位置参见附录 A）。从图中可以看出，涨落潮流速表层流速均大于底层流速，北槽中下段受盐度入侵等影响，垂线表底层差异大于南港—圆圆沙段航道流速，模型计算垂线分布特征与现场实测基本一致。

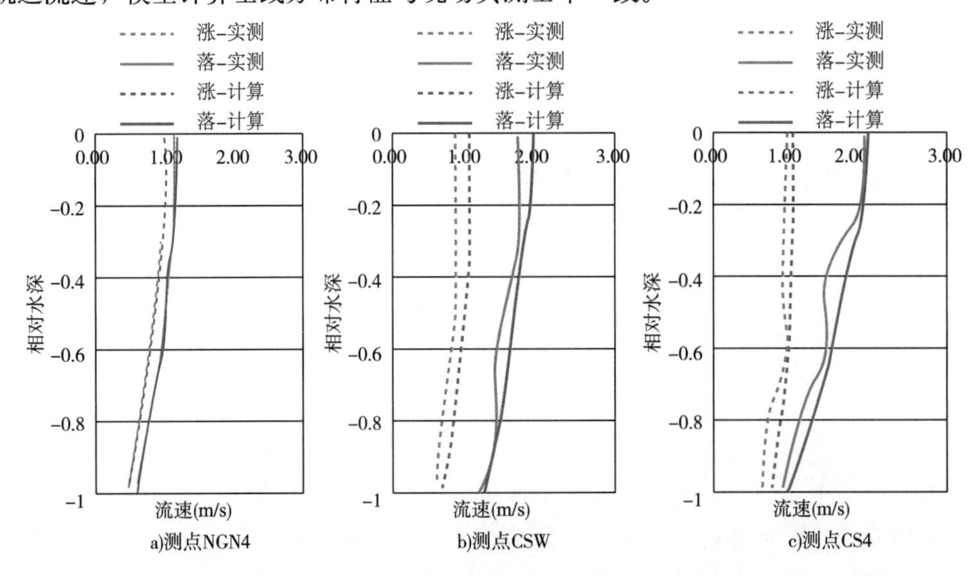

图 8-8　北槽航道沿线平均流速垂线分布计算和实测比较

8.3.3 北槽航道垂线余流分布特征模拟和验证

从实测资料来看，南港—北槽沿程均呈较明显的落潮优势，但在北槽中下段纵剖面存在明显的垂向环流结构，底层水沙输运能力相对上段明显减弱。为了验证数学模型对水沙输运特征的模拟能力，研究人员进行了实测水文测点垂线余流分布及计算结果的比较。2012 年洪季大潮的北槽航道沿线的垂线余流分布及计算图参见图 8-9，验证结果和实测资料基本接近，北槽中上段的余流垂线分布相对较为均匀，北槽中下段的余流垂线分布出现相对较为明显的表底层差异。

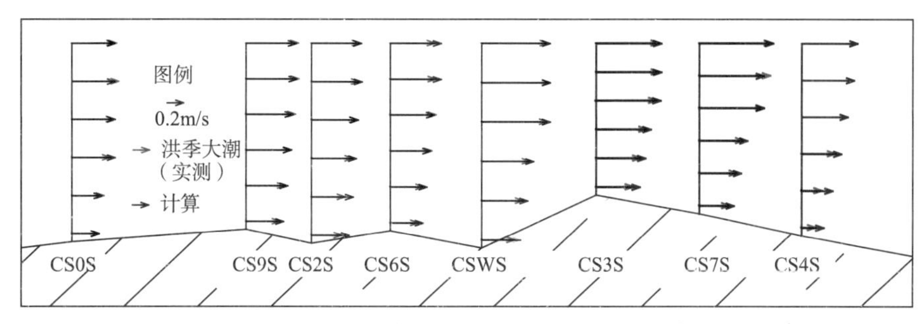

图 8-9 实测水文测点垂线余流分布及计算结果比较（2012 年大潮）

8.3.4 北槽航道近底层平均含沙量特征模拟和验证

根据前期分析，从近底含沙量沿程变化来看，南港—北槽含沙量沿程分布呈“中间大、上下游小”的分布态势。总体来看，南港圆圆沙段含沙量小，北槽含沙量相对较大，尤其是北槽中段。通过数值模型对该特征进行模拟，以验证模型对于北槽航道沿线近底层泥沙浓度模拟的精度。2012 年洪季大潮期间北槽航道沿线近底层平均含沙量的分布特征及计算与实测的验证比较图见图 8-10。从图可知，模型基本可模拟出北槽中段含沙量高于两端的特征。

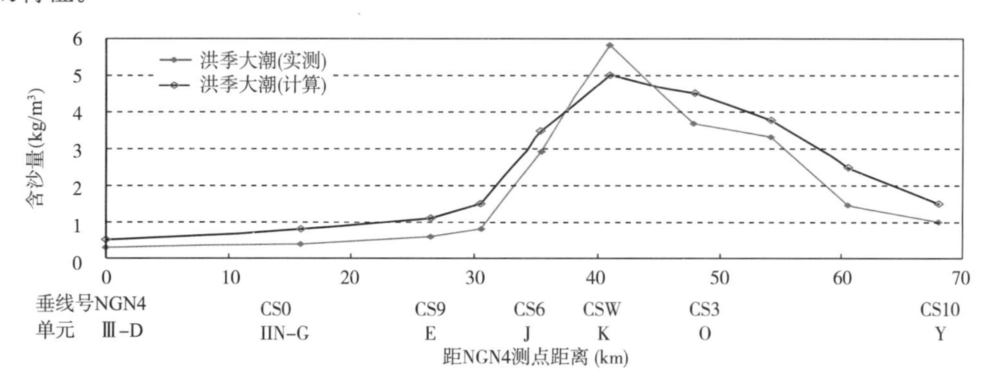

图 8-10 实测水文测点近底层平均含沙量分布及计算结果比较（2012 年大潮）

8.3.5 北槽四个断面通量率定和验证

（1）断面位置和测点设置

北槽通量的现场观测及计算断面布置如图 8-11 所示，图中实心红色点为观测点。根

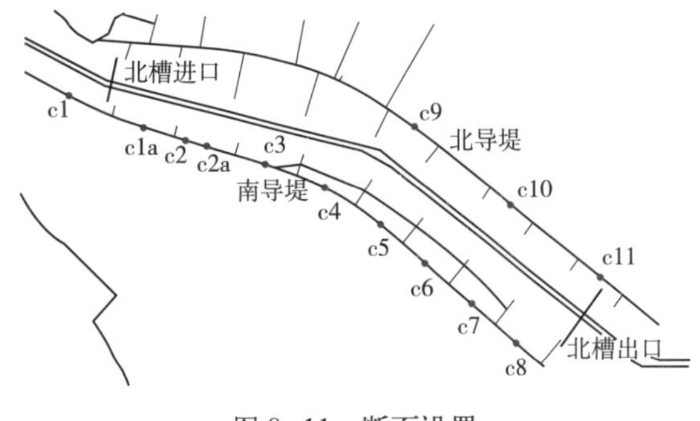

图 8-11 断面设置

据数模计算结果显示，南导堤在涨潮期有大量的水体越堤进入北槽（见附录 C），因此在南导堤布设了 10 个观测点，在北导堤下段布设了 3 个观测点。北槽进口及北槽出口个各布设一条观测断面。通过分析，4 个断面的水沙通量影响北槽含沙量的主要泥沙来源。

（2）2011 年洪季长江口北槽水沙通量率定

取 2011 年实际地形及工程条件下的水文资料，计算洪季大中小潮的潮量和含沙量，并与实测资料进行比较，率定数模计算参数。比较结果如图 8-12 ～图 8-15，潮量及沙量计算结果统计及误差分析见表 8-1、表 8-2。其中小潮的越南导堤水沙微小，且受计算误差在计算精度及测量值精度的影响偏差将偏大，因此分析数据主要以大中潮实测数据为基础。

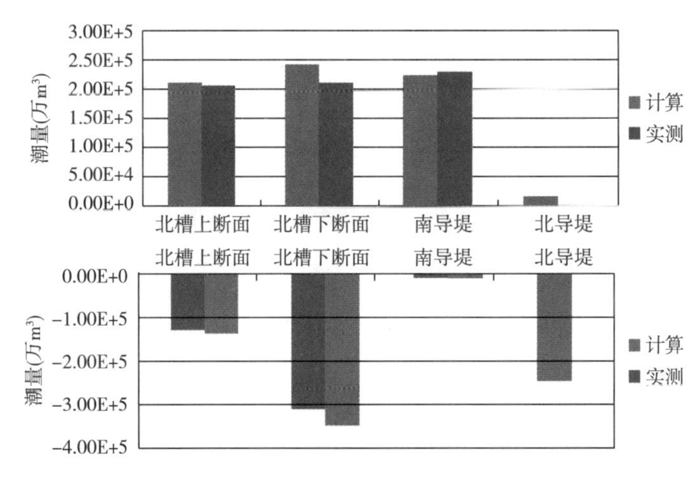

图 8-12 大潮潮量验证（正为进北槽、负为出北槽）

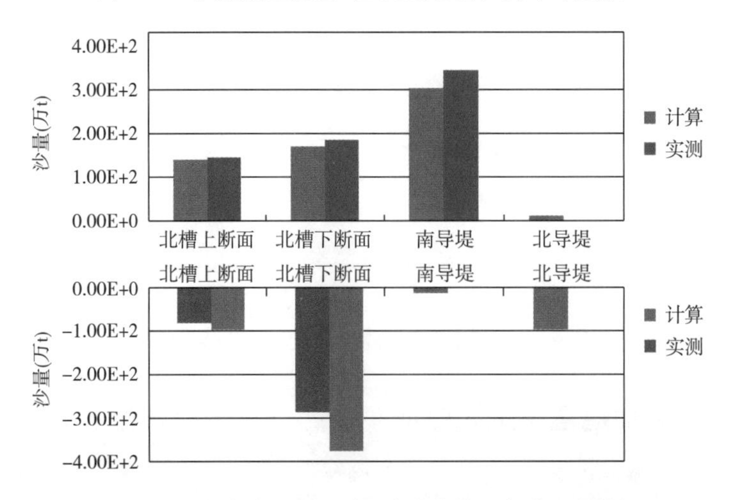

图 8-13 大潮沙量验证（正为进北槽、负为出北槽）

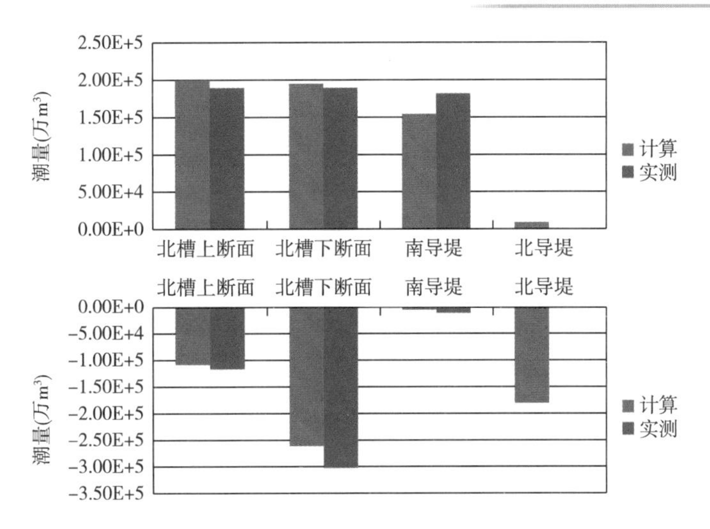

图 8-14 中潮潮量验证（正为进北槽、负为出北槽）

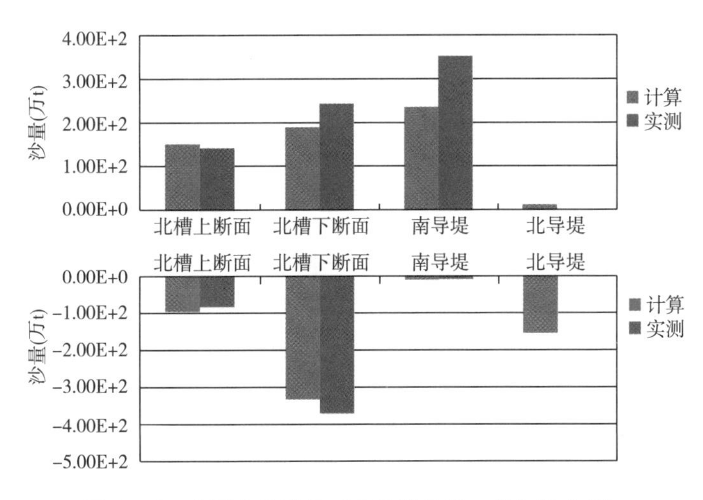

图 8-15 中潮沙量验证（正为进北槽、负为出北槽）

大中潮潮量统计（万 m^3） 表 8-1

说 明	出 水 量	进 水 量	合 计	出水量误差	进水量误差
大潮	-6.26E+5	6.25E+5	-9.21E+2	2.90%	2.90%
中潮	-5.70E+5	5.68E+5	-1.26E+3	5.46%	0.39%

大中潮沙量统计（万 t） 表 8-2

说 明	出 水 量	进 水 量	合 计	出水量误差	进水量误差
大潮	-7.61E+2	6.38E+2	-1.23E+2	3.16%	-12.23%
中潮	-4.20E+2	5.17E+2	9.70E+1	7.29%	19.90%

（3）2012 年洪季长江口北槽水沙通量验证

2013 年度洪季北槽断面水沙通量验证见图 8-16、图 8-17。

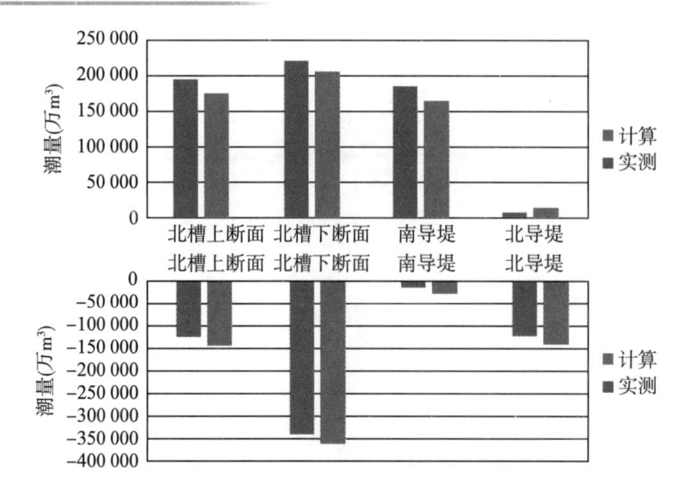

图 8-16　大潮潮量验证（正为进北槽、负为出北槽）

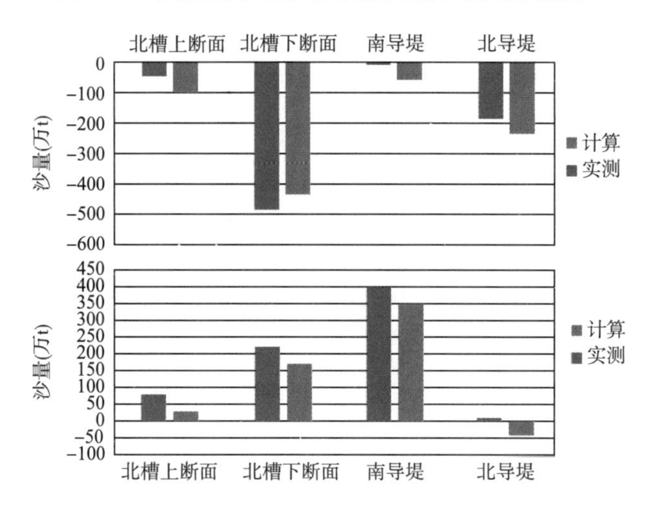

图 8-17　大潮沙量验证（正为进北槽、负为出北槽）

（4）2013 年洪季长江口北槽水沙通量验证

2013 年度洪季北槽断面水沙通量验证见图 8-18 ～图 8-21。

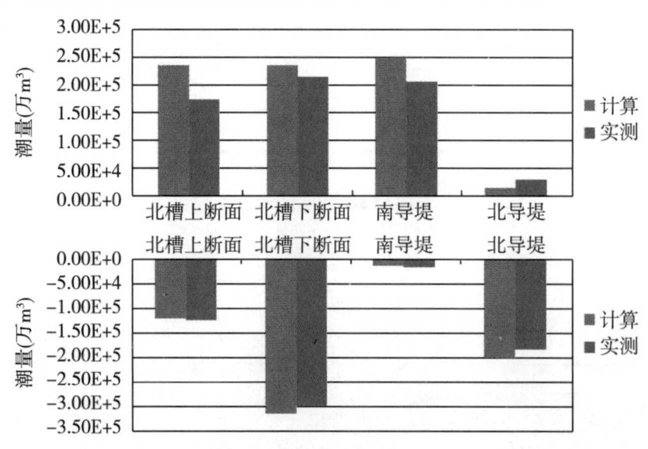

图 8-18　大潮潮量验证（正为进北槽、负为出北槽）

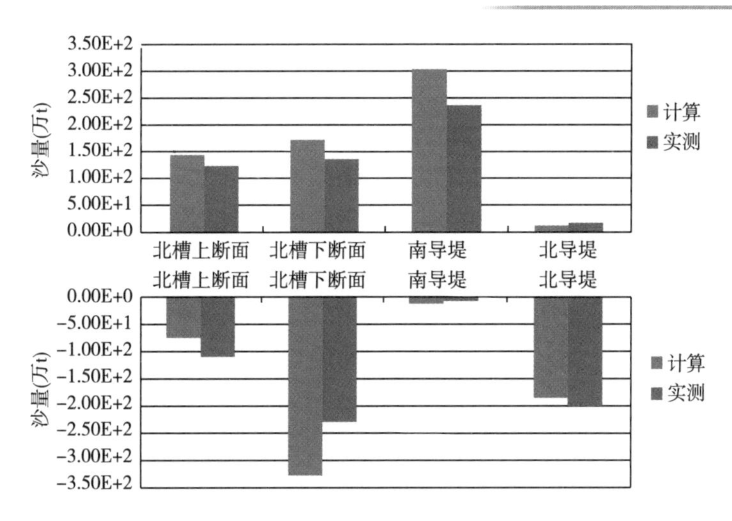

图 8-19 大潮沙量验证（正为进北槽、负为出北槽）

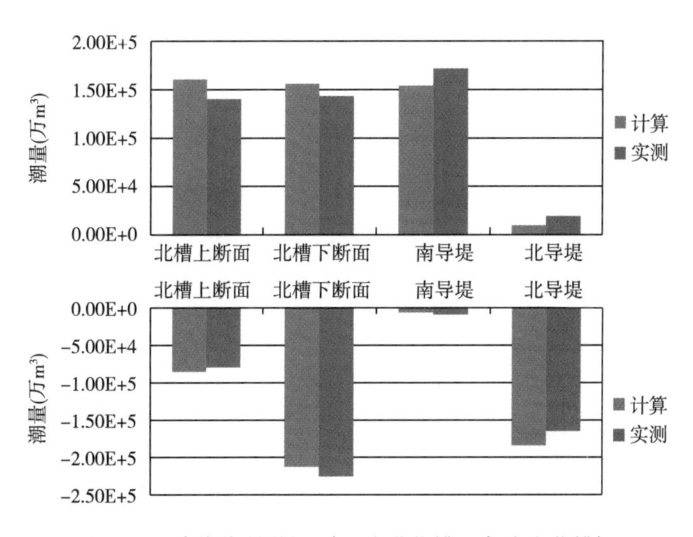

图 8-20 中潮潮量验证（正为进北槽、负为出北槽）

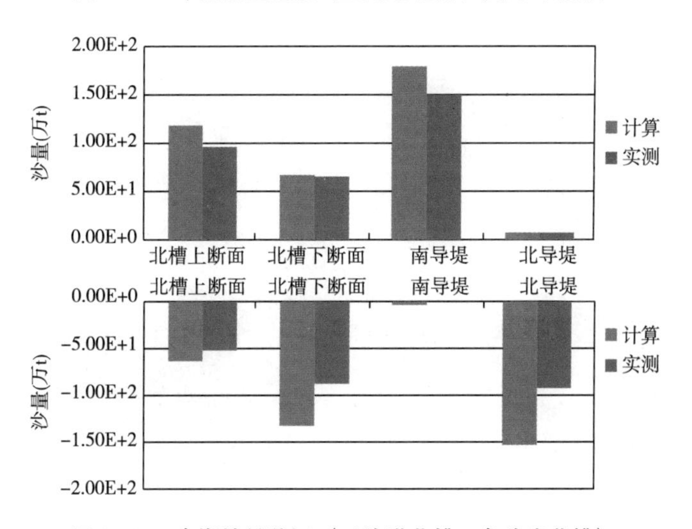

图 8-21 中潮沙量验证（正为进北槽、负为出北槽）

8.3.6 长江口北槽泥沙淤积物理过程特征模拟

前述原因分析中提到，北槽中段易形成近底高含沙量，且出现时段与低流速时段重合，使得北槽回淤集中在中段。为了更好地反演模拟现场水沙运动的这种特征，对北槽内泥沙纵向输运过程中的几个典型时刻的泥沙纵向分布情况进行验证，具体原型实测纵向分布剖面图与模型计算泥沙纵向分布剖面图对比见图 8-22。以洪季大潮为例，由图可以看出：

(a) 涨急时刻，高含沙量区位于 CS3 ~ CS7 附近的北槽中段以下水域，且近底含沙量最大约 4 ~ 5kg/m^3，模型计算位置与实测位置基本相同；

(b) 涨憩时刻，泥沙向上溯积聚至 CS6 ~ CSW 附近的北槽中段转弯处，此时流速与航道夹角较大，且流速低，泥沙易于落淤；

(c) 落急时刻，在水流的带动下，泥沙再悬浮，在 CS7 ~ CS4 附近流速较高，形成高流速区对应下的近底高含沙量区；

(d) 落憩时刻，高含沙量区位于 CSW ~ CS7 附近的北槽中段以下水域。

经过一涨一落的潮周期纵向泥沙输运的模拟，近底高含沙区出现时刻、位置、含沙量大小，模型计算值与原型实测值均一一对应，说明模型可以较好地反映北槽河段拦门沙区水沙输运特征。

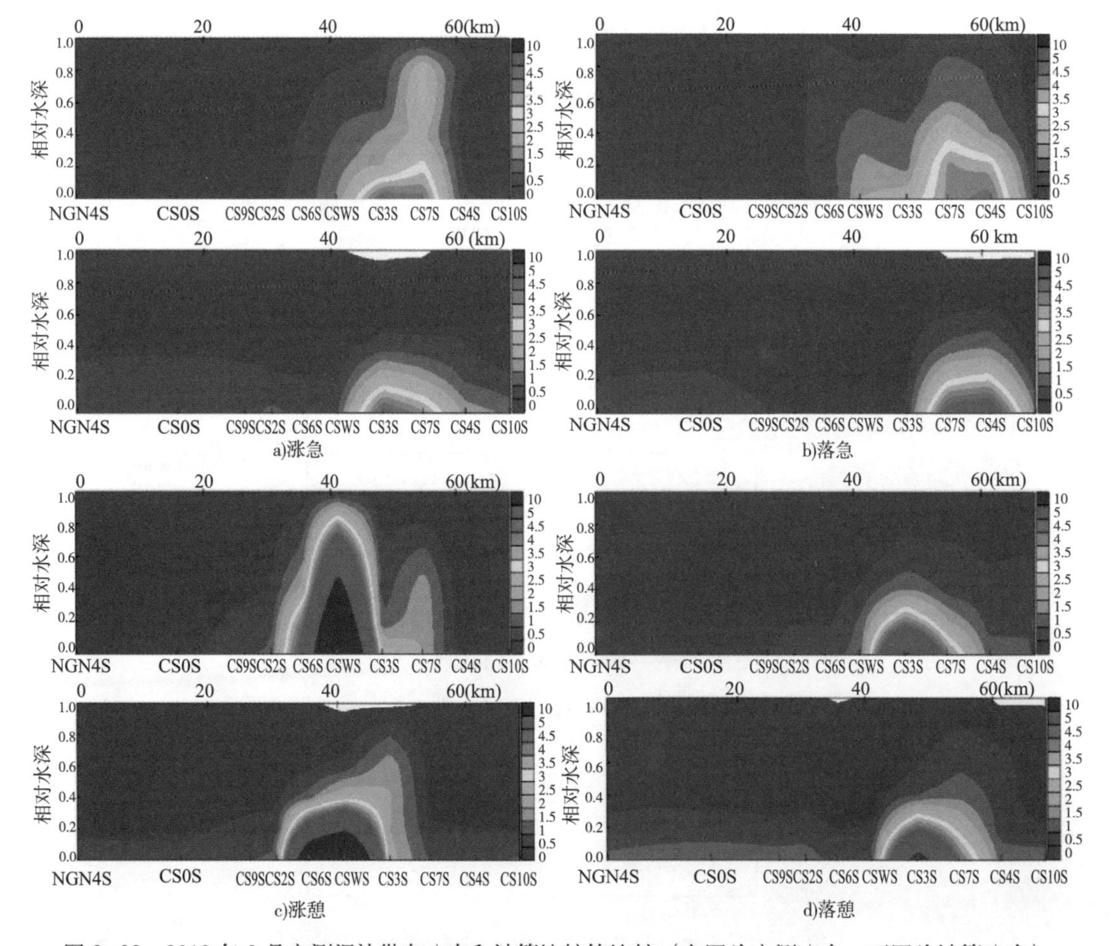

图 8-22 2012 年 8 月实测泥沙纵向分布和计算比较值比较（上图为实测分布，下图为计算分布）

8.3.7 航道淤积量率定和验证

泥沙数学模型航道淤积计算采用洪枯季的概化流量及外海大、中、小潮潮型，实际计算选取计算平衡后的15d（完整的潮周期）的航道淤积量，其值在时间尺度上进行倍乘即分别换算至洪枯季的半年值，最后洪枯季累加可得年回淤值。

水文年的航道淤积计算采用的主要水文条件描述如下：洪季上游概化流量根据多年平均值取为40 000m³/s，下游边界选取2012年8月12 ～27日15d完整的大、中、小潮过程线；枯季上游概化流量取为20 000m³/s，外海边界取2月份对应的大、中、小潮过程线。

数值计算条件的洪枯季主要的差异如下。

①泥沙沉速的差异：根据泥沙沉速公式计算洪枯季的水温、泥沙浓度及盐度差异，导致洪枯季沉速差异最大约为100% ～ 200%。

②流量、潮位边界条件差异：上游流量及外海边界的差异导致的北槽区域的水动力差异，其中上游流量洪季约为枯季的2倍，外海潮位洪季约高于枯季40cm，北槽洪季潮差大于枯季潮差约30cm。

③由洪枯季泥沙沉速差异引起的垂线泥沙浓度分布差异，结合水动力条件差异导致了洪枯季水平泥沙输运能力有别。

（1）2012年洪季航道淤积量率定

洪季航道常态回淤总量及分布验证及计算值见图8-23。

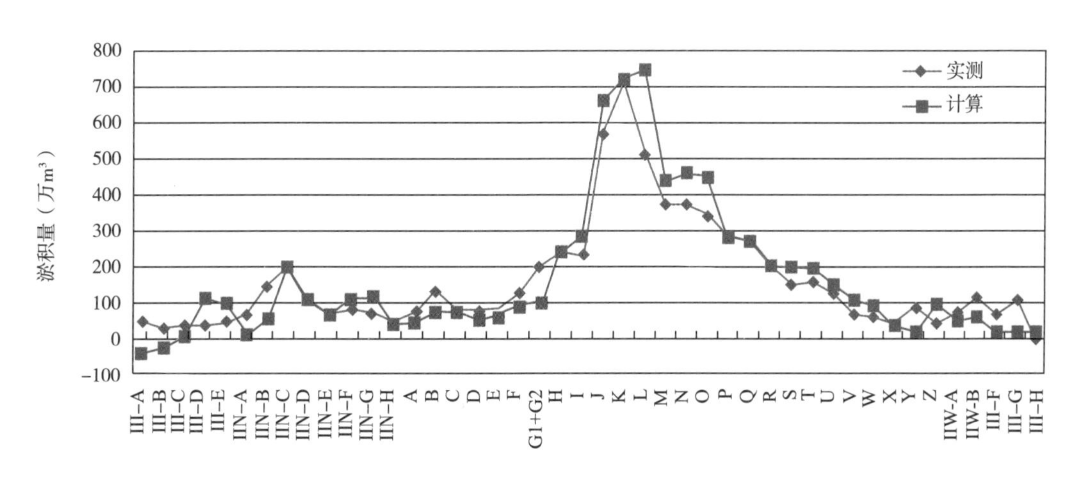

图8-23 洪季航道淤积总量及分布验证（2012年）

（2）2012年枯季航道淤积量率定

枯季航道常态回淤总量及分布验证及计算值见图8-24。

（3）2012年航道淤积量率定

2012年度的航道常态回淤总量及分布率定及计算值见图8-25。其中洪季率定误差约-3.77%，枯季率定误差约-9.65%，年回淤量率定误差-4.84%（表8-3）。

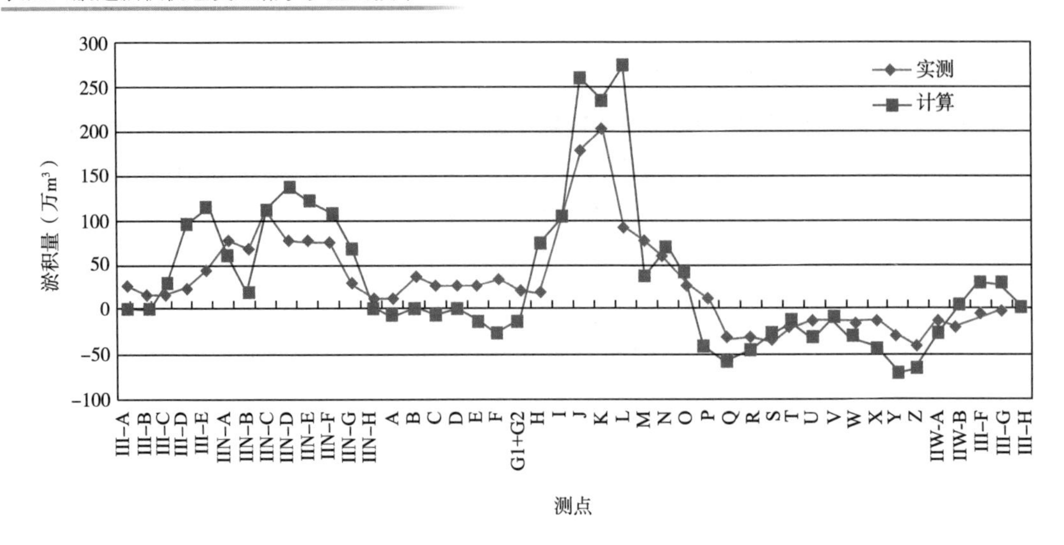

图 8-24　枯季航道淤积总量及分布验证（2012 年）

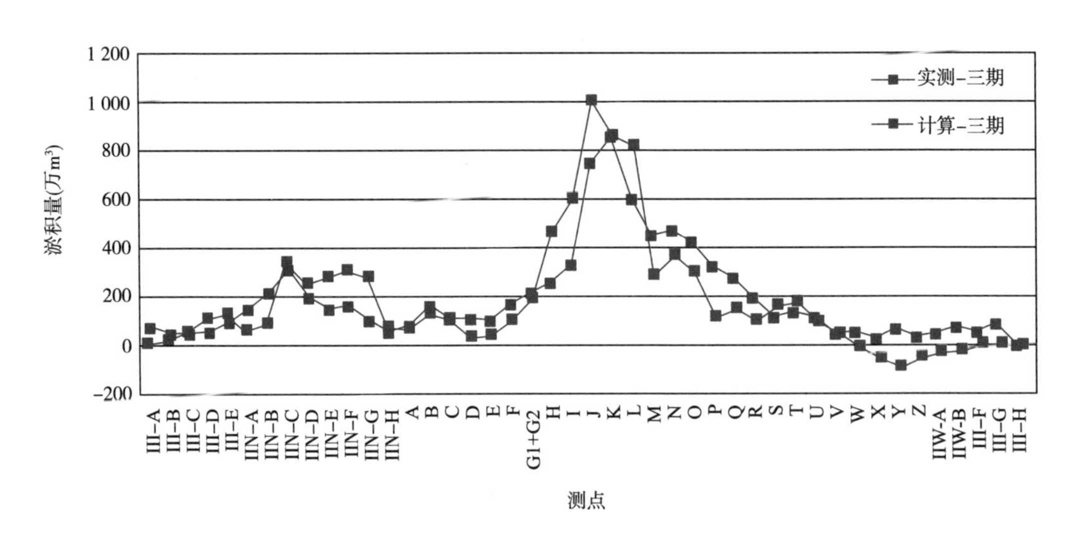

图 8-25　年航道淤积总量及分布率定（2012 年）

率定统计表（万 m³）　　表 8-3

2012 年洪季实测			率　定		
洪　季	枯　季	总　量	洪　季	枯　季	总　量
7048	1559	8606	6782	1408	8190
误差量			−3.77%	−9.65%	−4.84%

（4）2010 和 2011 年航道淤积量验证

在前期验证基础上，对 2010 年及 2011 年度的航道常态回淤量进行进一步验证，验证前期率定选取的参数，计算结果参见图 8-26 和表 8-4。

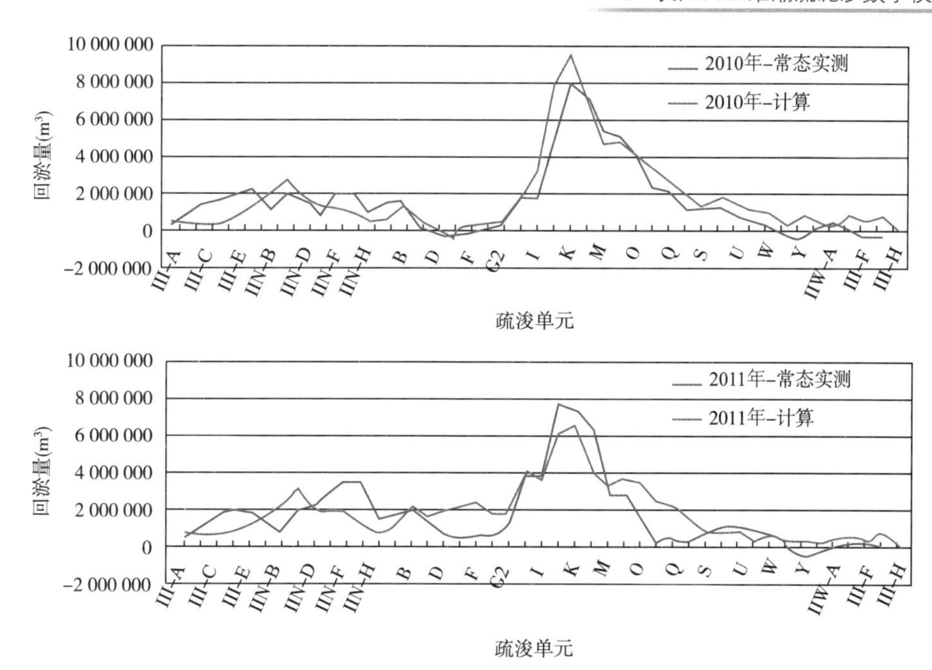

图 8-26 2010 和 2011 年回淤验证比较

2010 年与 2011 年回淤验证比较及误差分析 表 8-4

说明	2010 年常态实测值	2011 年常态实测值	2010 年计算值	2011 年计算值
回淤总量（万 m³）	7 040	7 337	7 768	7 910
误差	—	—	10.34%	7.82%

（5）2013 年度航道淤积量验证

在前期验证基础上，对 2013 年航道常态回淤量进行进一步验证，验证前期率定选取的参数，计算结果见图 8-27 和表 8-5。

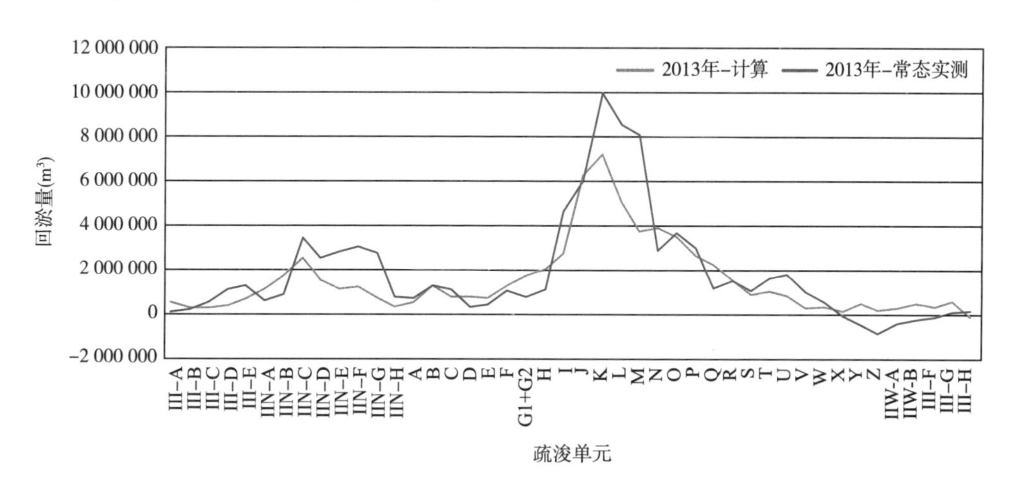

图 8-27 2013 年航道回淤量验证

2013 年回淤验证比较及误差分析 表 8–5

说　　明	2013 年常态实测值	2013 年计算值
回淤总量（万 m^3）	8 106	8 088
误差	—	−0.22%

9 长江口北槽内水沙输移特性分析

9.1 长江口北槽内水体纵向输运能力分析

无论2012年8月还是2012年2月，实测资料分析的余流总体上均呈大潮大、小潮小，表层大、底层小的变化规律，北槽中下段近底层的优势流较小；其中尤其是小潮时北槽中下段底层余流指向上游，表明水体和泥沙从口外净向北槽内（中段）输移（图9-1）。中下段余流的明显减弱和北槽中下段的盐水入侵导致的密度流密切相关。由图分析可知，北槽中下段的纵向输运能力较弱，尤其近底层的输运能力较弱。

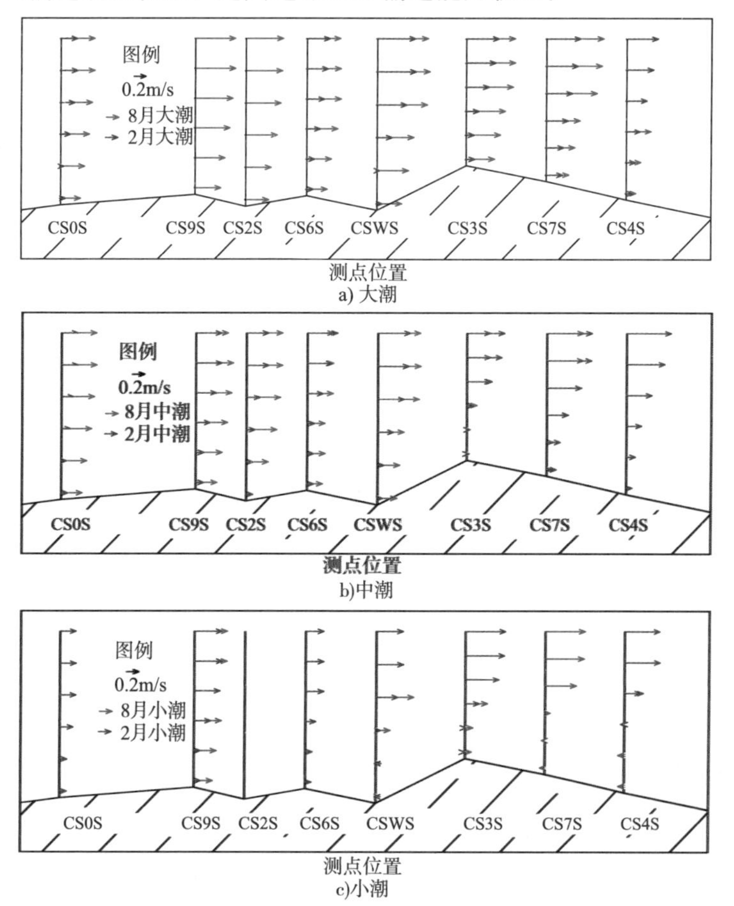

图9-1 实测2012年北槽各垂线余流8月份和2月份对比（平行航道方向）

利用数模对不同工程阶段航道沿程的水动力进行分析，大流量 55 000m³/s 条件下的航道沿程大中小潮 15d 的余流统计值见图 9−2。由图可知，数模计算验证了北槽中下段底层存在净向上输运的水体，不利于该区域近底层泥沙输运出北槽口门外。随着航道增深，这种特征有更加明显的趋势。

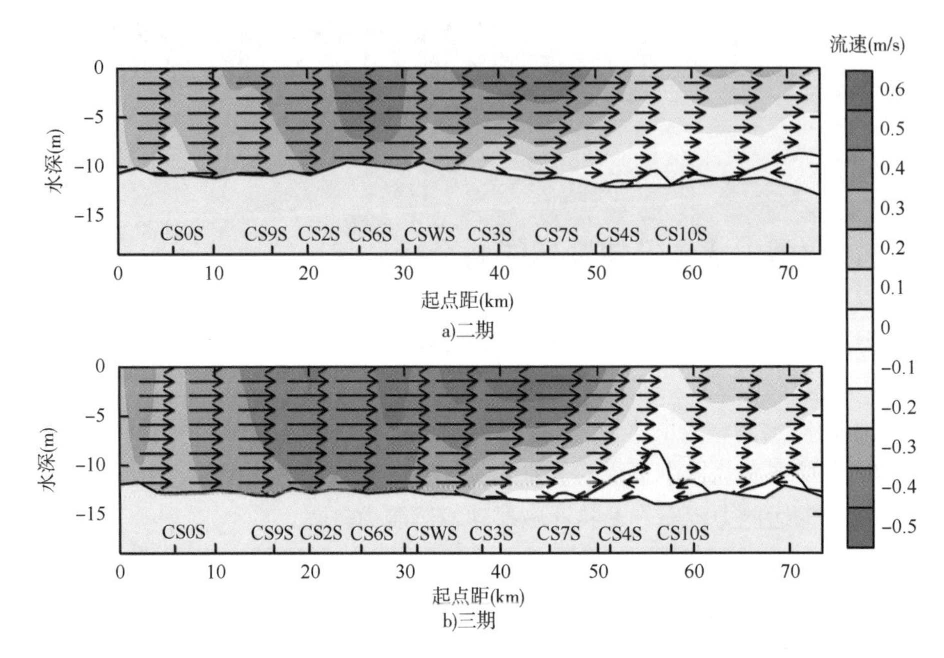

图 9−2　长江口深水航道治理二期和三期工程阶段的沿航道余流分布计算结果

9.2　长江口北槽盐度入侵的斜压力影响分析

河口地区通常盐度梯度影响较为明显，参考 2012 年 8 月实测北槽航中潮平均盐度资料（图 9−3），可以看出盐水上溯形成盐水楔的特征较为明显。

为了分析上述盐水楔可能造成的影响，我们对不同算例进行了计算，分别如下。

9.2.1　算例 1——有无盐度北槽近底流速差异分析

在相同的模型参数设置下，进行考虑与不考虑盐度斜压梯度力对北槽沿程涨落急流速的影响计算，结果见图 9−4。由图可见，盐度斜压梯度力作用下的北槽中下段的表底层流速差异更为明显，即盐度对该区域的垂向流态影响很大，因此在长江口拦门沙段的水流动力模拟中必须要考虑盐度的贡献。

9.2.2　算例 2——盐水入侵的理论试验

在 1 000m × 10 000m 的计算域内，取上游流量和盐度为 0，下游水深 10m 和盐度为 34‰，底坡 i=4/100 000，进行盐度输运扩散计算，以考量盐度斜压作用下的分布特征和水动力影响。计算域、计算条件和计算结果见图 9−5。

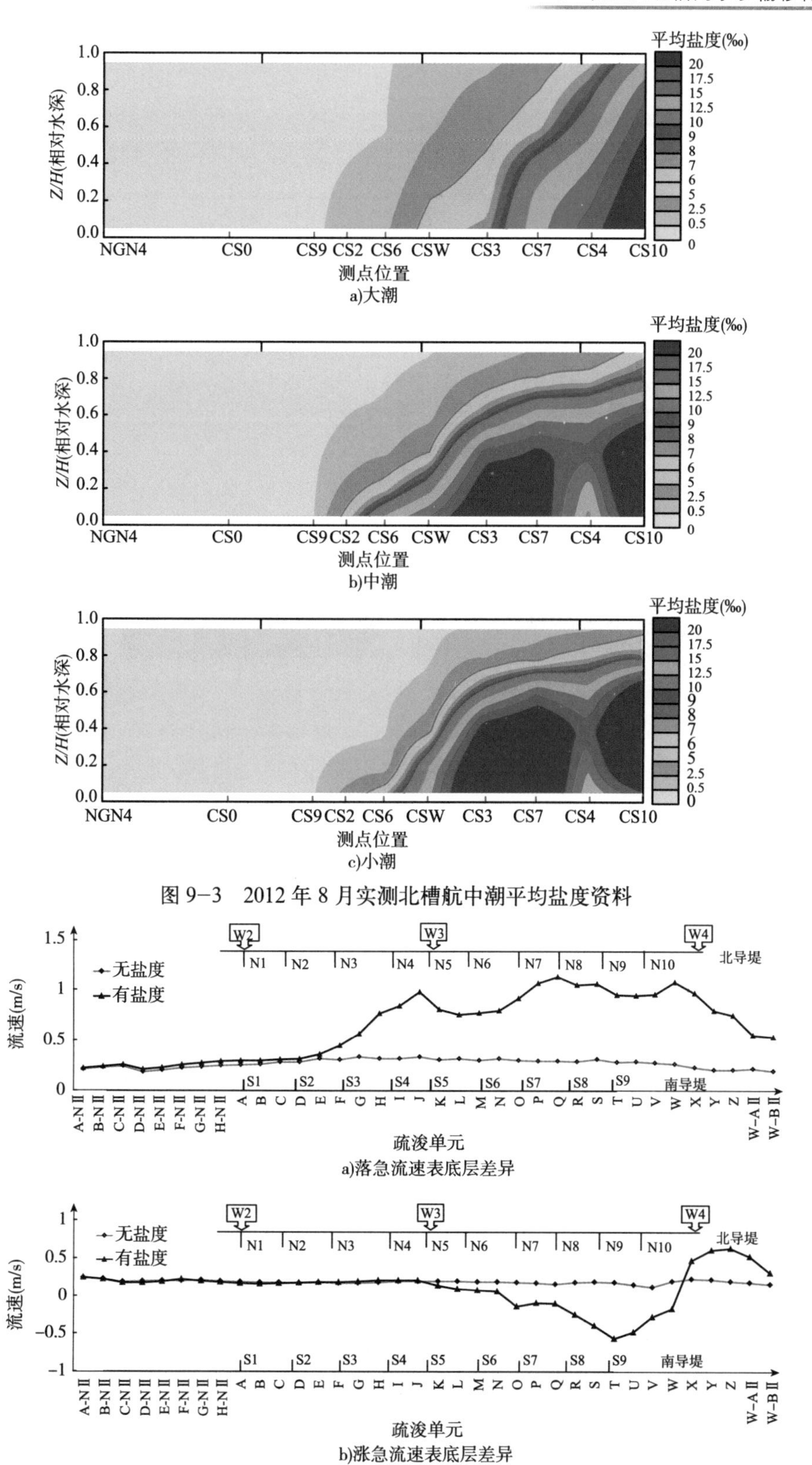

a)大潮

b)中潮

c)小潮

图 9-3 2012 年 8 月实测北槽航中潮平均盐度资料

a)落急流速表底层差异

b)涨急流速表底层差异

图 9-4 考虑与不考虑盐度斜压梯度力对北槽沿程涨落急流速的影响

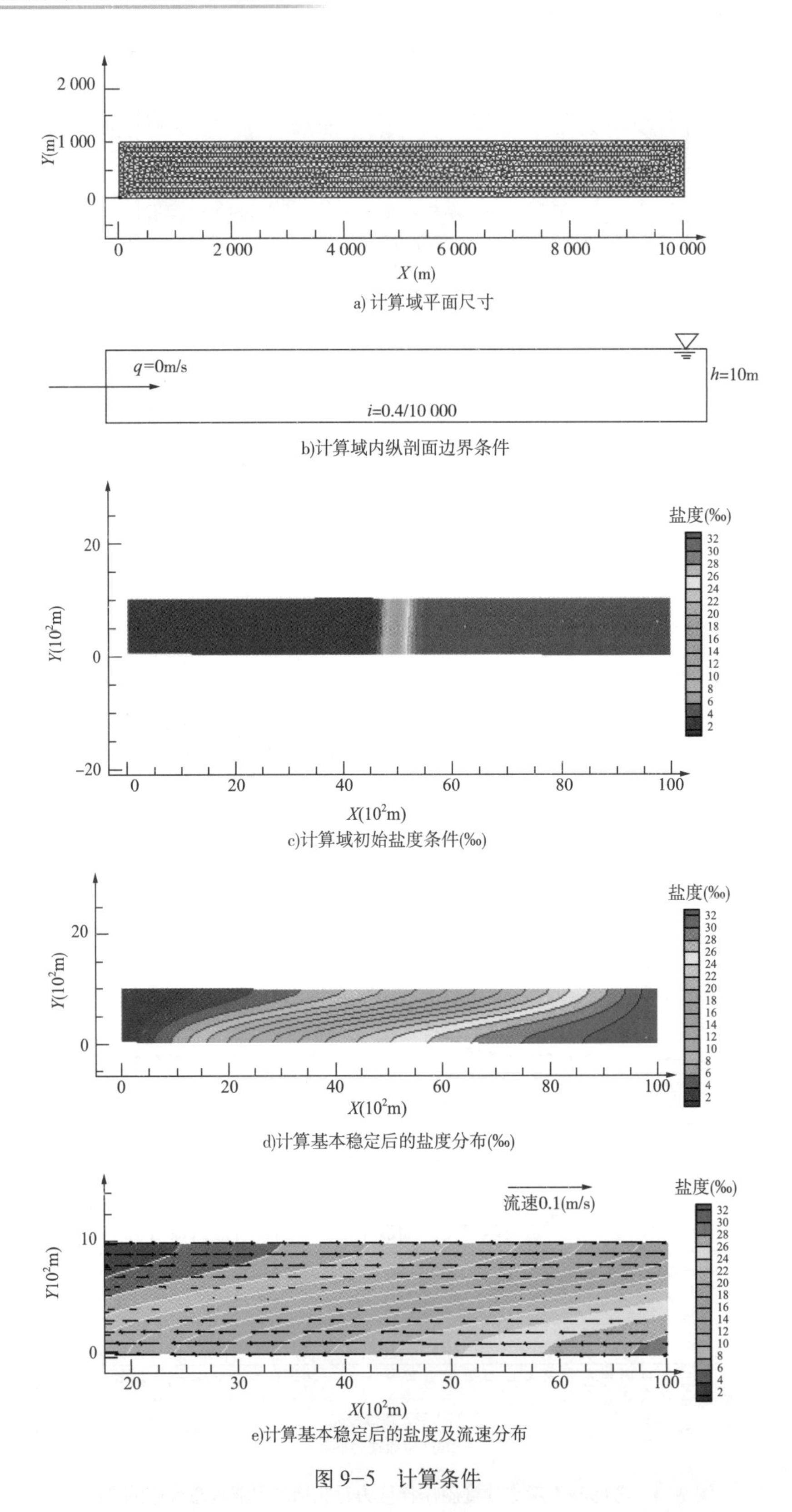

a) 计算域平面尺寸

b)计算域内纵剖面边界条件

c)计算域初始盐度条件(‰)

d)计算基本稳定后的盐度分布(‰)

e)计算基本稳定后的盐度及流速分布

图 9-5 计算条件

从计算结果来看，盐度斜压及扩散作用下，下游盐度能形成较为明显的盐水楔上溯，流速特征表现为底层向上，表层向下；推广至北槽，盐水楔的存在明显会增大落潮流的表底层流速差异，涨潮则反之，从而使得受到盐水楔影响区域的底层泥沙输运能力减弱，即北槽的中下段的泥沙下泄能力受到盐度的影响而减弱。

9.3 长江口北槽近底层泥沙水平输运能力分析

北槽中下段高浓度泥沙输运距离大致在 CS6 和 CS7 之间（2012 年 8 月资料，图 9-6、图 9-7）。根据图 9-8 实测资料显示的近底流速数据，北槽中下段高泥沙浓度区域的平均近底泥沙落潮运动速度约 0.65m/s，以一个大潮落潮输运时间约 8h 计算，一个落潮期的输运距离约 19km。槽内中段底部高浊度无法在一个潮汐过程内完全输运出去。

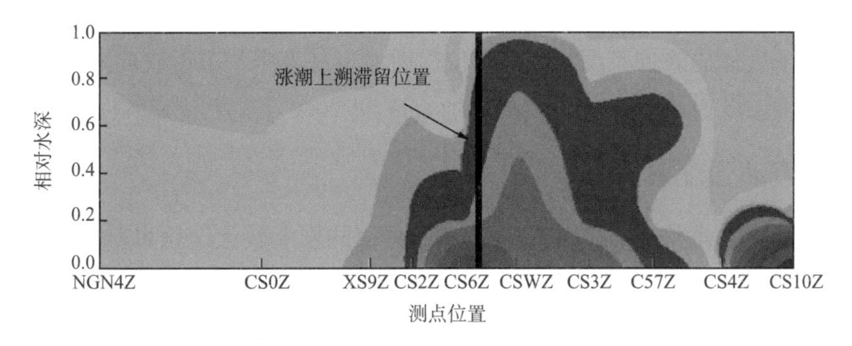

图 9-6 北槽纵向泥沙上溯分布图（2012 年 8 月实测）

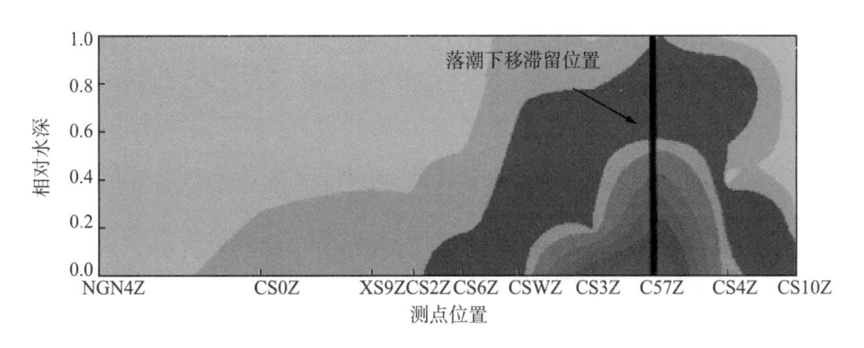

图 9-7 北槽纵向泥沙下移分布图（2012 年 8 月实测）

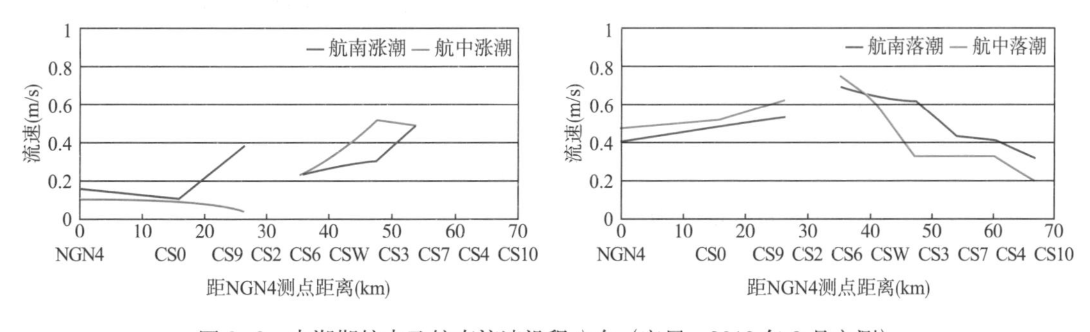

图 9-8 中潮期航中及航南流速沿程分布（底层，2012 年 8 月实测）

9.4 长江口北槽泥沙垂向运动分析

一般平衡状态下的垂线泥沙分布可用式(9−1)简单描述(不考虑水平输运,垂线流速),其中 z 为距离河床底部的距离。

$$\omega c+\varepsilon_{\mathrm{v}}\left.\frac{\mathrm{d}c_{\mathrm{z}}}{\mathrm{d}z}\right|_{z}=0 \tag{9-1}$$

即泥沙的垂线运动包含泥沙的沉降和泥沙的紊动扩散两部分，分别描述如下。

9.4.1 泥沙沉降的影响分析

泥沙的沉速特性参见前述的长江口悬沙室内机理试验结果,从试验结果来看,在 6 ~ 11 月高温和絮凝盐度条件下，北槽中下段的泥沙沉速大于其余月份及纵向其余区域，尤其当泥沙浓度处于 0 ~ 3kg/m^3 时，易于形成贴底高浓度团;而当近底高浓度团大于 8kg/m^3 时，近底由于超高浓度形成的抑制泥沙沉降，使得泥沙不易着床，以近底高浓度泥沙团的形式参与近底泥沙输运过程。

9.4.2 垂线紊动强度差异分析

密度分层导致的垂线紊动的变化对于水沙分层的影响较大，这里对其影响进行估算。当考虑密度分层造成的浮力影响时，Pacanowski 和 Philander 的零方程模型在模拟河口物质输运方面效果较好。该零方程模型中垂向涡黏性系数和物质输运方程垂向扩散系数仅为 Richardson 数(Ri)的函数。Richardson 数定义如下：

$$\mathrm{Ri}=\frac{N^2}{M^2} \tag{9-2}$$

式中：

$$M^2=\left(\frac{\partial u}{\partial z}\right)^2+\left(\frac{\partial v}{\partial z}\right)^2 \tag{9-3}$$

$$N^2=\frac{g}{\rho_0}\frac{\partial\rho}{\partial z},\ \rho=\rho_0+0.78S+0.62C \tag{9-4}$$

这里 S 和 C 分别为盐度和含沙浓度。

该表达式中，M^2 表示水平流速垂向梯度的作用，N^2 的物理含义为密度分层的影响。Richardson 数反映了这两种物理作用的相对强弱。一般认为 $\mathrm{Ri}>0.25$，即会受到明显的制紊层化作用影响。

动量方程中的涡黏性系数 K_{mv} 的计算式为：

$$K_{\mathrm{mv}}=\frac{v_0}{(1+5\mathrm{Ri})^2}+v_{\mathrm{b}} \tag{9-5}$$

物质输运方程中的垂向扩散系数 K_{hv} 为：

$$K_{\mathrm{hv}}=\frac{K_{\mathrm{mv}}}{1+5\mathrm{Ri}}+K_{\mathrm{b}} \tag{9-6}$$

其中，v_0、v_{b}、K_{b} 均为常数，根据 Pacanowski 和 Philander 的建议，它们的取值分

别为 $v_0=5\times10^{-3}m^2/s$、$v_b=10^{-4}m^2/s$、$K_b=10^{-5}m^2/s$。

从式（9-6）可知，当 Ri 无穷大时，制紊最强时物质输运紊动扩散系数取背景值 $10^{-5}m^2/s$，无密度影响时 K_{hv} 值可取约 $5\times10^{-3}m^2/s$，差异可达两个量级以上。

以 2012 年 8 月沿航道实测资料为基础进行计算，可得盐度条件下的物质输运紊动扩散系数值（图 9-9）。从计算结果来看，盐水入侵区域的紊动系数明显减小；以 CS6 为明显的分界（盐水楔位置），其上游紊动基本不受盐度影响，下游侧受到制紊作用强烈，基本可以忽略紊动。

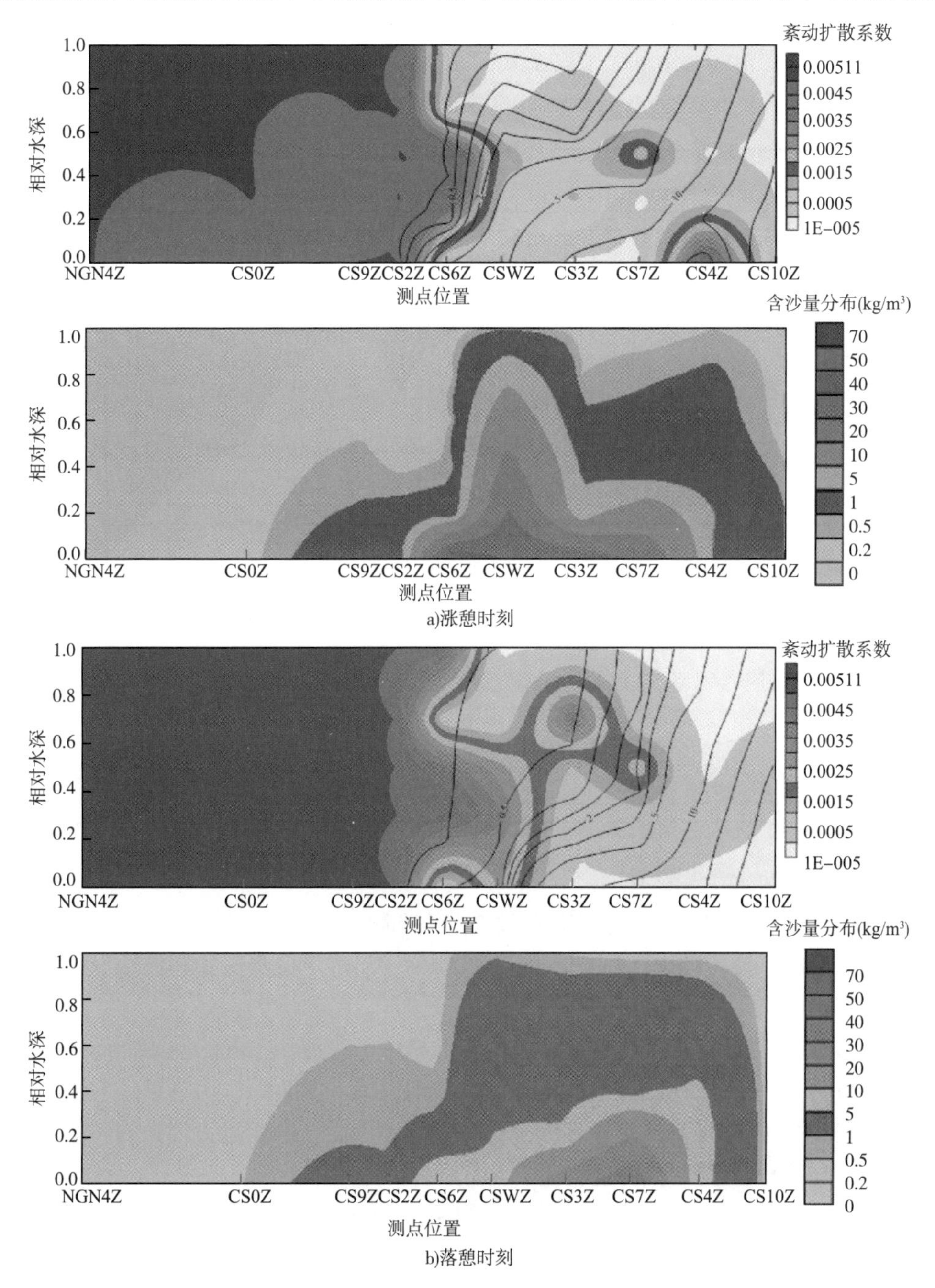

图 9-9 盐度制紊紊动扩散系数计算值与含沙量分布图（上图中实线为盐度等值线）

9.5 盐度斜压力和垂线密度制紊影响的数模分析

为了分析比较盐度斜压力和垂线密度制紊影响，利用模型进行 2012 年 8 月泥沙场和盐度场的计算，并分别与无盐度斜压和无制紊、无制紊两个方案进行比较。取 8 月的 15d 潮周期平均的泥沙和盐度场结果进行比较，见图 9−10、图 9−11。

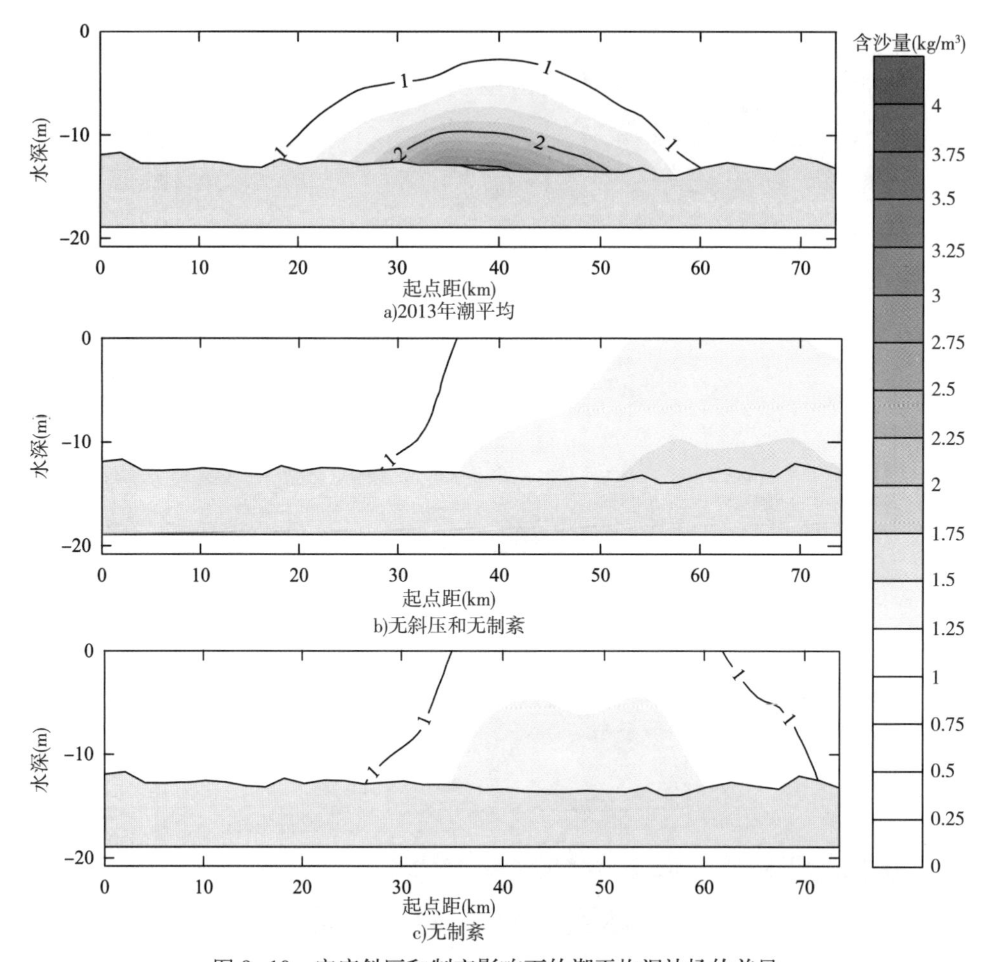

图 9−10 密度斜压和制紊影响下的潮平均泥沙场的差异

从数模计算结果反映来看，斜压力和密度制紊作用对于盐水入侵和近底层泥沙形成有明显作用，是形成高浓度泥沙带的重要原因之一。

其中，密度梯度斜压力明显提高了长江口北槽中下段泥沙上溯的能力，而考虑密度分层制紊的作用，将使得水体的泥沙明显往河床底部汇聚，其共同作用将导致易在北槽中下段底部形成高浓度泥沙层，使得更多的泥沙进入到近底层、上溯能力较强的区域，从而导致泥沙上溯及汇聚到北槽中段的能力得到加强。

盐度场的计算结果也表明，北槽中下段受密度梯度斜压力和密度制紊作用非常明显，其中密度制紊加强了北槽中下段的水沙盐垂线分层的特征，同时也加强了该区域的盐水上溯能力。

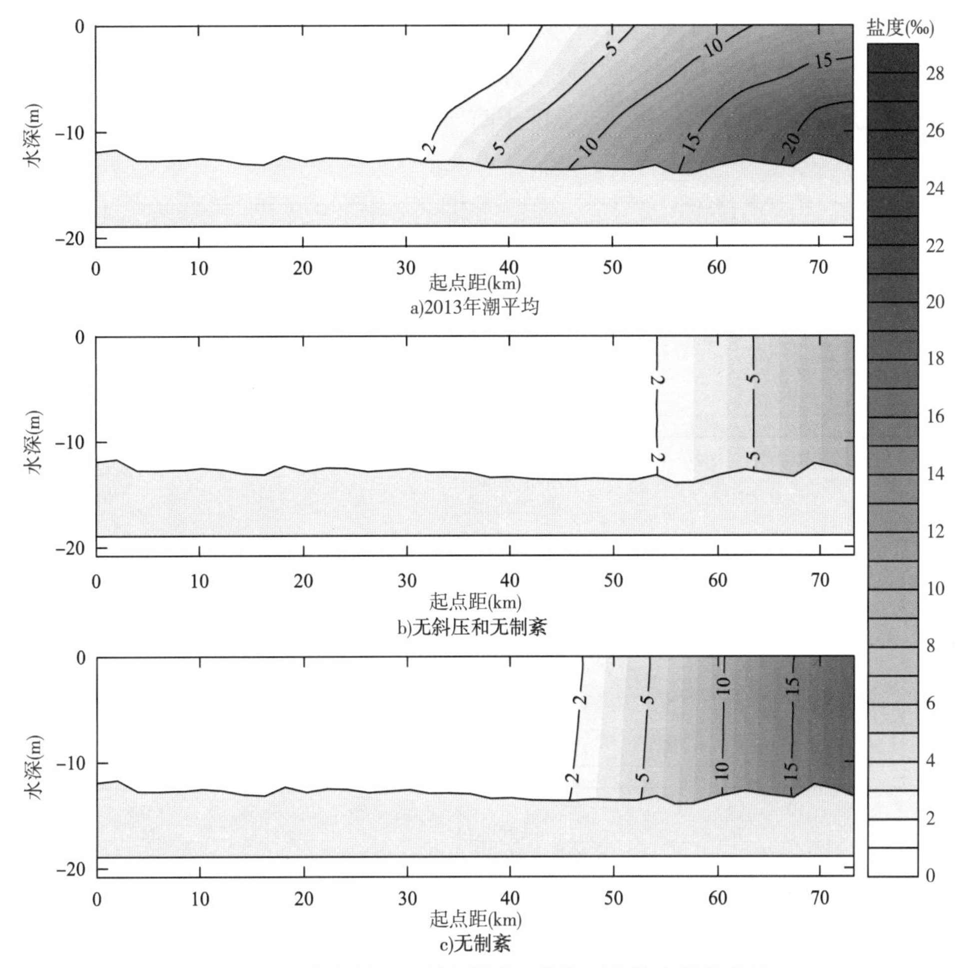

图 9-11 密度斜压和制紊影响下的潮平均盐度场的差异

9.6 南导堤越堤横向输运泥沙影响分析

根据前述，南导堤越堤泥沙是北槽内的重要泥沙来源，为了分析南导堤越堤泥沙对北槽航道的影响，设置南导堤下段加高的假定计算方案（图 9-12），其目的是定性和定量分析南导堤泥沙对航道影响。

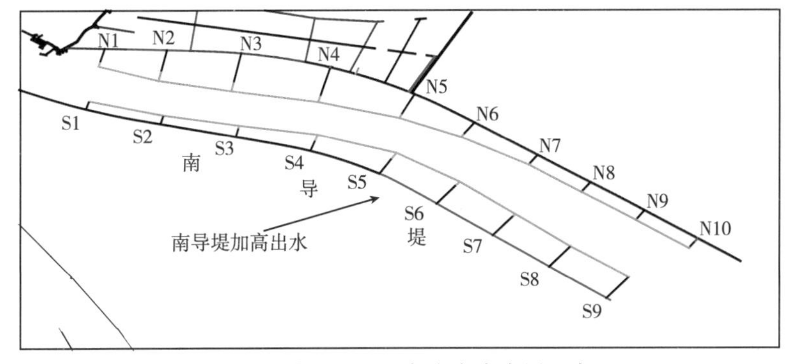

图 9-12 南导堤下段加高方案布置示意图

南导堤加高前后，航道内泥沙场分布示意图如图 9-13 所示。从计算结果来看，挡南导堤越堤泥沙后，北槽航道中段的近底层泥沙浓度显著降低，说明阻挡南侧越堤泥沙对于北槽航道内的泥沙浓度减弱有利，也验证了南导堤越堤泥沙是北槽航道近底层泥沙的重要泥沙来源。

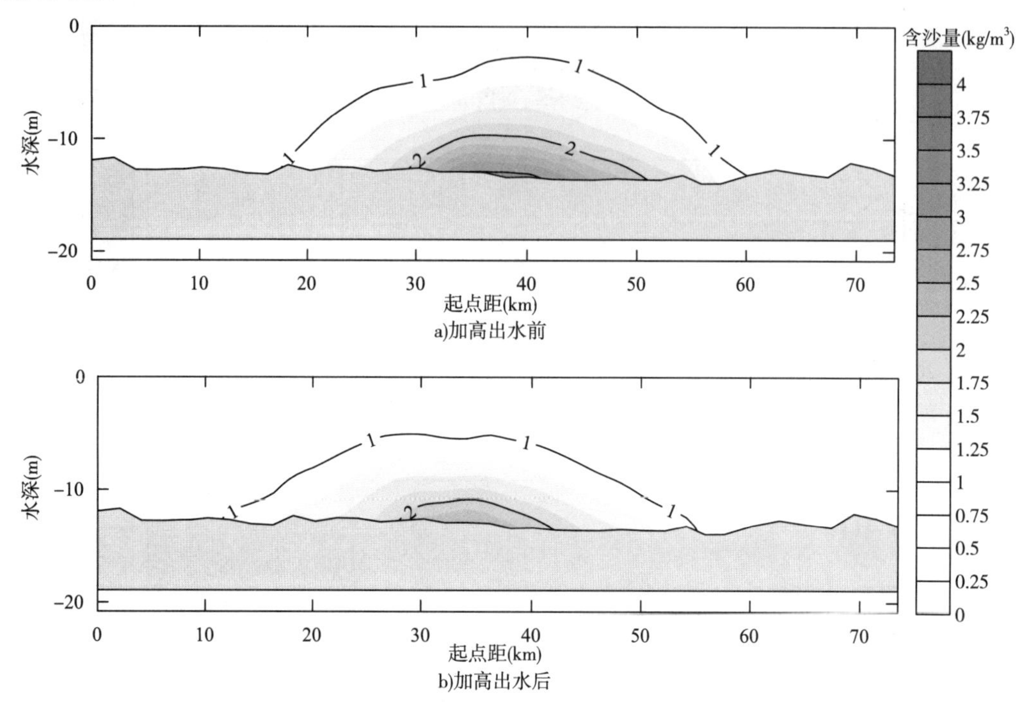

图 9-13　南导堤下段加高出水前后的北槽沿航道潮平均泥沙场分布

9.7　长江口北槽近底高含沙量场形成原因初步分析

根据上述分析，仅从北槽航道水沙输运特性分析的角度出发可以初步得到北槽内形成近底含沙量场的原因。形成原因的概化示意图见图 9-14，简单描述如下。

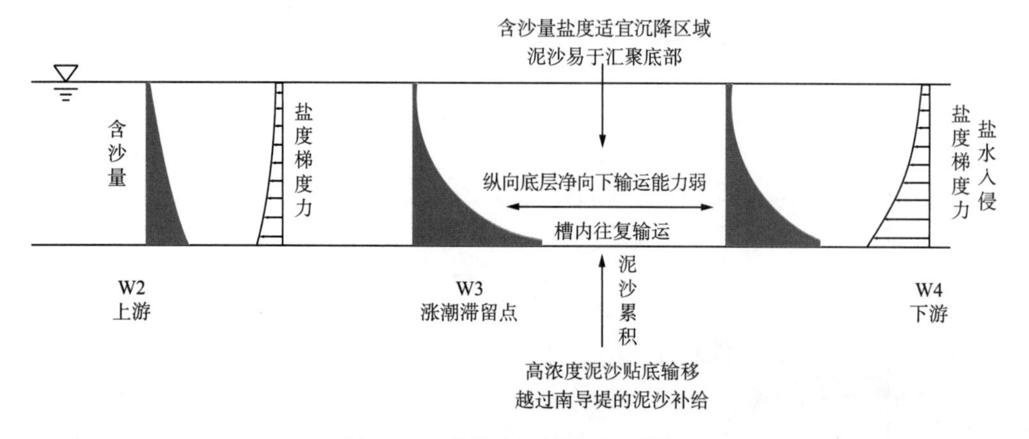

图 9-14　北槽内泥沙输运示意图

（1）北槽中下段航道底部的水沙净向下输运能力受潮汐动力及盐水入侵斜压力的影响在纵向上较弱，在一个潮周期内通常无法将高浓度底部泥沙团完整输运出北槽，造成泥沙往复振荡输运，易汇聚槽内形成近底高浓度泥沙场。

（2）北槽中下段区域受泥沙沉速和密度制紊的综合影响，泥沙在6～11月易形成近底层高浓度，并主要以近底层高浓度的形式进行输运。

（3）涨潮时期北槽中下段受越过南导堤的泥沙补充进入航道的影响，明显增加了航道近底层泥沙浓度，形成了槽内近底高浓度泥沙场的重要泥沙来源。

基于当前的认识，还有其他一些方面也是槽内近底层高浓度泥沙场形成的可能原因，有待于进一步分析。其中包括的问题如下：

（1）由于盐度密度分层导致的北槽中段近底层阻力下降，致使紊动进一步减弱，以及近底层泥沙的上溯能力更强，将会使得北槽中段近底层泥沙的进一步汇聚。

（2）北槽内滩地近底形成一定浓度的泥沙层后，以密度流的方式横向输移的特征将加剧，其汇聚到航道内将形成更高浓度的近底泥沙层，对航槽内的高浓度泥沙产生影响。

10　长江口航道回淤影响因子定量分析

长江口航道回淤的主要动力特性参数及水文因子包括泥沙沉速、流量、潮汐动力及外海潮位等。由于长江口深水航道的洪季与枯季的回淤量存在较为明显的差异，因此本章利用数学模型对洪枯季具有明显差异的、对航道回淤可能产生较大影响的因子进行定量的分析。

10.1　泥沙沉速因子影响计算分析

10.1.1　泥沙沉速因子说明

洪枯季泥沙沉速变化的差异主要表现在以下几方面。

（1）从室内试验获取的泥沙沉速的变化曲线来看，分别选取洪枯季两个温度条件下的泥沙沉速，其随泥沙浓度的变化曲线（假定取统一盐度 5‰和 10‰）分别如图 10-1 所示。由图来看，由于含沙量、水温及盐度的不同，将导致洪枯季的泥沙沉速绝对值差异为 100% ~ 150%。

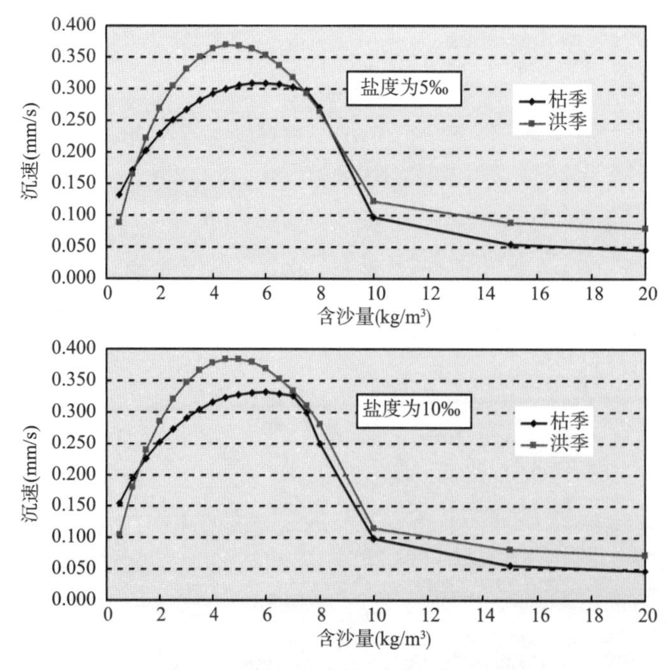

图 10-1　泥沙沉速机理试验结果曲线

（2）在泥沙沉速随泥沙浓度增加较明显的浓度范围（约为 1 ～ 3kg/m^3），沉速随泥沙浓度增大可能会产生一定的迭加效应：即沉速增大使得相对下层的水体内泥沙汇聚速度和浓度增高加快，导致水体泥沙沉速随泥沙浓度增大而增大，进一步加大了泥沙继续向下层水体汇聚下沉的速度。

（3）当近底层泥沙浓度达到一定临界浓度后（假定大于 8 kg/m^3 时），沉速绝对值相对上层水体明显减小，易形成近底高浓度泥沙。

（4）在实际计算洪枯季沉速影响时，洪季近底层较易达到临界浓度值，枯季底层不易达到临界浓度值，对于洪枯季底部泥沙通量的计算影响较大。

10.1.2 计算方案说明

泥沙沉速的影响分析计算方案说明及计算条件见表 10-1。

方案说明及计算条件 表 10-1

编号	方案类别	方案说明	计算条件
1	沉速差异计算分析	洪季沉速曲线	大通流量：55 000m^3/s；外海潮汐：2012 年 8 月；
		枯季沉速曲线	工程地形：2012 年 8 月，深水航道三期工程

10.1.3 泥沙场比较

计算的航道沿程泥沙场见图 10-2，近底层大中小潮平均含沙量分布见图 10-3。从计算结果来看，在洪季沉速条件下，北槽航道中段出现较为明显的近底层高浓度泥沙；在枯季沉速条件下，近底层泥沙浓度减小比较明显。

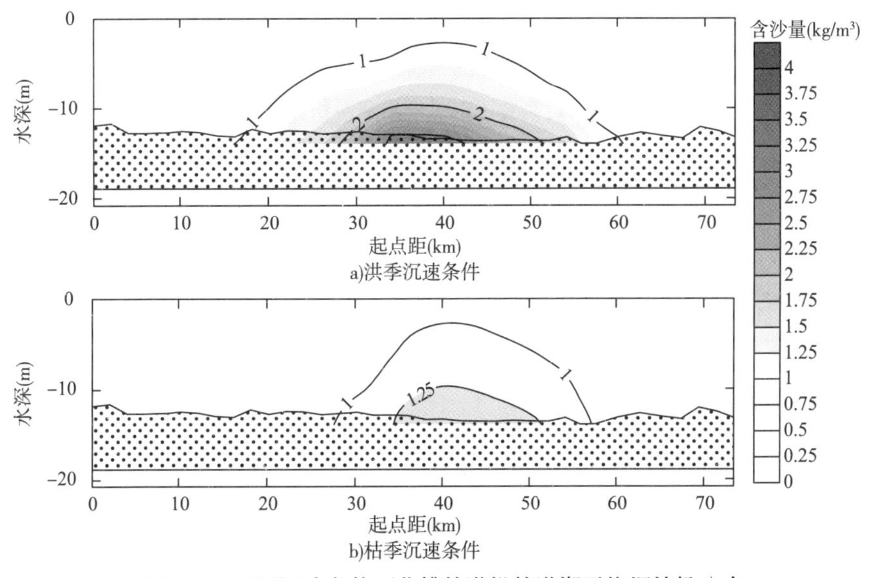

图 10-2 不同沉速条件下北槽航道沿航道潮平均泥沙场分布

从近底层泥沙浓度分布特征来看，洪季近底层易形成高浓度泥沙的分布特征，且易达到泥沙沉降的制约沉降浓度范围，使形成的高浓度泥沙易于维持并随流输运；而对于洪枯季来说，洪季泥沙沉速加大是形成北槽近底高浓度泥沙分布特征巨大差异的重要原因之一。

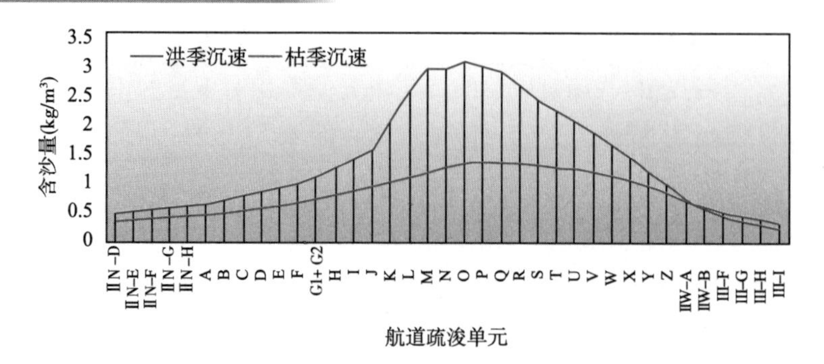

图 10-3　不同沉速条件下北槽航道沿航道近底层潮平均泥沙场分布

10.1.4　淤积量比较

不同沉速条件下洪季回淤量比较见图 10-4 和表 10-2。淤积量统计时间为洪季半年。枯季沉速条件下航道淤积量减小明显（减幅为 −2 786 万 m^3）。

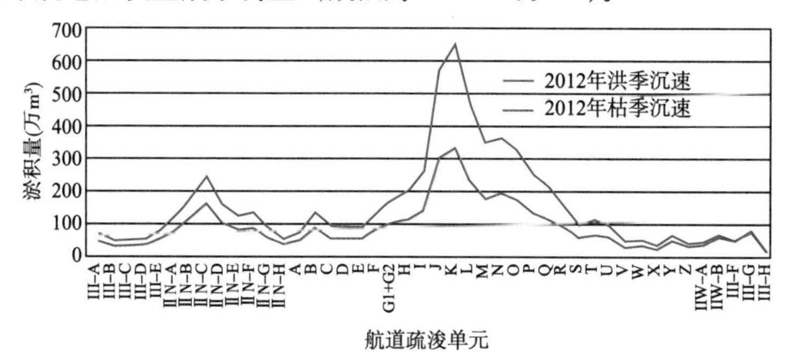

图 10-4　不同沉速条件下的洪季航道回淤量计算值比较

不同沉速条件下的洪季航道淤积量比较　　表 10-2

说　明	2012 年洪季沉速	2012 年枯季沉速
淤积量（万 m^3）	6 618	3 832

10.2　大通流量因子影响计算分析

10.2.1　计算方案说明

大通站流量的影响分析计算方案说明及计算条件见表 10-3。

方案说明及计算条件　　表 10-3

编　号	方 案 类 别	方 案 说 明	计 算 条 件
2	大通站流量差异计算分析	大通站流量（30 000m^3/s）	大通流量：55 000m^3/s；外海潮汐：2012 年 8 月；工程地形：2012 年 8 月，深水航道三期工程
		大通站流量（40 000m^3/s）	大通流量：40 000m^3/s；外海潮汐：2012 年 8 月；工程地形：2012 年 8 月，深水航道三期工程

10.2.2 动力场比较

计算的航道沿程涨落急流速比较见图 10−5、图 10−6。洪季不同上游流量条件下比较可知，上游流量增大时北槽中段航道落急流速有约 0 ~ 15cm/s 的增幅；北槽中上段的涨潮动力有所减弱。整体上来看，流量增大的条件下，北槽航道沿程的落潮优势有所增强。

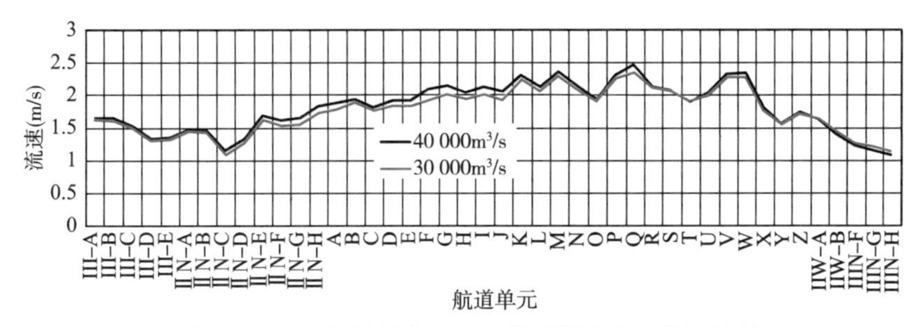

图 10−5 不同流量条件下的航道测点落急流速比较

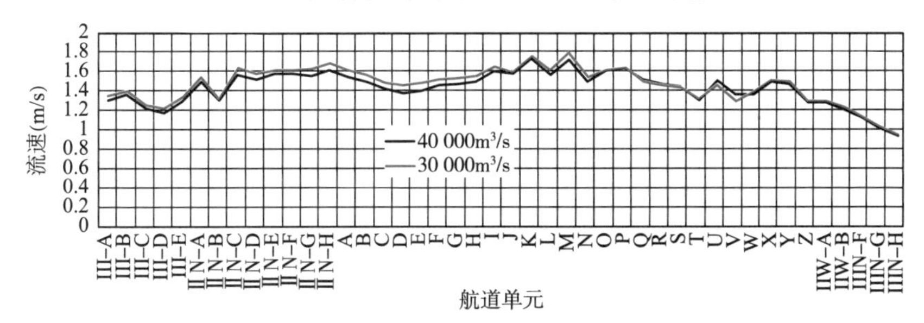

图 10−6 不同流量条件下的航道测点涨急流速比较

10.2.3 盐度场比较

计算的航道沿程泥沙场见图 10−7。从计算结果可知，随着流量增大盐度往下游移动，洪枯季的盐水楔位置移动距离可达约 2 ~ 10km。

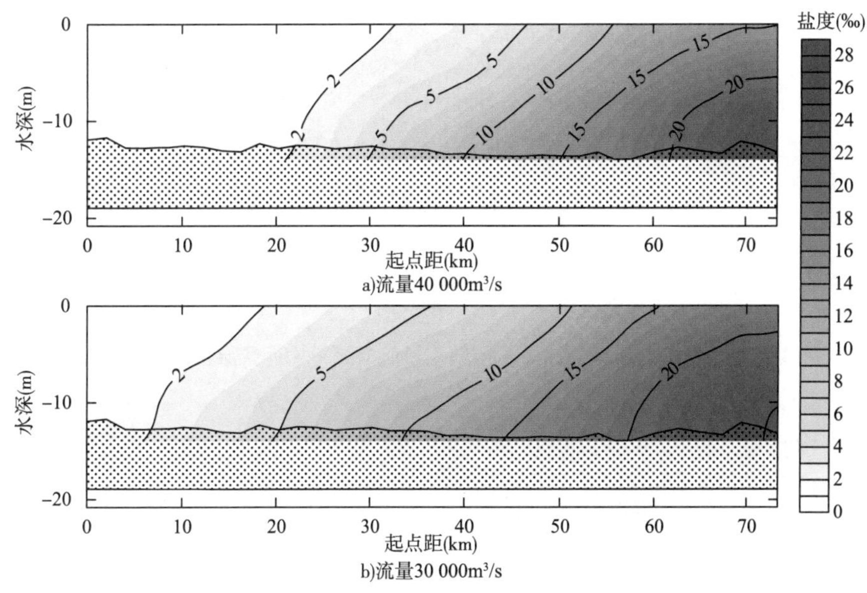

图 10−7 不同流量条件下北槽航道沿航道潮平均盐度场分布

10.2.4 泥沙场比较

计算的航道沿程泥沙场见图 10-8 和图 10-9。从计算结果来看，大流量（40 000m³/s）条件下的近底层泥沙浓度略大于小流量（30 000m³/s）；流量减小后，泥沙的上溯能力有加强的现象，近底层高浓度泥沙的分布位置也有所上移，不利于泥沙下泻运出北槽口外；其中北槽中下段淤强最大区域的近底层含沙量有所降低。

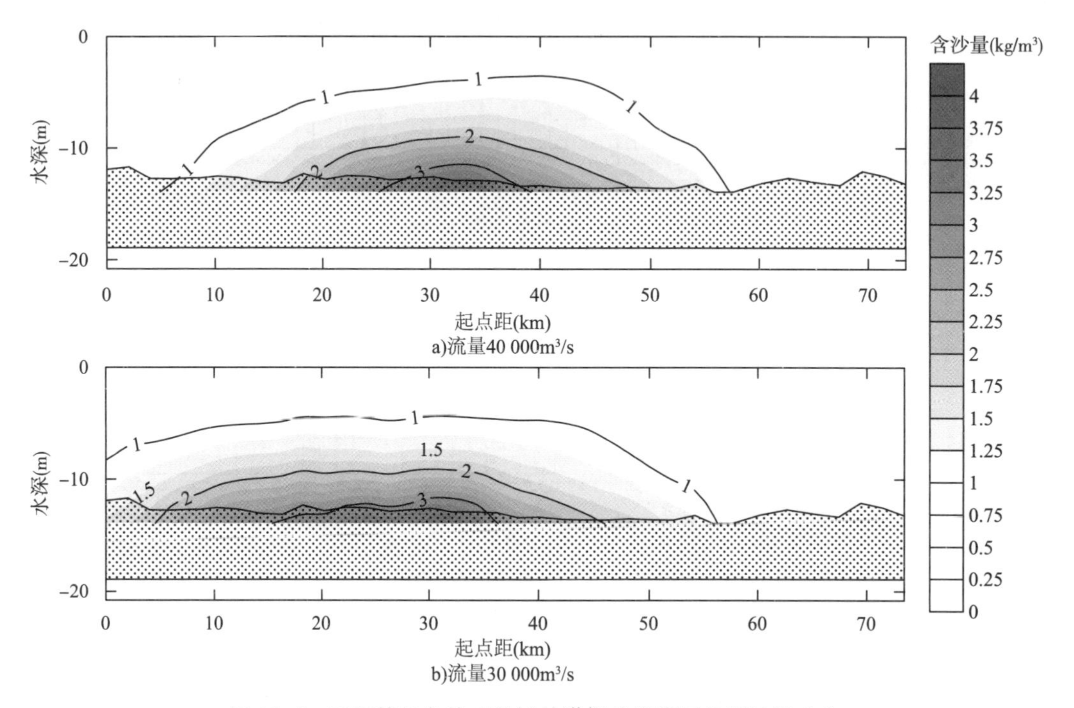

图 10-8 不同流量条件下北槽航道沿航道潮平均泥沙场分布

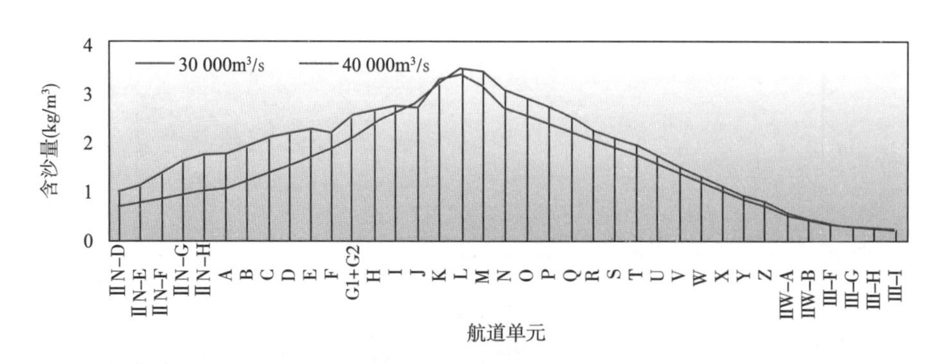

图 10-9 不同流量条件下北槽航道沿航道潮平均近底层含沙量比较

10.2.5 淤积量比较

不同流量条件下洪季回淤量比较见图 10-10 和表 10-4。淤积量统计时间为洪季半年。洪季流量变化（30 000 ~ 40 000m³/s）对于航道淤积量的变化影响相对较小（随流量增大的增幅为 +125 万 m³）。

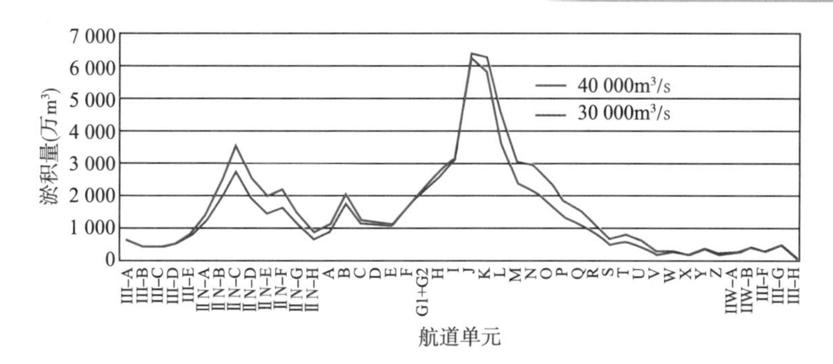

图 10-10 不同流量条件下的洪季回淤量计算值比较

不同流量条件下的洪季航道淤积量比较 表 10-4

流 量 条 件	$40\ 000m^3/s$	$30\ 000m^3/s$
淤积量（万 m^3）	6 718	6 593

10.3 潮差因子影响计算分析

10.3.1 计算方案说明

根据 2012 年的北槽中的潮差统计来看，洪季代表月 8 月份的潮差约为 2.93m，枯季代表月份 2 月的潮差为 2.63m，即枯季潮差约为洪季潮差的 90%（图 10-11）。

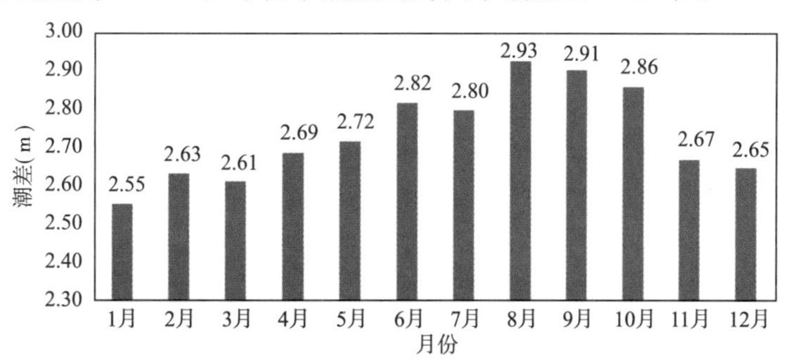

图 10-11 2012 年北槽中潮差统计

为了分析外海潮汐条件对北槽航道的影响，选取 8 月的大中小潮 15d 的外海潮汐条件，以及潮差为前者 90% 的外海潮汐条件，进行方案比较计算分析。

潮汐差异的影响分析计算方案说明及计算条件见表 10-5。

方案说明及计算条件 表 10-5

编 号	方案类别	方 案 说 明	计 算 条 件
3	潮汐差异计算分析	8 月大中小潮外海潮汐	大通流量：$55\ 000m^3/s$；外海潮汐：2012 年 8 月；工程地形：2012 年 8 月，深水航道三期工程
		8 月大中小潮外海潮汐（90% 潮差）	大通流量：$55\ 000m^3/s$；外海潮汐：2012 年 8 月（潮差取其 90%）；工程地形：2012 年 8 月

10.3.2 动力场比较

计算的航道沿程涨落急流速比较见图 10-12、图 10-13。从结果来看，潮差的变化对于涨落急流速的影响相对比较明显，其中潮差大时涨落急流速基本呈现增大的特征，增幅约为 0 ~ 0.25m/s。

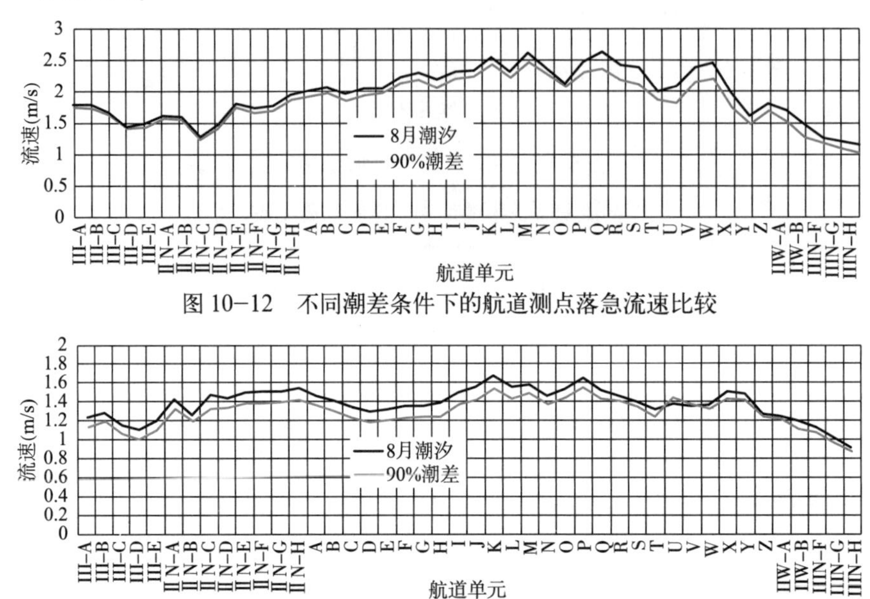

图 10-12　不同潮差条件下的航道测点落急流速比较

图 10-13　不同潮差条件下的航道测点涨急流速比较

10.3.3 盐度场比较

计算的航道沿程盐度场见图 10-14。从计算结果来看，外海潮汐动力差异对于盐度场的影响较小。

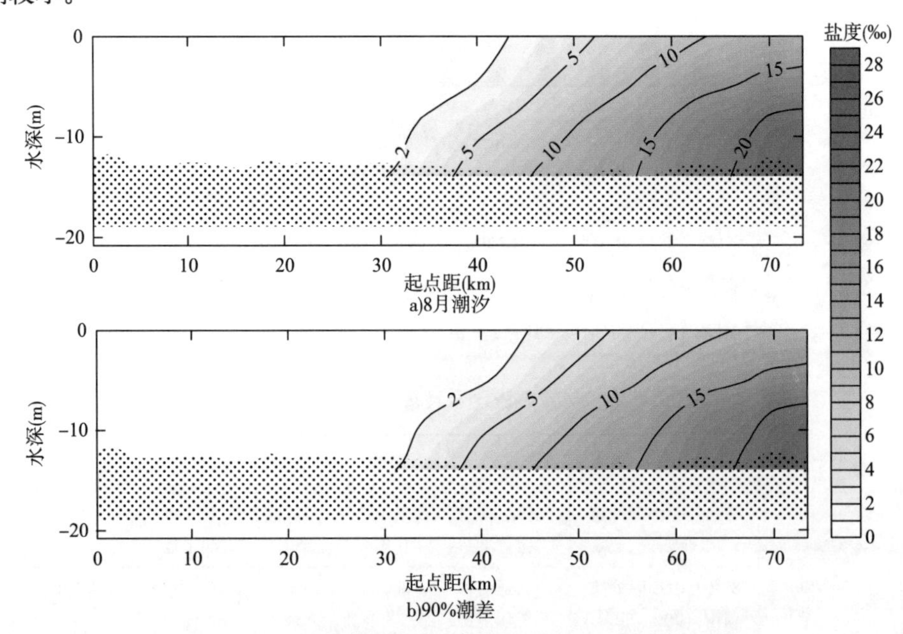

图 10-14　不同潮差条件下的沿航道潮平均盐度场比较

10.3.4 泥沙场比较

计算的航道沿程潮周期平均泥沙场见图 10-15。从计算结果来看，外海潮差较大对于北槽内的近底含沙量的增加有明显的作用，与 90% 的潮差结果相比较，近底浓度增幅达约 0.5 ~ 0.9kg/m^3（图 10-16）。

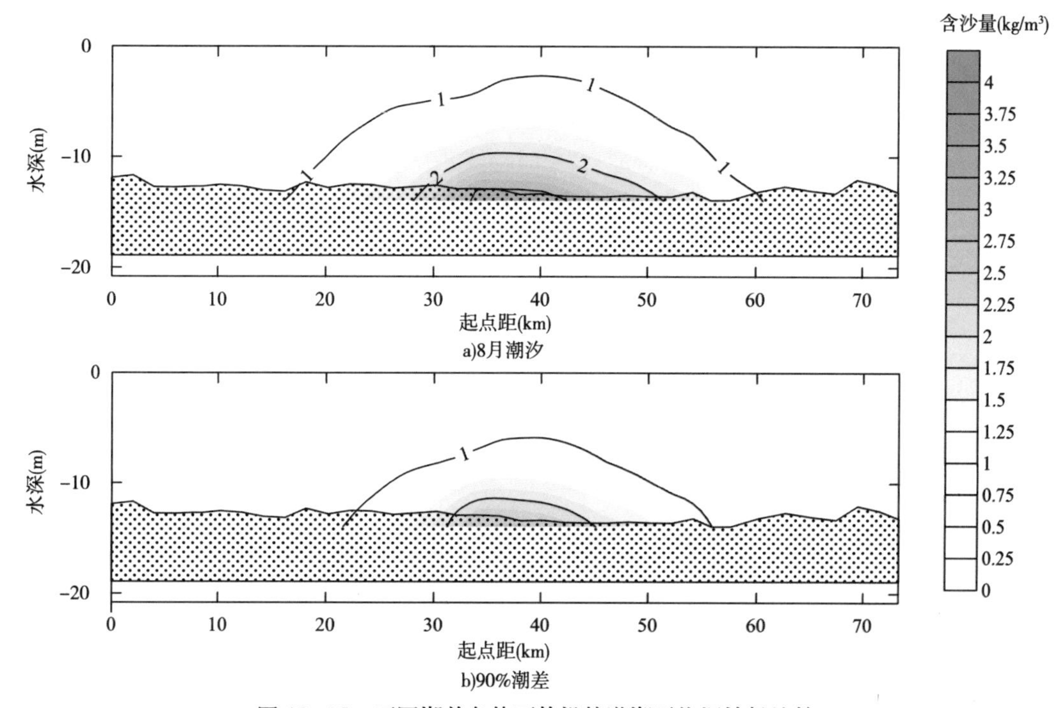

图 10-15　不同潮差条件下的沿航道潮平均泥沙场比较

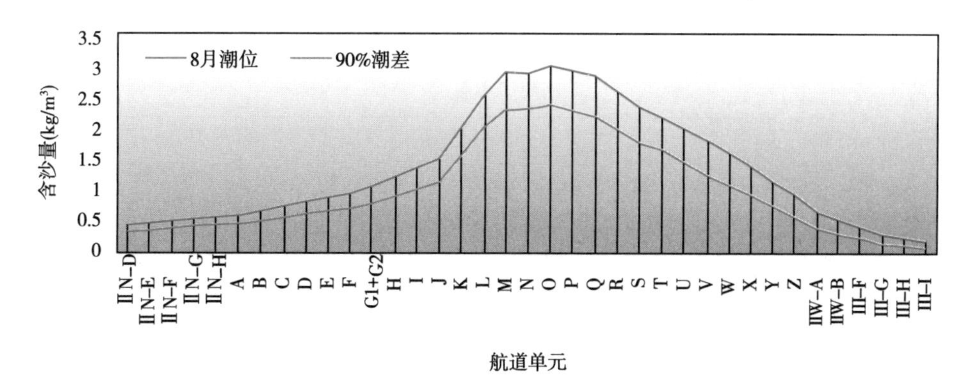

图 10-16　不同沉速条件下北槽航道沿航道近底层潮平均泥沙场分布

相对于洪枯季来说，随洪季口外潮差及动力强度的增加近底泥沙浓度也有所增加，这是洪枯季泥沙分布特征具有明显差异的重要原因之一。

10.3.5 淤积量比较

不同外海潮汐动力条件下洪季回淤量比较见图 10-17 和表 10-6。淤积量统计时间为洪季半年。洪枯季潮差引起的航道淤积量变化相对也较为明显（减幅为 -1 488 万 m^3）。

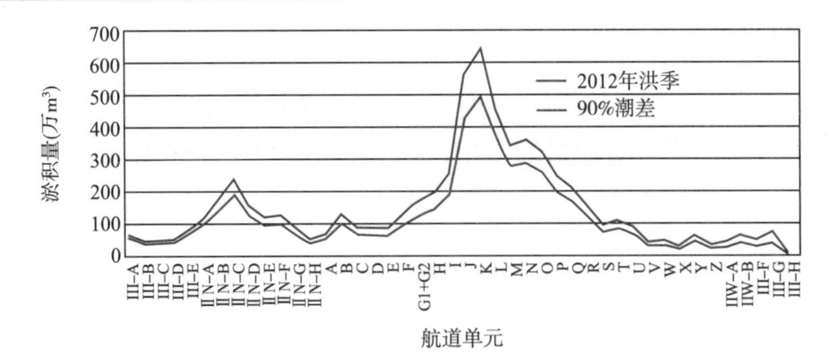

图 10-17　不同外海潮差动力条件下的洪季回淤量计算值比较

不同外海潮差动力条件下的洪季航道淤积量比较　　表 10-6

说　　明	2012 年洪季	90% 潮差
淤积量（万 m^3）	6 618	5 130

10.4　潮位因子影响计算分析

10.4.1　计算方案说明

北槽中潮位洪枯季有明显的差异，洪季高于枯季约 0.4m，月均统计表见图 10-18。

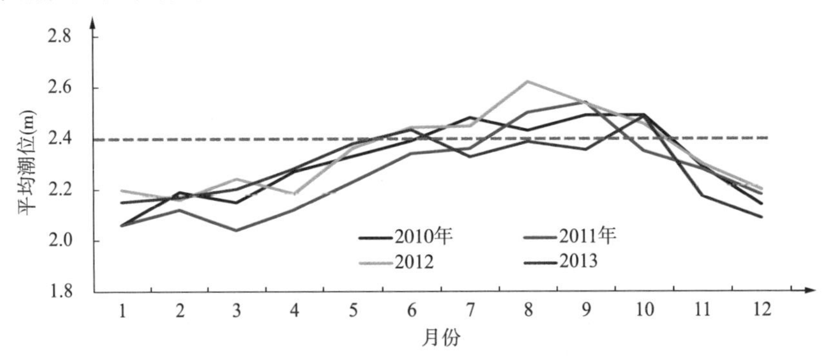

图 10-18　北槽中月均外海潮位变化

为了分析洪枯季的潮位差异对北槽航道的影响，分别选取 2013 年 8 月的大、中、小潮 15d 的外海潮汐条件进行洪季外海潮位影响计算；其中在洪季潮位基础上降低 40cm 作为枯季潮位条件，分别进行计算。

方案说明及计算条件见表 10-7。

方案说明及计算条件　　表 10-7

编号	方案类别	方 案 说 明	计 算 条 件
4	潮位差异计算分析	高潮位	大通流量：55 000m^3/s；外海潮汐：2012 年 8 月； 工程地形：2012 年 8 月，深水航道三期工程
		高潮位减 0.4m	大通流量：55 000m^3/s；外海潮汐：2012 年 8 月（外海高潮位减去 0.4m）； 工程地形：2012 年 8 月

10.4.2　动力场比较

航道沿程涨落急流速计算结果比较见图 10-19、图 10-20。其中，洪季对应外海高潮位，枯季对应洪季潮位减去 0.4m。

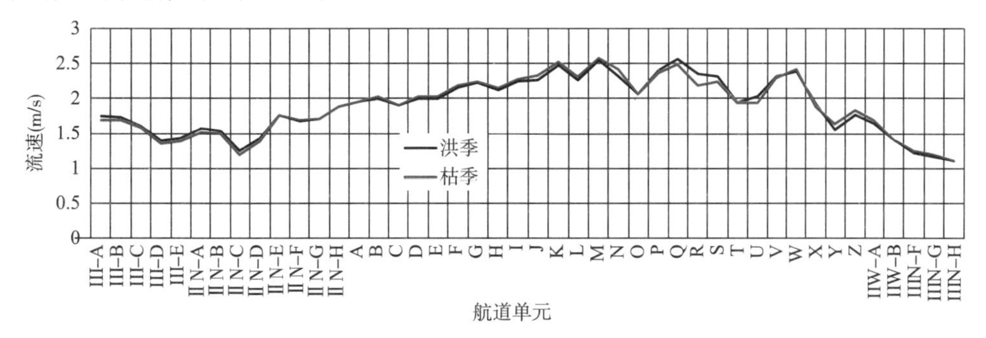

图 10-19　不同潮位条件下的航道测点落急流速比较

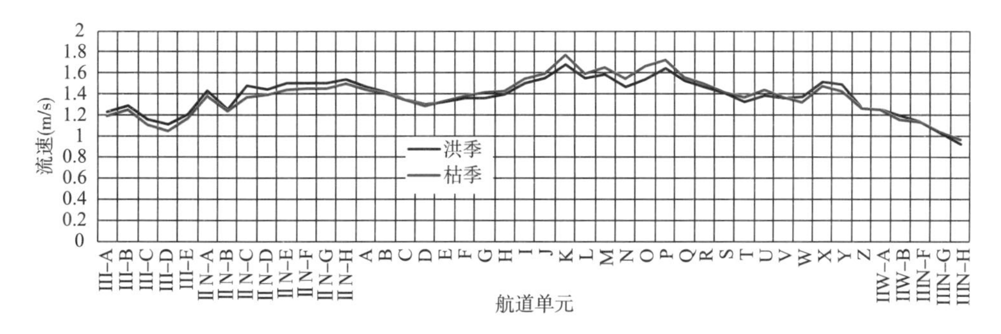

图 10-20　不同潮位条件下的航道测点涨急流速比较

从结果来看，洪枯季对应的外海潮位条件下，枯季外海潮位降低使得北槽中段的涨急流速有所增加，圆圆沙及南港段航道内的涨急流速有所减小，变化幅度约 0 ～ 0.1m/s；落急流速在北槽中下段有一个相对明显减小区域，但减小幅值均不大；从整体上来看，外海潮位对槽内动力影响不大。

10.4.3　盐度场比较

计算的航道沿程泥沙场见图 10-21。从计算结果来看，外海潮位高的条件下，盐水上溯能力更强，盐水楔的位置略向上游移动。

10.4.4　泥沙场比较

计算的航道沿程泥沙场见图 10-22，近底层潮平均含沙量比较见图 10-23。

从计算结果来看，潮位较低（在 8 月潮位基础上减 0.4m）条件下的北槽航道近底层泥沙浓度略低于潮位较高的条件下的计算值。根据 8.3.5 节所述，南导堤越堤泥沙是北槽内泥沙的一个重要的供给来源。根据图 10-24 计算所得的北槽及周边水域的泥沙及流速矢量分布图可知，在北槽南北导堤高程为 +2m（吴淞基面）不变的条件下，由于洪季外海潮位的增加，显然会增加南导堤越堤的水沙量。这部分泥沙供给对航道内的近底层泥沙

浓度将产生较为明显的影响，即洪枯季北槽内的泥沙供给由于外海潮位的差异而产生了明显的差异。

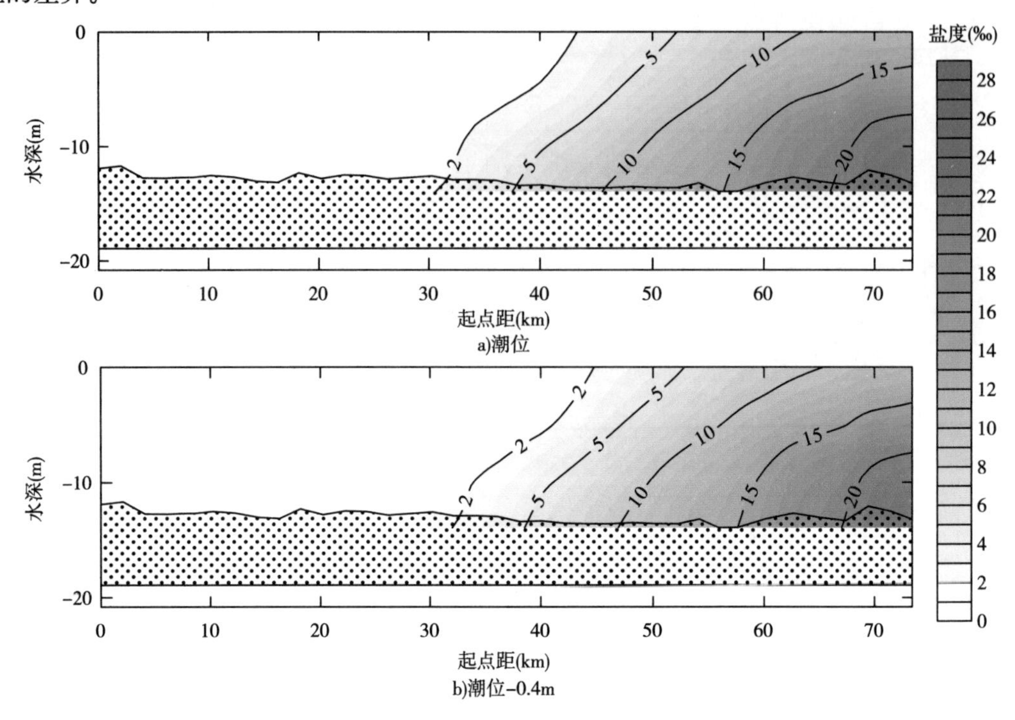

图 10-21 洪枯季潮位对北槽航道沿航道潮平均盐度分布影响

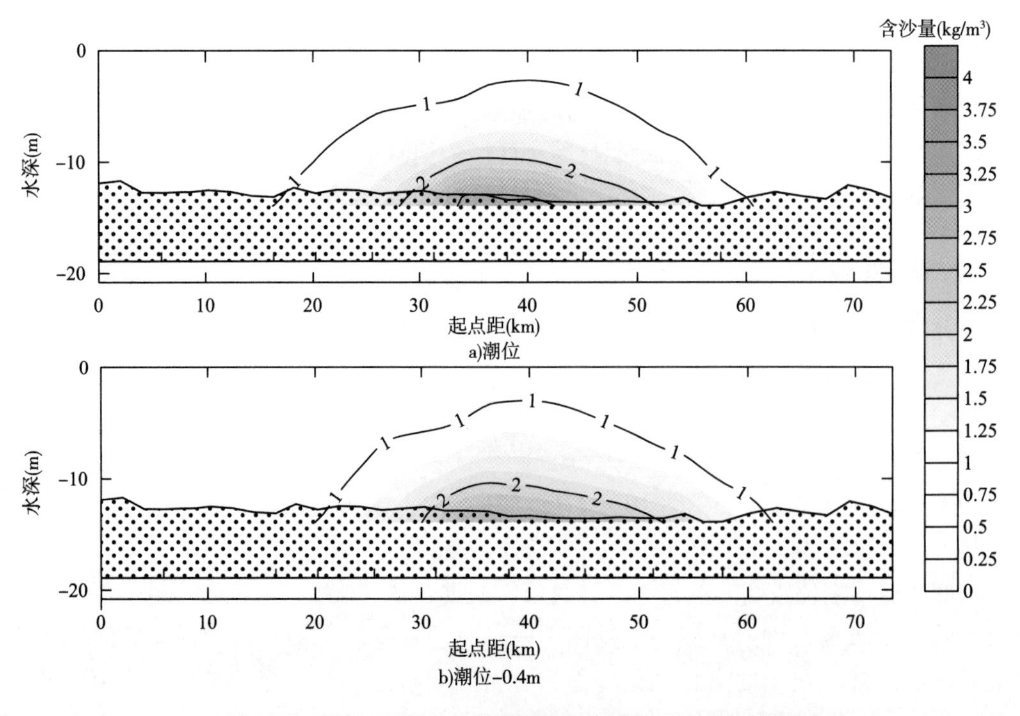

图 10-22 洪枯季潮位对北槽航道沿航道潮平均泥沙分布影响

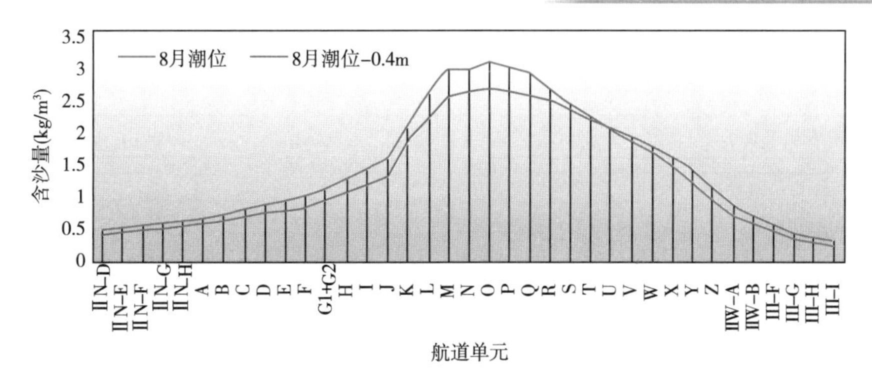

图 10-23　不同沉速条件下北槽航道沿航道近底层潮平均泥沙场分布

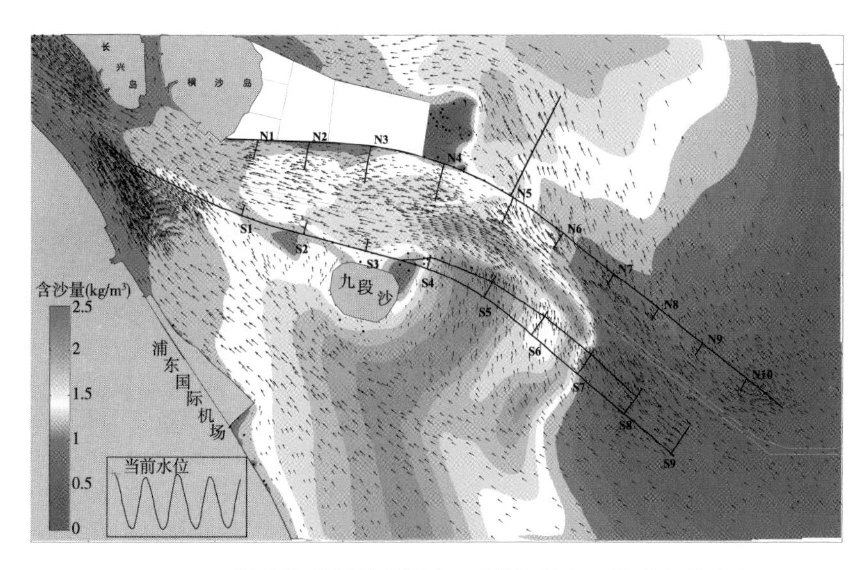

图 10-24　涨潮期北槽航道周边区域的泥沙场及流速矢量分布

10.4.5　淤积量比较

不同潮位条件下洪季回淤量比较见图 10-25 和表 10-8。淤积量统计时间为洪季半年。洪枯季潮差引起的航道淤积量变化相对也较为明显（减幅为 −483 万 m^3）。

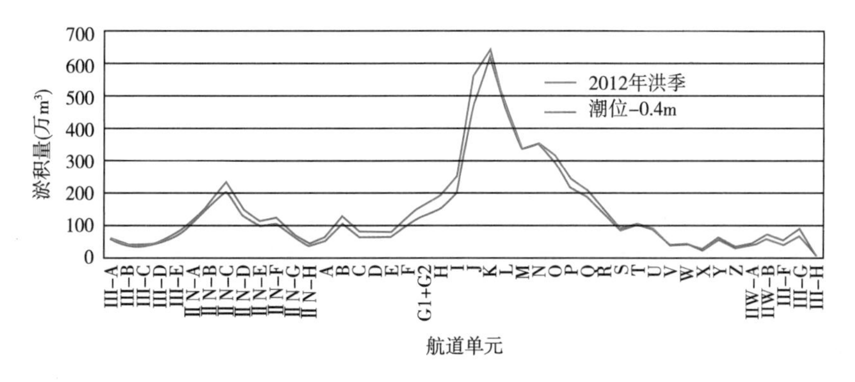

图 10-25　不同潮位条件下的洪季回淤量计算值比较

不同潮位条件下的洪季航道淤积量比较　　表 10-8

说　明	2012 年洪季	潮位 −0.4m
淤积量（万 m^3）	6 618	6 135

10.5　回淤影响因子分析总结

通过分别对上游流量、潮动力和潮位等要素进行洪枯季差异分析可知：

（1）洪枯季的泥沙沉速变化对北槽航道内的近底层泥沙浓度影响较为明显，是洪季形成近底层高浓度泥沙特征的重要原因之一。

（2）上游流量变化对于泥沙、盐度输运有明显影响，其中，上游流量增大使得北槽内落潮动力有所增强，北槽中下段的主要淤积区域的近底含沙量有所增加；洪季水文条件下，上游流量从 30 000m^3/s 变化至 400 000m^3/s，使得航道淤积量有所增加。

（3）洪季潮动力条件下北槽航道内的涨落潮水动力均增强，北槽航道近底层泥沙浓度增大；洪季潮位相对枯季潮位有所抬升，能一定程度增大航道近底层泥沙浓度。

（4）洪季的泥沙沉速、潮动力及外海潮位相对枯季来说对航道淤积量影响分别为 2 786 万 m^3、1 488m^3、483 万 m^3。

从上述分析来看，具有明显的洪枯季差异的泥沙沉速、潮差以及潮位是影响航道淤积的三个重要因子。

11 主要结论及成果应用

11.1 主要结论

长江口上游以径流控制为主、口外以潮流控制为主，因径流、潮流的汇合和盐淡水混合，长河口最大浑浊带存在复杂的流场结构。这种流场结构随着洪枯季及大、中、小潮，以及不同的河口区域而变化。在这种复杂的流场结构中，泥沙的运移也十分复杂。开展长江航道淤积机理及水沙监测技术研究对长江口拦门沙及最大浑浊带形成机理研究和航道的维护实践有重大意义。本书依托长江口深水航道整治工程，采用资料分析、近底水沙观测、数值模拟等研究手段针对长江航道淤积机理及水沙监测技术等关键技术问题进行了探索和研究。书中着重介绍了长江口近底水沙观测及北槽四侧断面通量监测的水沙基础资料，开展长江口三维水沙盐的数学模型研究。所取得的主要结论如下。

11.1.1 长江口近底水沙特性成果

(1) 长江口航道回淤物质以悬移质泥沙占主体，具有最大浑浊带含沙量高、泥沙粒径细和垂线分布随潮汐动力变化极不均匀、底部出现几十倍于垂线平均值的高浓度等特点。研究人员将一系列水流、泥沙、波浪观测仪器设备组成“坐底水沙系统”，可以克服传统水文、泥沙观测手段的不足（时空分辨率低、作业受天气影响较大），实现长时间系列、高时空分辨率及精度、不受天气条件制约（台风、寒潮天气均可观测）的现场水文、泥沙、波浪数据观测。试验获取现场监测期间近底水流切应力变化范围为 0.008 ~ 0.59Pa，平均值 0.13Pa，通过观测数据分析得到的该区域的临界冲刷应力为 0.20Pa，淤积速率为 12mm/d。

(2) 大潮至小潮的过程中，床面局部地形冲淤特征宏观上可以分为三个阶段。第一阶段为冲淤幅度较大的有冲有淤、冲淤平衡阶段。该阶段的冲淤幅度约为 1.5cm，主要发生在大潮、中潮期间。第二阶段为快速淤积阶段。该阶段涨落过程中冲少淤多，致使床面发生持续淤积，到下一阶段前床面累积淤积约 2cm，发生在小潮期间。第三阶段为冲淤幅度相当小的平衡阶段。该阶段的床面冲淤幅度约为 0.4cm，发生在小潮至接下来的中潮阶段。

(3) 现场监测结果表明，长江口河床新冲刷淤积模式为不论涨潮还是落潮加速过程中，当近底水流切应力大于临界冲刷应力时，床面开始发生冲刷；在落潮减速过程中，当近底水流切应力小于临界淤积应力时，床面开始发生淤积；而几乎在整个涨潮减速过程中，床面均发生淤积。

11.1.2 长江口北槽四侧水沙通量成果

从2011年枯季至2013年洪季，研究人员共开展了4次通量观测，尽管各次通量观测（主要是洪季）水文条件各有差异，但总体上洪季通量观测结果呈现了以下共同的特征（以大潮为例）。

（1）北槽下口输入北槽的潮量为最大，其次为南导堤或北槽上口。

（2）南导堤越堤进入北槽的沙量为最大，其次为北槽下口和北槽上口。

（3）4次通量观测结果均显示，不论大潮、中潮或小潮，S3.5下段进潮量或进沙量均比S3.5上段的进潮量和进沙量大许多；S3.5下段与上段进潮量的比值为4.64～12.10（平均值为7.06），进沙量的比值为4.32～27.83（平均值为7.94）。

（4）四测断面涨潮平均含沙量比较中，南导堤的涨潮平均含沙量最大，2011年洪季、2012年洪季和2013年洪季大潮期间，与北槽下口涨潮期间平均含沙量的比值分别为1.73、2.12和2.27。

（5）大风过程对越堤含沙量有较大的影响。2012年洪季和2011年洪季的大潮前期长江口均受到了较大的台风影响，致使风后大潮期间观测到的含沙量较大，从而使得越过南导堤进入北槽的沙量也较大。

（6）洪季越过南导堤的潮量和沙量均要比枯季大很多。造成洪枯季越堤潮量和沙量差异的主要因素为越堤流速、越堤水深和含沙量。实测观测结果也表明，洪季期间的越堤流速、越堤水深和含沙量均较枯季大许多。洪季期间潮位较枯季高，因此越堤水深也更大，从而增大了越堤潮量，进而增大越堤沙量。

11.1.3 长江口航道淤积动力机理

（1）空间上北槽中下段航道底部的水沙净向下输运能力受潮汐动力及盐水入侵斜压力的影响在纵向上较弱，在一个潮周期内通常无法将高浓度底部泥沙团完整输运出北槽，造成泥沙往复振荡输运，易汇聚槽内形成近底高浓度泥沙场。

（2）洪季北槽中下段区域受泥沙沉速和密度制紊的综合影响，泥沙更易形成近底层高浓度，并主要以近底层高浓度的形式进行输运。

（3）涨潮时期北槽中下段受越过南导堤的泥沙补充进入航道的影响，明显增加了航道近底层泥沙浓度，形成了槽内近底高浓度泥沙场的重要泥沙来源。

（4）长江口三维潮流泥沙数学模型经过了三个阶段验证，首先对具有理论分析解的数值问题进行验证，其次对经典的机理试验成果进行验证，最后对研究区域的现场水文资料进行验证。前两个阶段验证目的是保证模型开发的算法是准确的。第三个阶段现场水文资料验证目的是保证模型选择的参数符合长江口现场水沙盐的特点。该模型可以用来开展长江口航道淤积动力机理研究。

（5）利用长江口三维水沙数学模型分别对上游流量、潮动力和外海潮位等要素进行洪枯季差异分析，可知：洪枯季的泥沙沉速变化对北槽航道内的近底层泥沙浓度影响较为明显，是洪季形成近底层高浓度泥沙特征的重要原因之一。上游流量变化对于泥沙、盐度输运有明显影响，其中，上游流量增大使得北槽内落潮动力有所增强，北槽中下段的主要淤积区域的近底含沙量有所增加；洪季潮动力条件下北槽航道内的涨落潮水动力均增强，北槽航道近底层泥沙浓度增大。洪季潮位相对枯季潮位有所抬升，能一定程度增大航道近底层泥沙浓度。具有明显的洪枯季差异的泥沙沉速、外海潮汐动力以及外海潮位是影响航道淤积的三个重要因子。

11.2 成果应用

长江口12.5m深水航道在2011年5月18日通过国家竣工验收后进入常年维护期，维护期航道回淤量维持在7 000万～8 000万m^3/年，回淤量大且时空分布集中，使得航道维护疏浚难度大，为减少航道回淤量、降低航道维护费用，需要开展减淤工程方案的研究。本书所依托的项目通过长江高浊度河段航道淤积机理及开展近底水沙监测技术的深入研究，为长江口深水航道下一步减淤工程方案研究提供了有利的科研成果支撑。至2015年，“长江口12.5m深水航道减淤工程方案”的前期论证工作已经完成，该工程在原南坝田潜堤的基础上实施加高及延长工程，从调整和优化航道所在水域的泥沙输运及流场的角度来实现航道减淤的目的。该工程实施后航道回淤量预计可减少929万m^3/年（占总量的11.15%），预计可节省疏浚维护费用约1.8亿元/年，将取得良好的社会及经济效益。

长江航道淤积机理及水沙监测技术取得的研究成果初步解释了长江航道回淤主要集中分布在北槽中段及洪季现象的原因，揭示了洪季越过南导堤泥沙是北槽航道航道回淤的重要泥沙来源。该成果在长江口北槽航道不同工程阶段的回淤差异分析和北槽航道增深对航道回淤影响分析中发挥了重要的作用。

11.2.1 北槽航道不同工程阶段的回淤差异分析

由于长江口深水航道工程的不同工程阶段的航道淤积特征差异明显，基于前述的航道水沙输运特性分析，对不同工程阶段的水动力及近底层含沙量变量进行计算分析。对完善工程（一期）、二期工程和三期工程进行计算分析，结果见表11-1，分别对应深水航道工程的典型工程阶段。由于航道淤积主要集中在洪季，因此这里主要分析洪季的差异，计算条件都采用洪季水文条件，计算地形分别为2002年、2008年和2012年洪季，主要包含南支、南港、南槽口、北槽的大范围测图。

方案说明及计算条件 表11-1

方案类别	方案说明	计算条件
不同工程阶段差异计算分析	完善工程（一期）	大通流量：55 000m^3/s；外海潮汐：2012年8月； 工程地形：2002年8月，深水航道一期完善工程
	二期工程	大通流量：55 000m^3/s；外海潮汐：2012年8月； 工程地形：2008年8月，深水航道二期工程
	三期工程	大通流量：55 000m^3/s；外海潮汐：2012年8月； 工程地形：2012年8月，深水航道三期工程

计算的航道沿程涨落急流速比较见图 11−1、图 11−2。

从近底层落急流速来看，二期工程阶段北槽中段的落潮动力要明显小于一期和三期工程阶段。

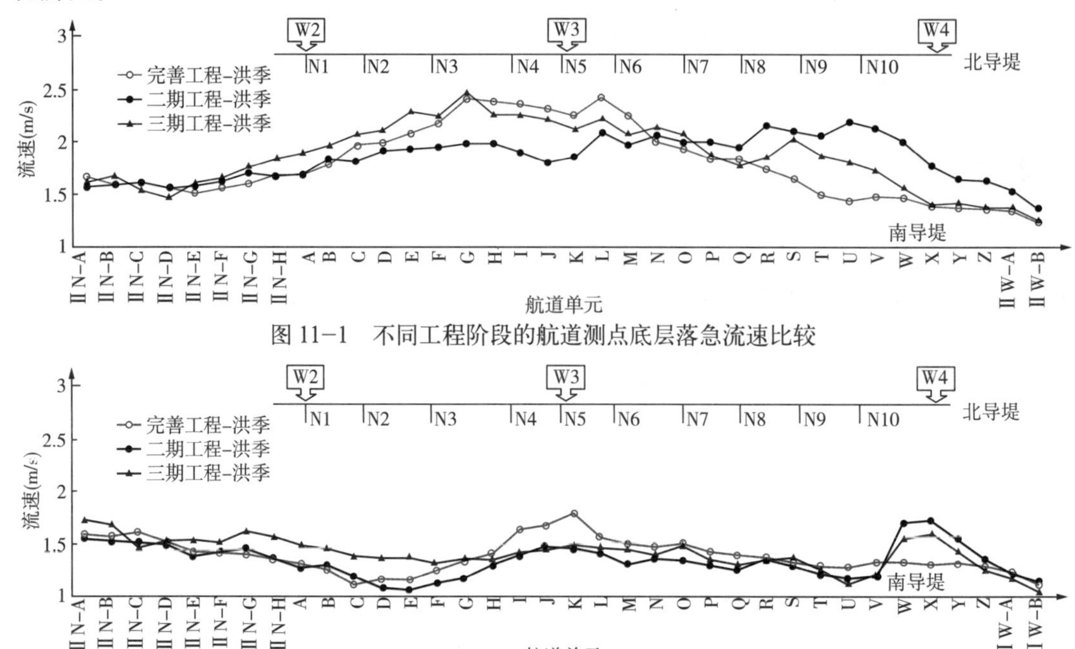

图 11−1　不同工程阶段的航道测点底层落急流速比较

图 11−2　不同工程阶段的航道测点底层涨急流速比较

计算结果见图 11−3。从图可以看出，二期和三期工程实施前后相对于完善工程来说，北槽中段的淤积历时增大的特征非常明显，而三期和二期的差异不大。

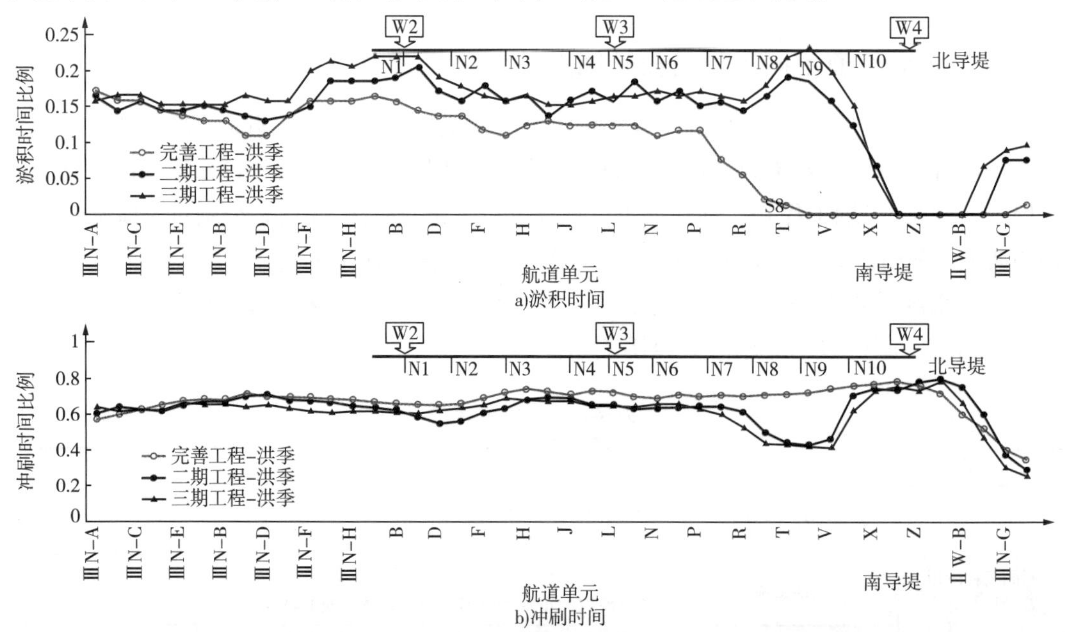

图 11−3　不同工程阶段航道内淤积和冲刷时间比例沿程分布图

注：假定流速绝对值大于 1m/s 时间为冲刷时间，小于 0.5m/s 时间为淤积时间。

将不同工程阶段的北槽航道纵向盐度分布计算结果进行比较见图 11–4。从计算结果来看，二期和三期工程阶段盐水比完善工程时略有所上溯。

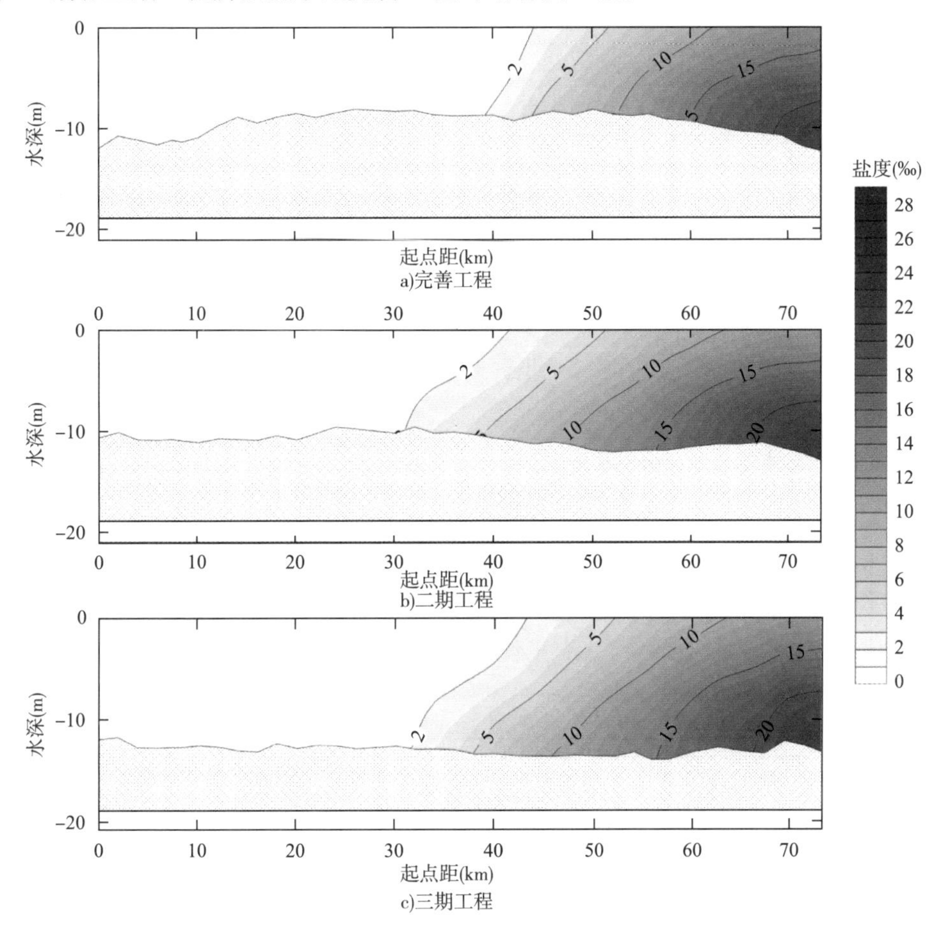

图 11–4 不同工程阶段北槽航道沿程盐度场分布

选取 15d 大、中、小潮潮周期平均的、不同工程阶段的北槽航道纵向泥沙浓度分布计算结果进行比较，见图 11–5。从计算结果看，二期和三期工程阶段的近底高浑浊带的泥沙浓度明显高于完善工程（一期工程）阶段，三期工程的近底含沙浓度略大于二期工程。

不同工程阶段的洪季航道淤积量计算结果见图 11–6 和表 11–2。淤积量统计时间为洪季半年。一期至三期工程航道淤积量呈现递增的趋势，分别为 1 994 万 m^3、4 781 万 m^3 和 6 618 万 m^3。

结果显示，二期和三期工程的北槽中段落潮动力减幅较为明显，淤积历时增大较为明显。三期工程阶段洪季的近底层泥沙浓度值略大于二期工程阶段，明显大于完善工程阶段。泥沙浓度和动力场的变化均反映出二期和三期工程阶段的航道淤积强度将大于完善工程阶段。其中，由于三期工程的航道延长以及航道增深等变化，航道淤积量最大。

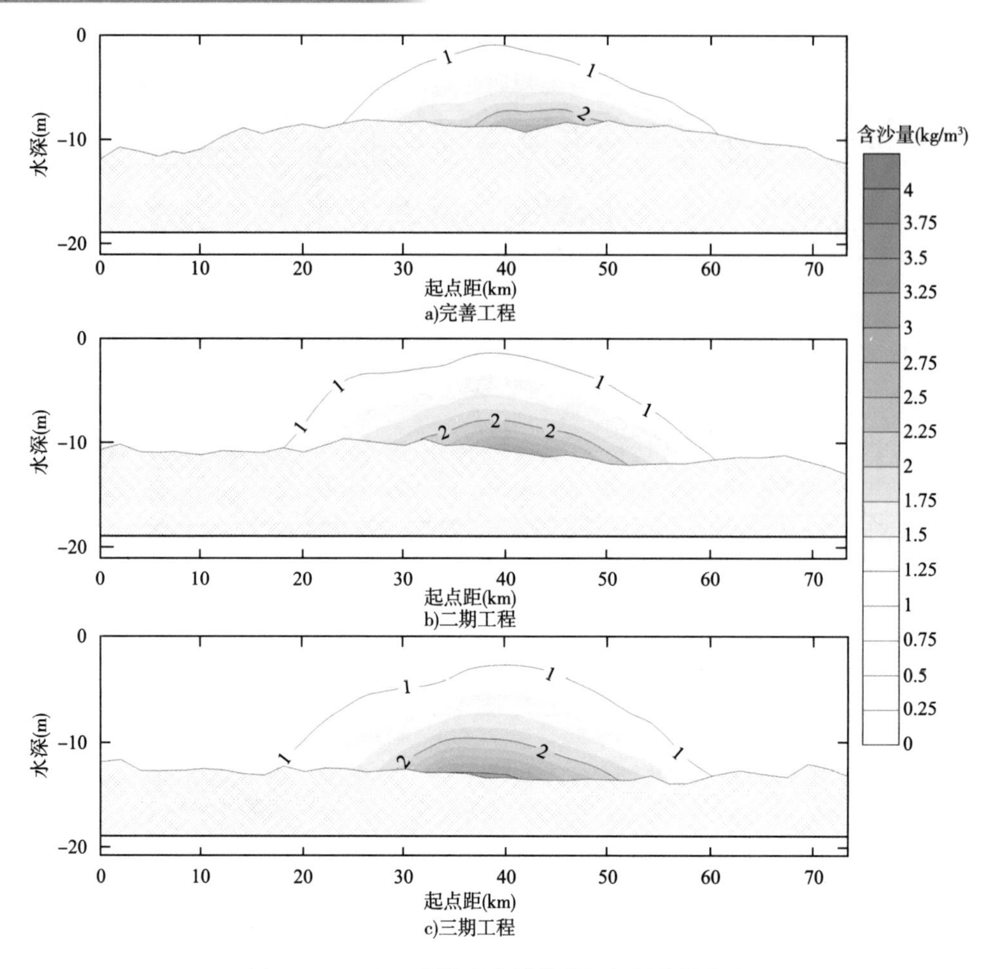

图 11-5　不同工程阶段北槽航道沿程泥沙场分布

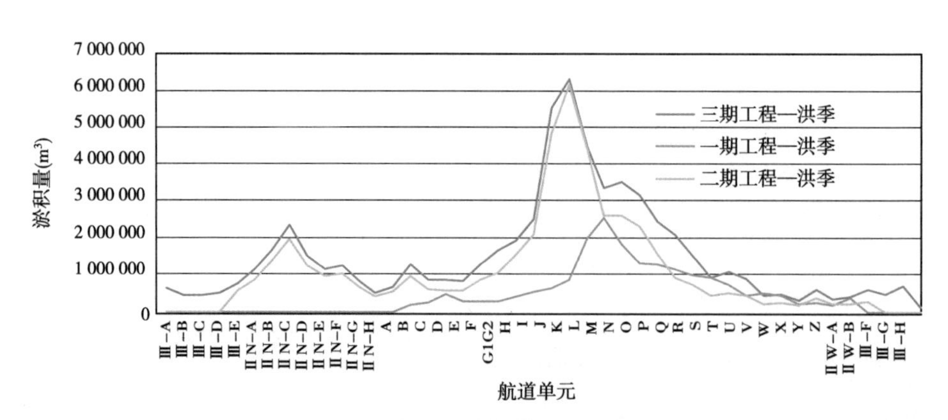

图 11-6　不同工程阶段航道淤积量计算

不同工程阶段洪季航道淤积量计算及与实测比较　　表 11-2

说　明	一 期 工 程	二 期 工 程	三 期 工 程
淤积量（万 m^3）	1 994	4 781	6 618

11.2.2　北槽航道增深对航道回淤影响分析

为了分析航道增深对航道近底泥沙浓度的影响，在二期工程边界及地形基础上，进行12.5m航道的开挖，分析航道增深带来的影响，计算结果说明见表11-3。

方案说明及计算条件　　表11-3

方案类别	方案说明	计算条件
航道增深差异计算分析	增深前（二期工程10m航道）	大通流量：55 000m³/s；外海潮汐：2012年8月； 工程地形：2008年8月，深水航道二期工程
	增深后（二期工程12.5m航道）	大通流量：55 000m³/s；外海潮汐：2012年8月； 工程地形：2008年8月，深水航道二期工程，航道增深为12.5m（理论基面）

计算的航道沿程涨落急流速比较见图11-7、图11-8。由图可知，仅航道增深引起的涨落潮动力变化较小，近底层流速变化较小的情况下航道增深后的底部切应力会有所降低。

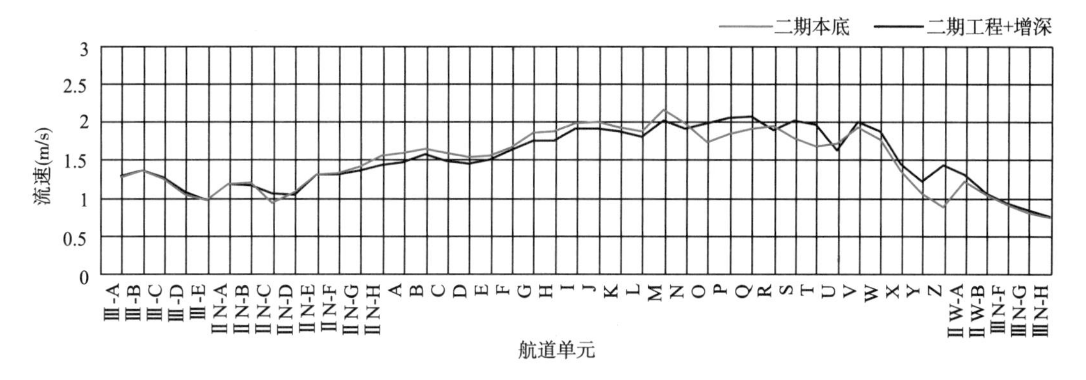

图11-7　航道增深前后的航道测点落急流速比较

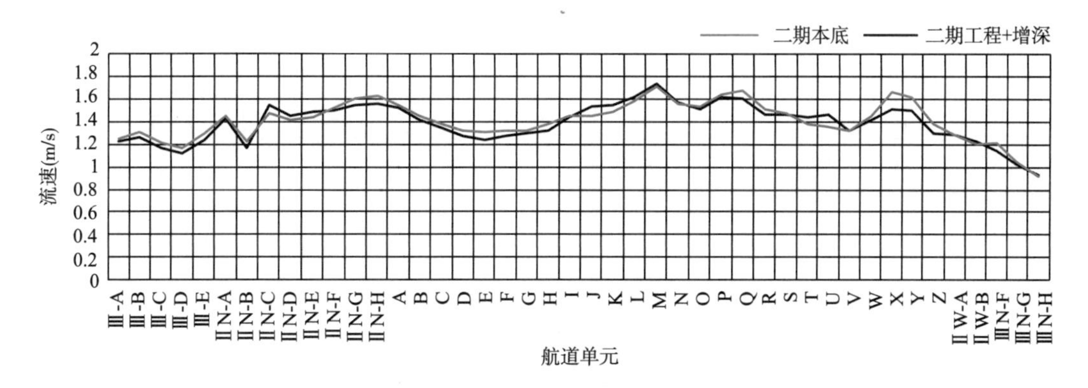

图11-8　航道增深前后的航道测点落急流速比较

航道增深后北槽航道的潮周期平均盐度场分布见图11-9。从计算结果来看，仅航道增深至12.5m，盐水楔的位置差异不大，略有所上溯。

航道增深后北槽航道的潮周期平均泥沙场分布见图11-10。从计算结果来看，航道增深至 12.5m 后，航道近底层泥沙浓度增幅相对明显，增幅约为 0 ~ 0.8kg/m³。

航道增深前后的洪季航道淤积量计算见图 11-11 和表 11-4。淤积量统计时间为洪季半年。在二期工程阶段航道范围内，由航道增深带来的航道淤积增量约为 2 127 万 m³，即由航道增深带来的航道淤积量增加非常明显。

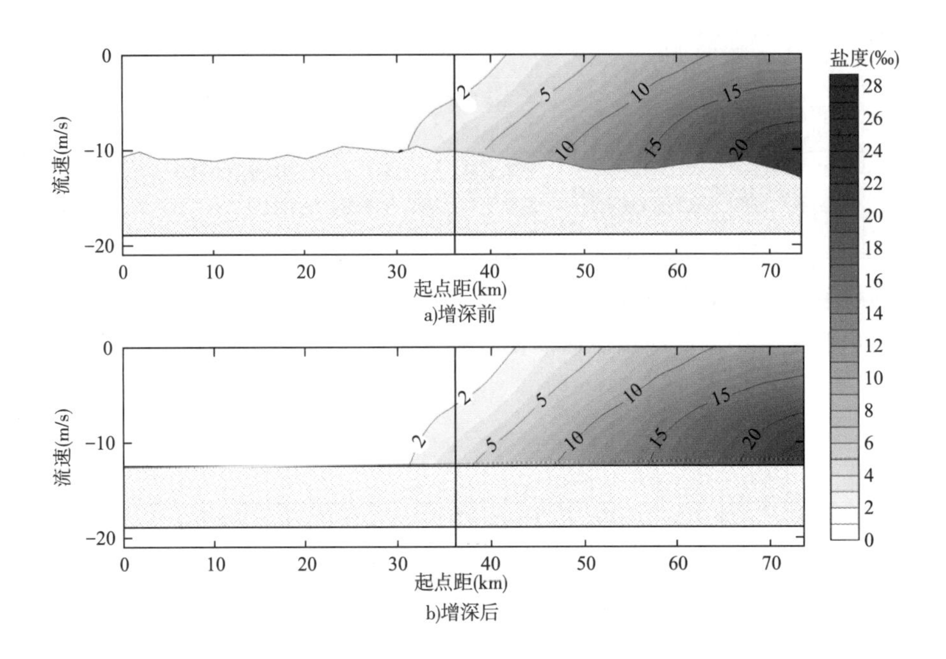

图 11-9　二期工程阶段航道增深后北槽航道沿程盐度场分布

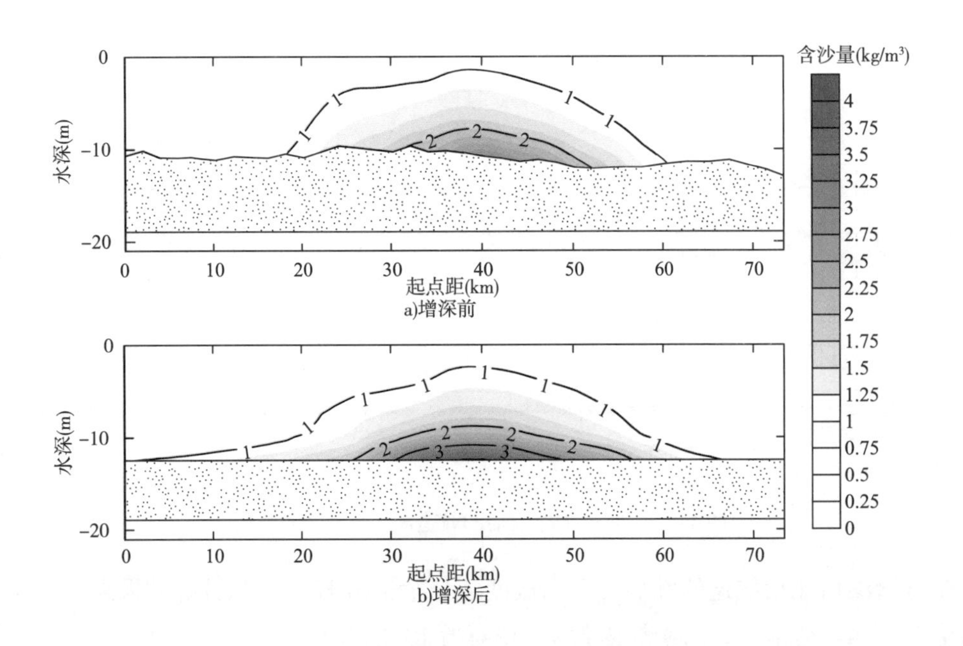

图 11-10　二期工程阶段航道增深后北槽航道沿程泥沙场分布

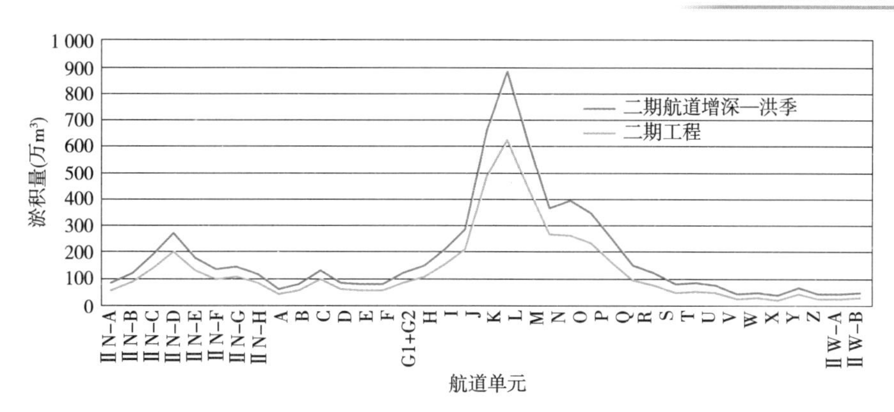

图 11-11　二期工程航道增深前后航道淤积量计算

二期工程航道增深前后航道淤积量计算及与实测比较　　表 11-4

情况说明	增深前	增深后
淤积量（万 m^3）	4 781	6 908

计算结果表明，航道增深引起的涨落潮近底层流速变化较小，航道增深后的底部切应力会有所降低。航道增深能较为明显地增加航道近底层泥沙浓度。航道增深使得淤积量增加非常明显，二期工程阶段 10m 航道范围内增深至 12.5m，航道洪季淤积量将增加 2 127 万 m^3。

附录 A：长江口北槽航道主要工程布置、潮位站及水文测点示意图

A1：潮位站位置示意图

A2：水文测点位置示意图

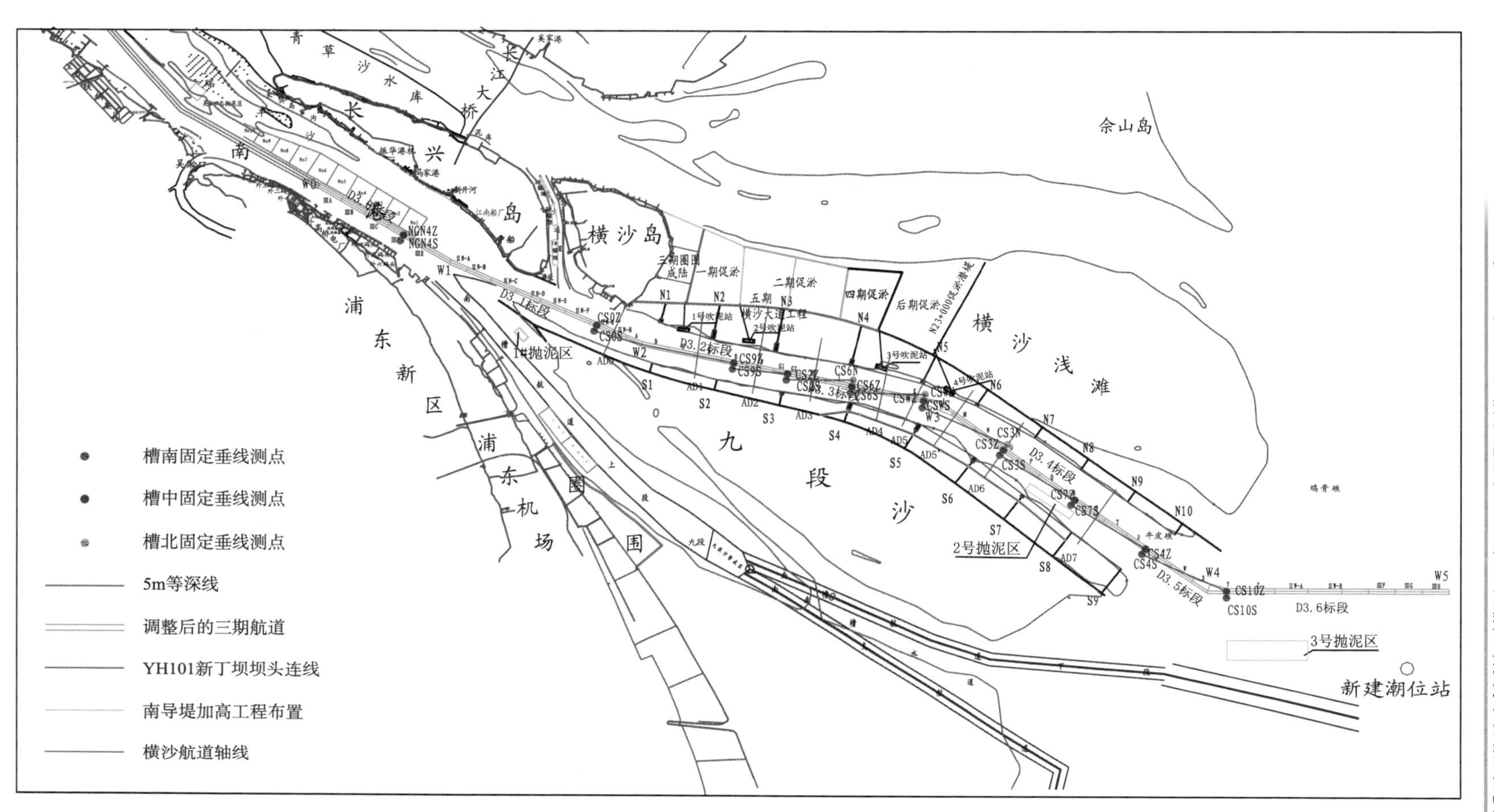

A3：航道单元分布示意图

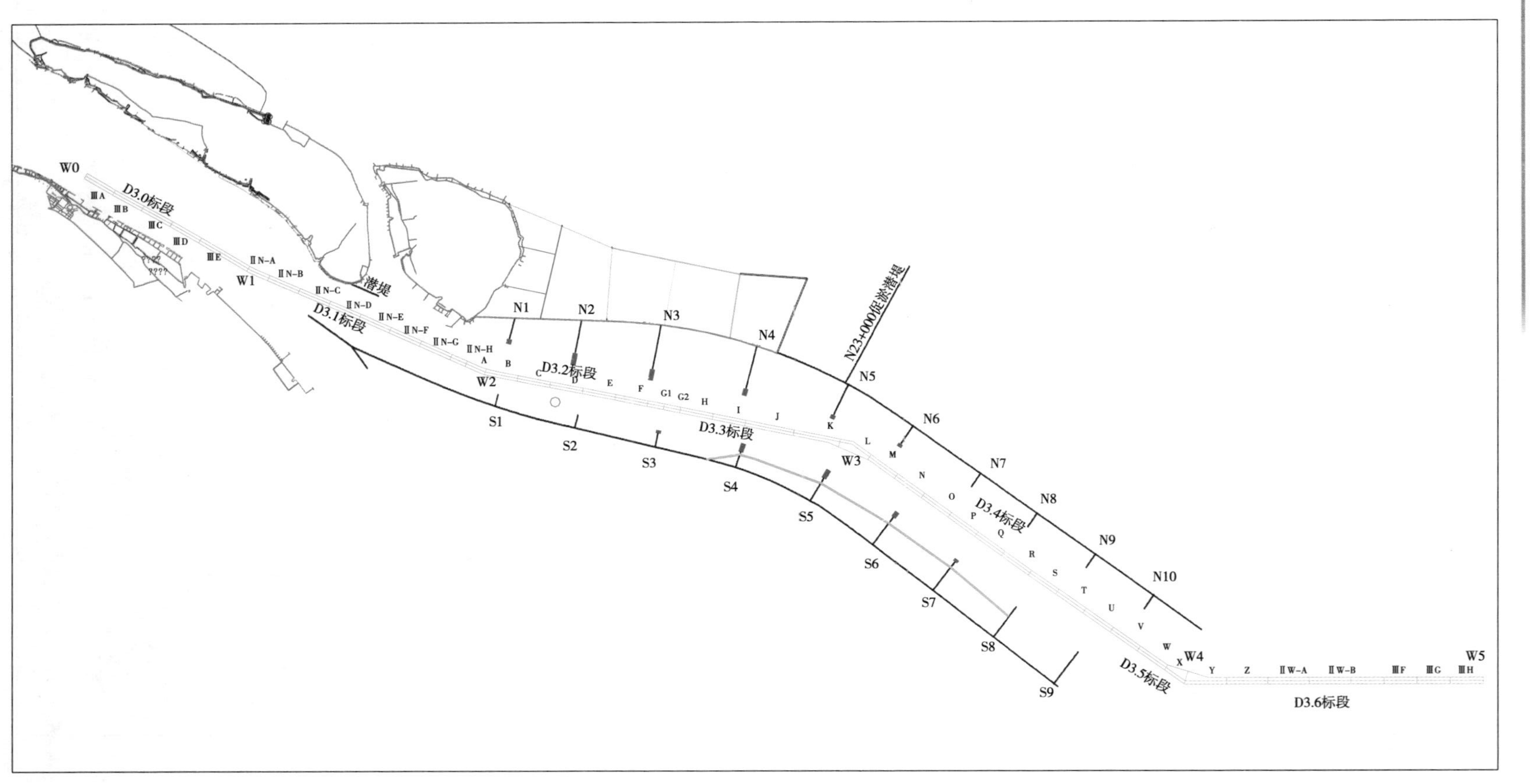

附录 B：三维数值模型验证结果

B1：潮位过程验证

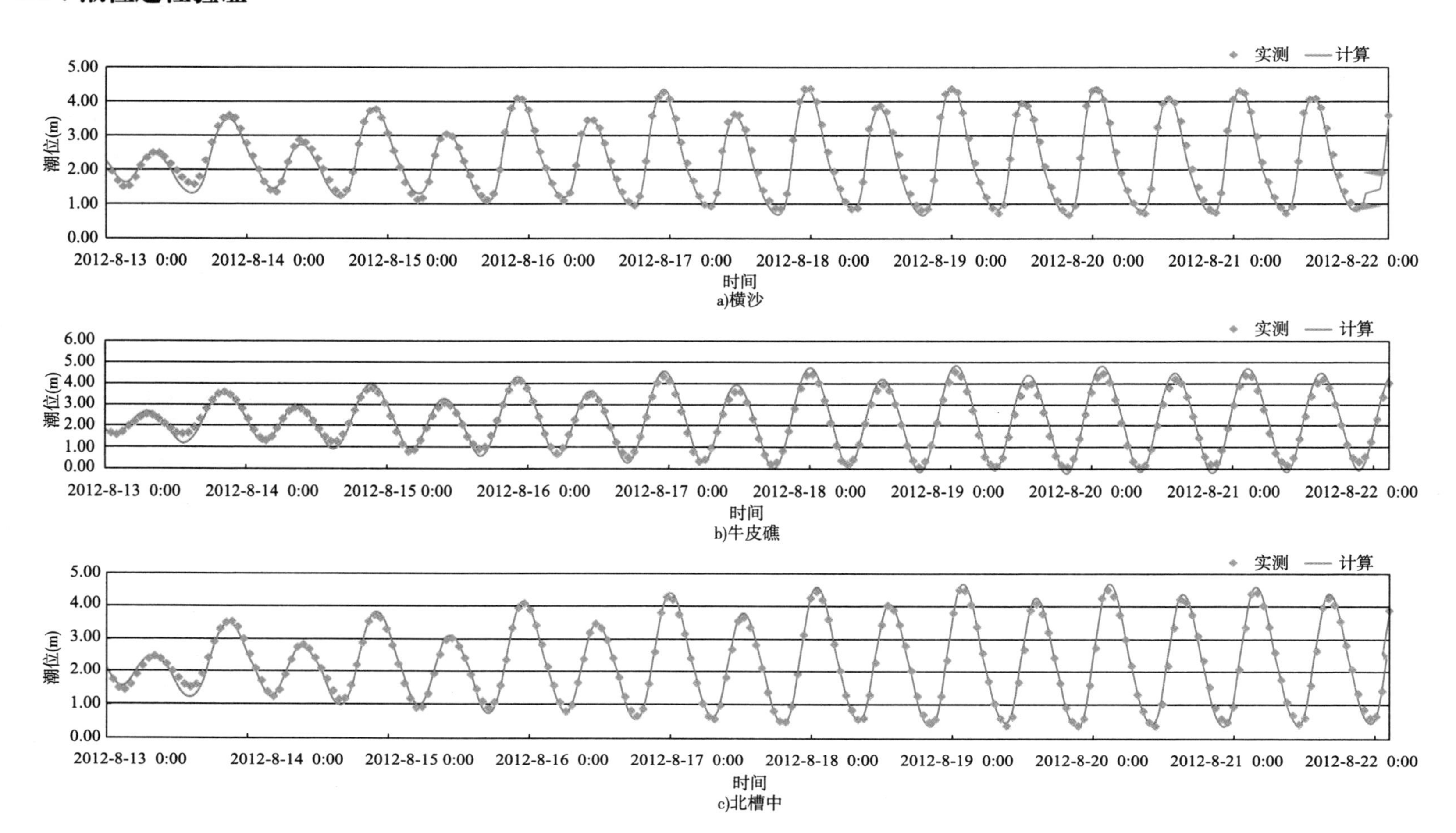

a)横沙

b)牛皮礁

c)北槽中

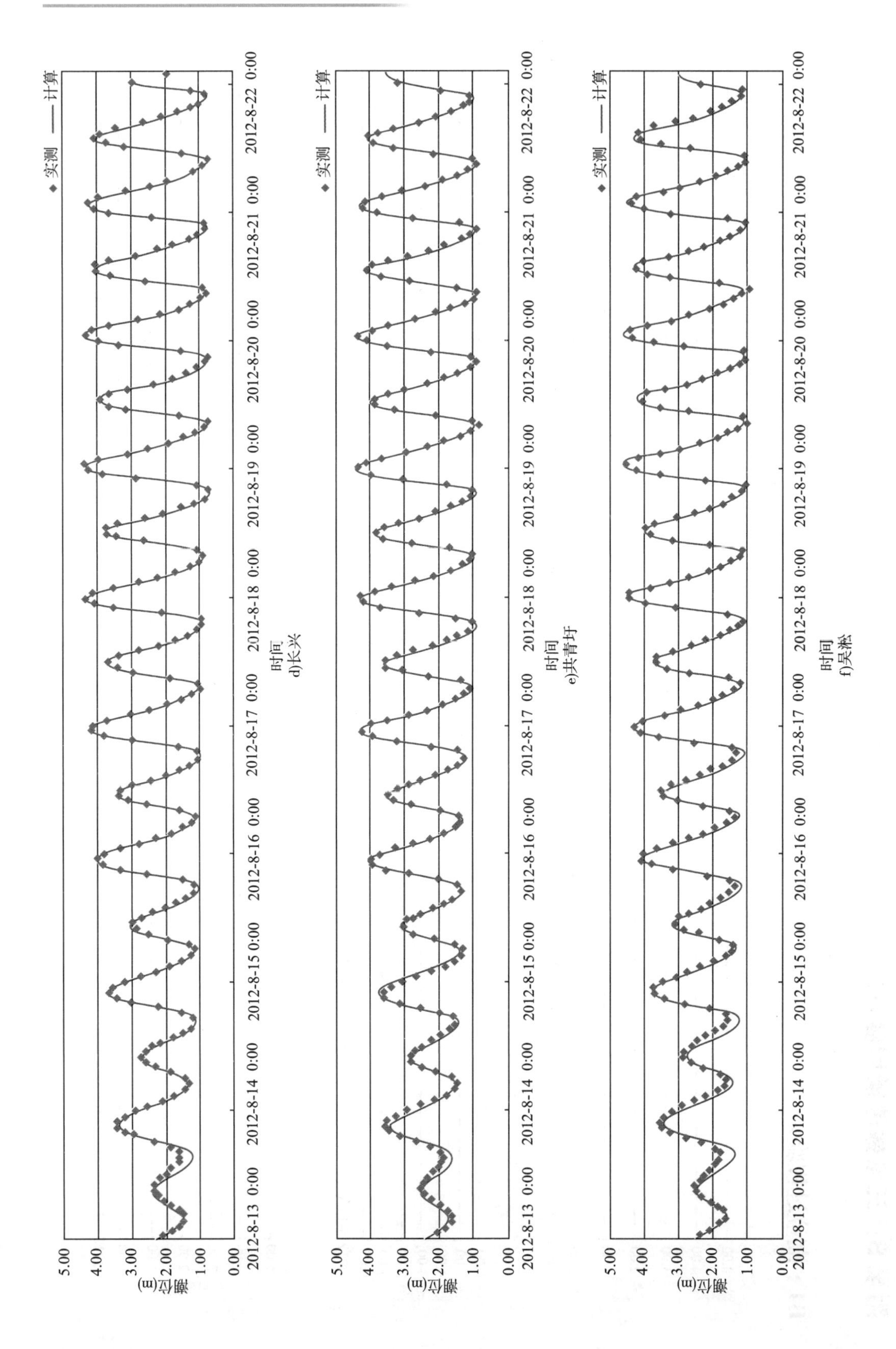

◆ 实测
—— 计算
潮位(m)
5.00
4.00
3.00
2.00
1.00
0.00
2012-8-13 0:00
2012-8-14 0:00
2012-8-15 0:00
2012-8-16 0:00
2012-8-17 0:00
2012-8-18 0:00
2012-8-19 0:00
2012-8-20 0:00
2012-8-21 0:00
2012-8-22 0:00
2012-8-23 0:00
时间

d)长兴

e)共青圩

f)吴淞

B2：流速过程验证

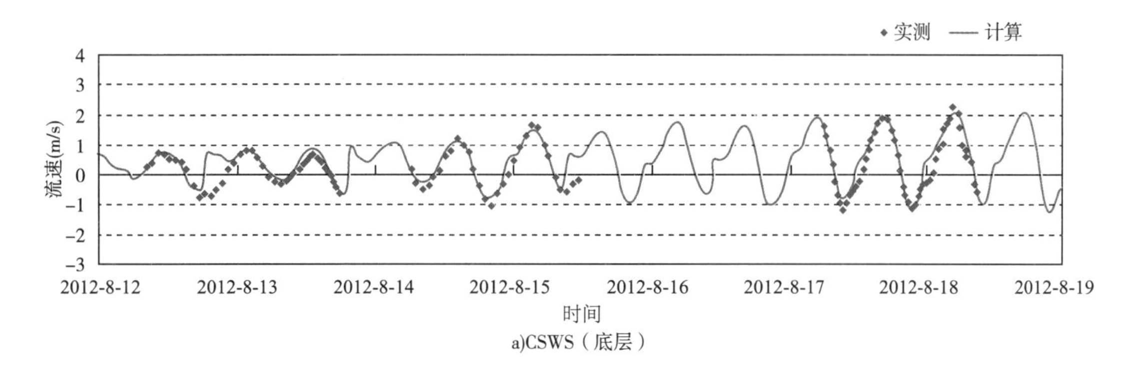

a)CSWS（底层）

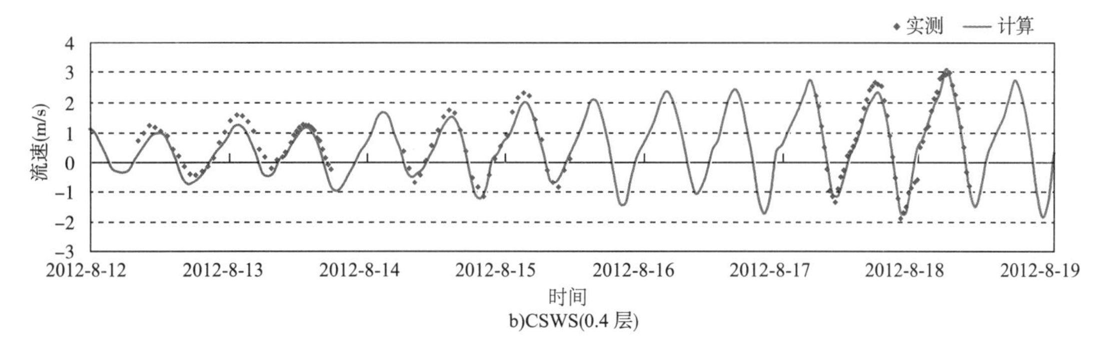

b)CSWS(0.4 层)

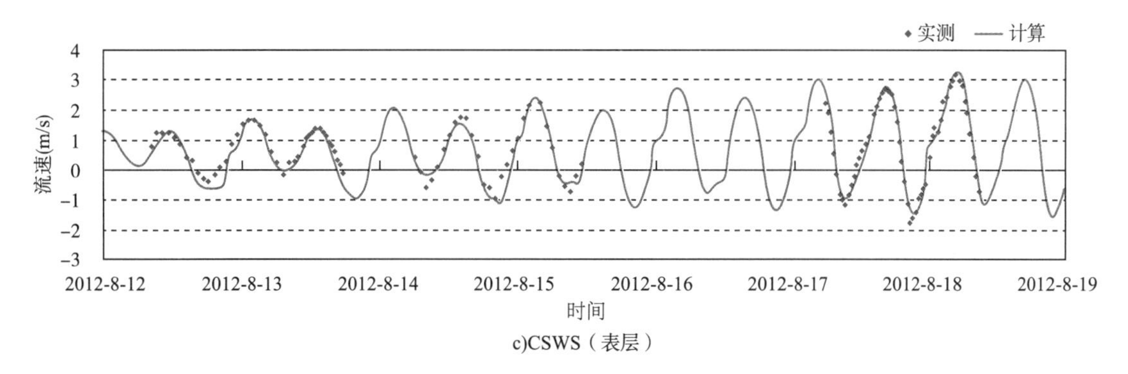

c)CSWS（表层）

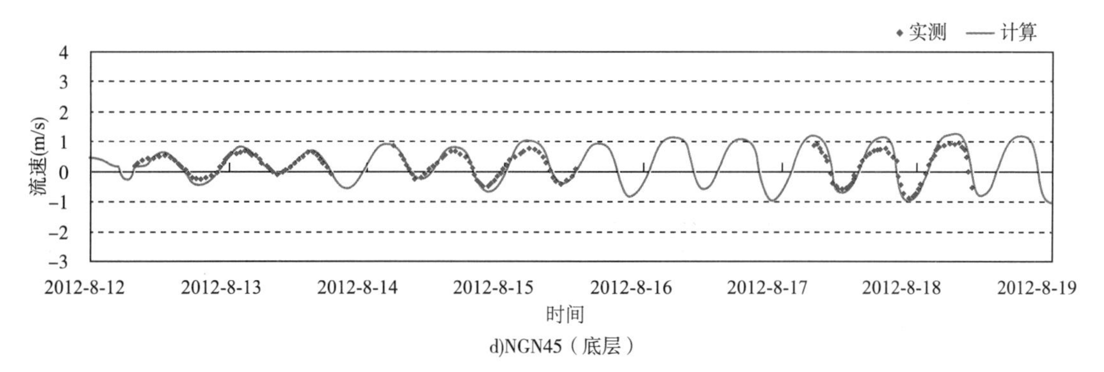

d)NGN45（底层）

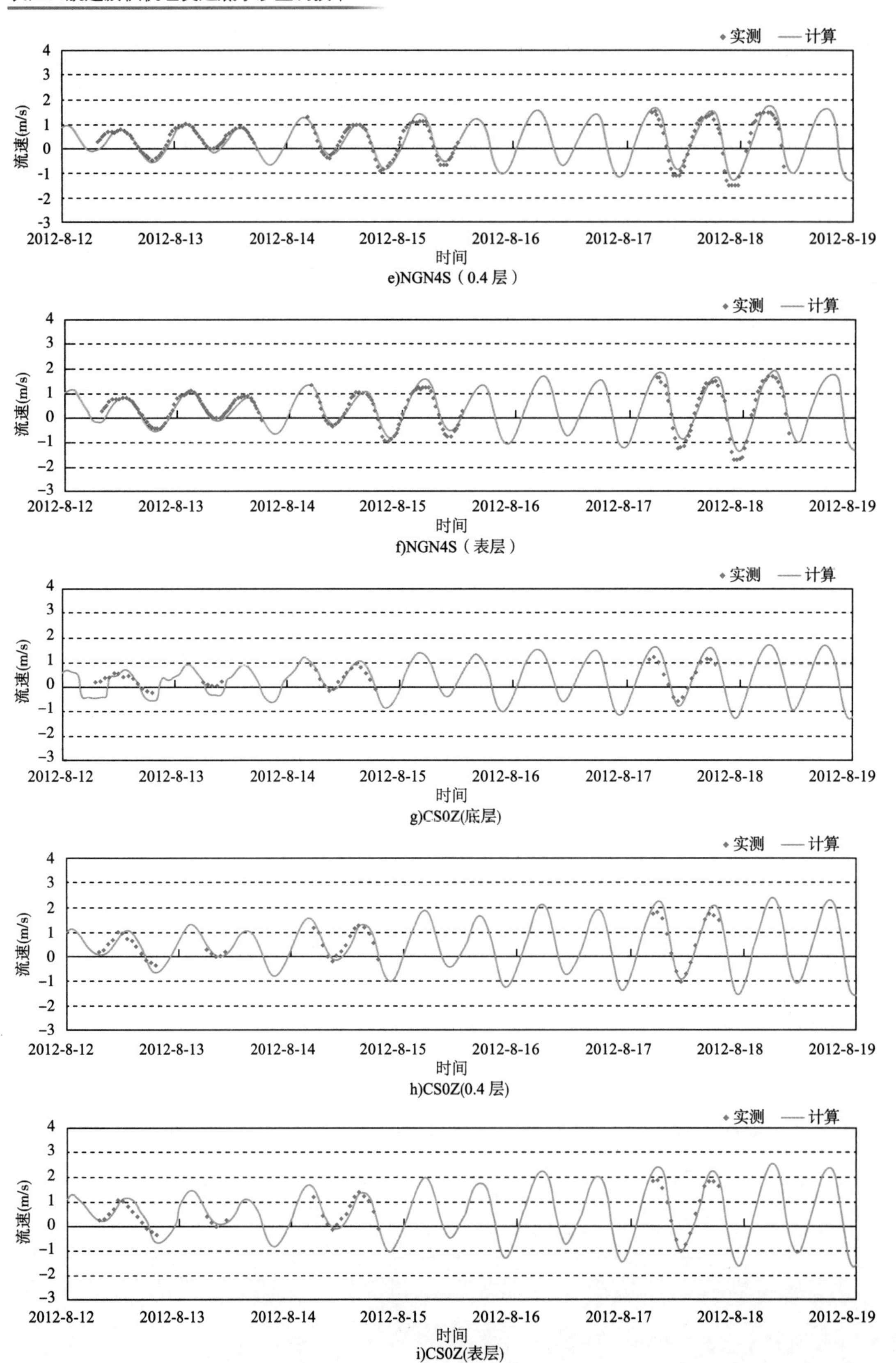

e)NGN4S（0.4层）

f)NGN4S（表层）

g)CS0Z(底层)

h)CS0Z(0.4层)

i)CS0Z(表层)

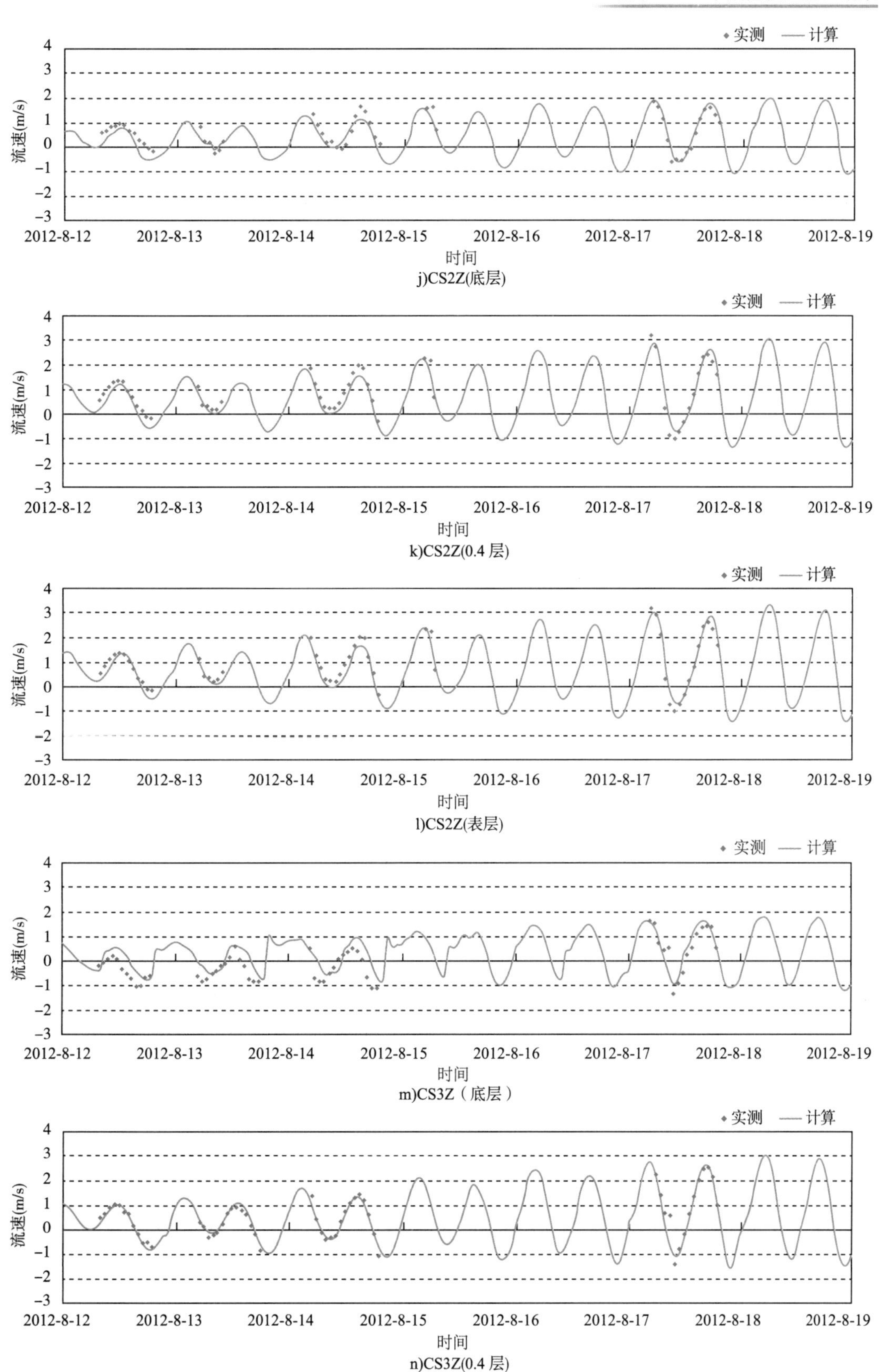

j)CS2Z(底层)

k)CS2Z(0.4 层)

l)CS2Z(表层)

m)CS3Z（底层）

n)CS3Z(0.4 层)

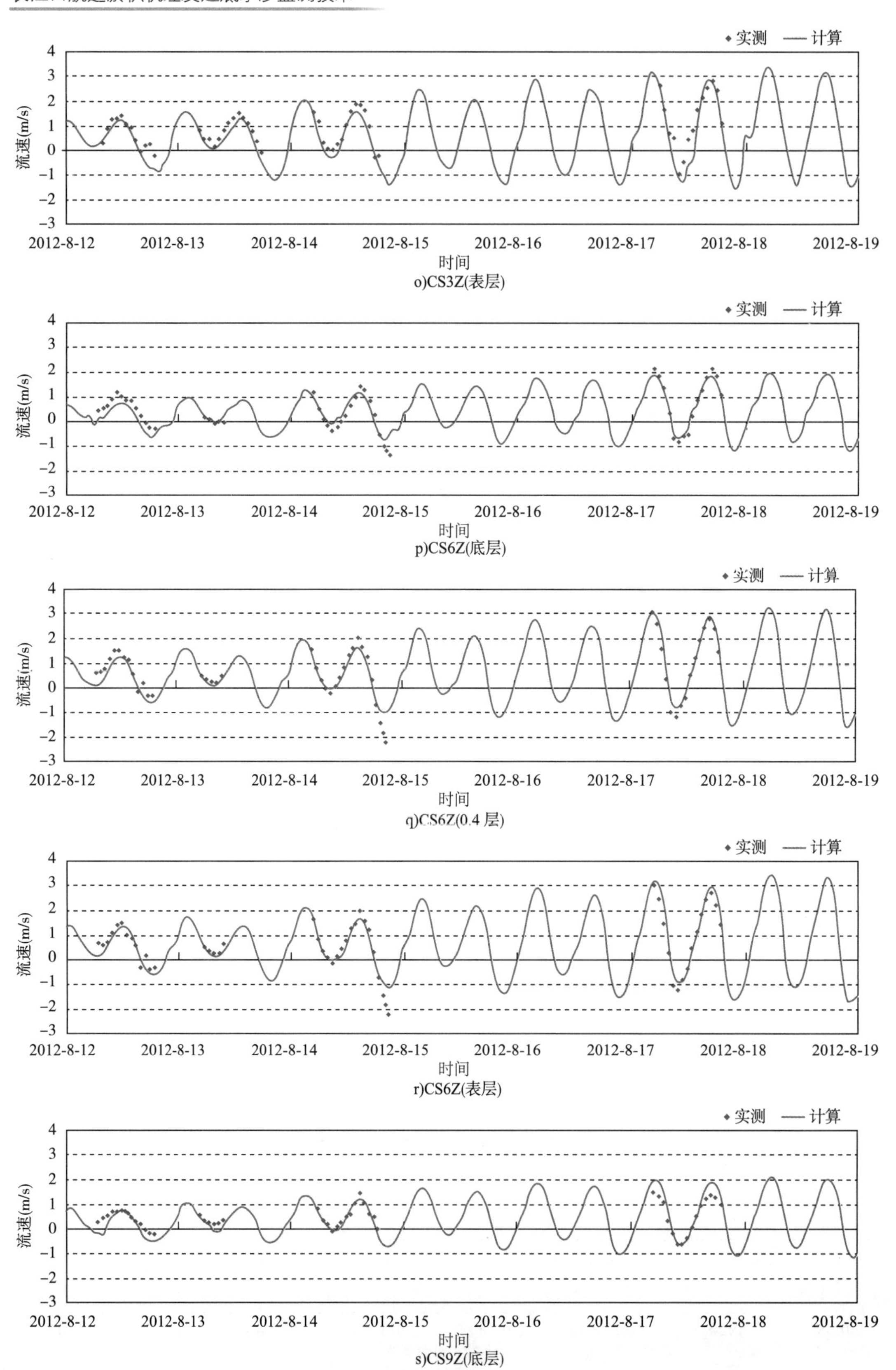

o)CS3Z(表层)

p)CS6Z(底层)

q)CS6Z(0.4 层)

r)CS6Z(表层)

s)CS9Z(底层)

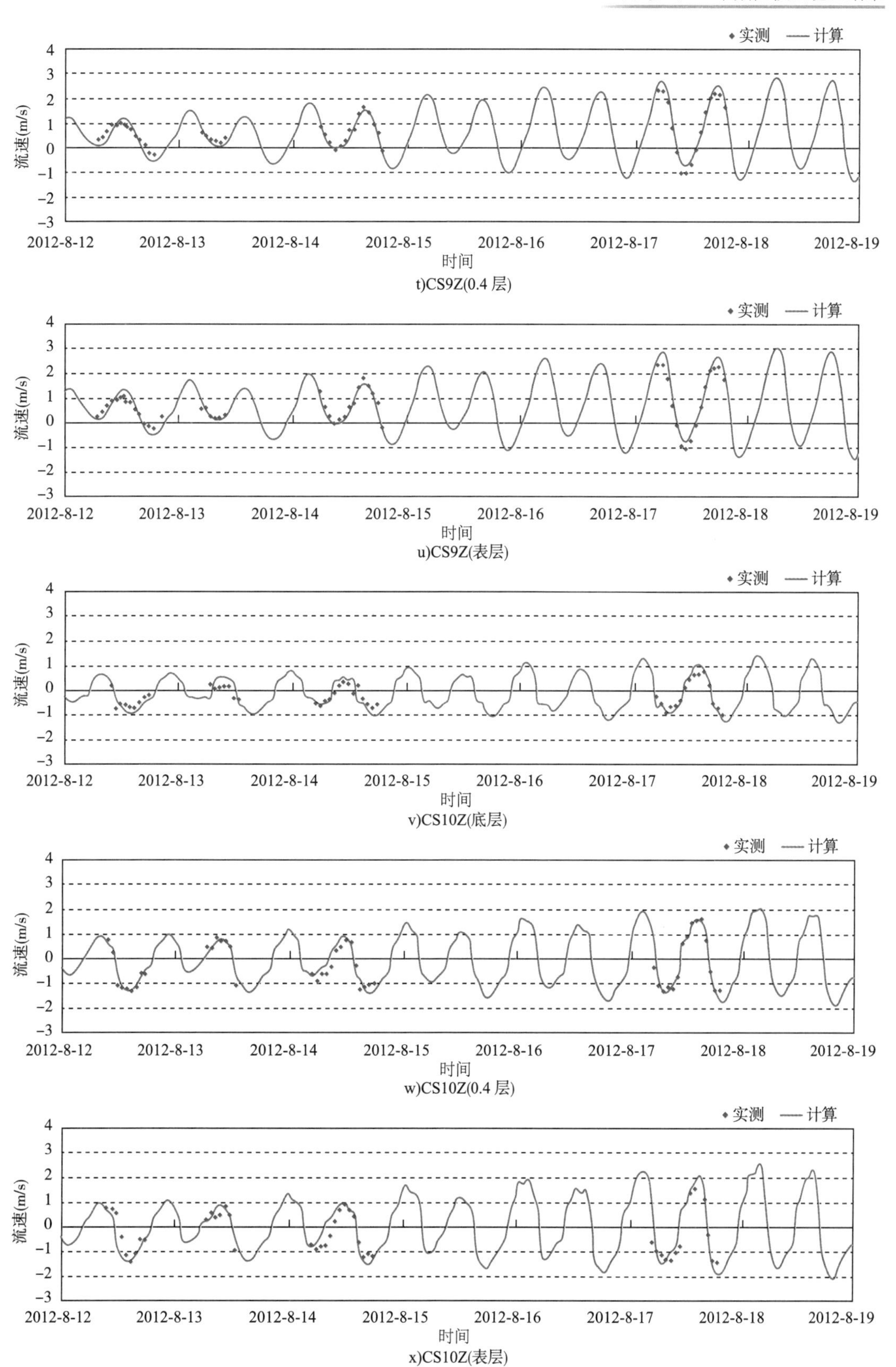

t)CS9Z(0.4 层)

u)CS9Z(表层)

v)CS10Z(底层)

w)CS10Z(0.4 层)

x)CS10Z(表层)

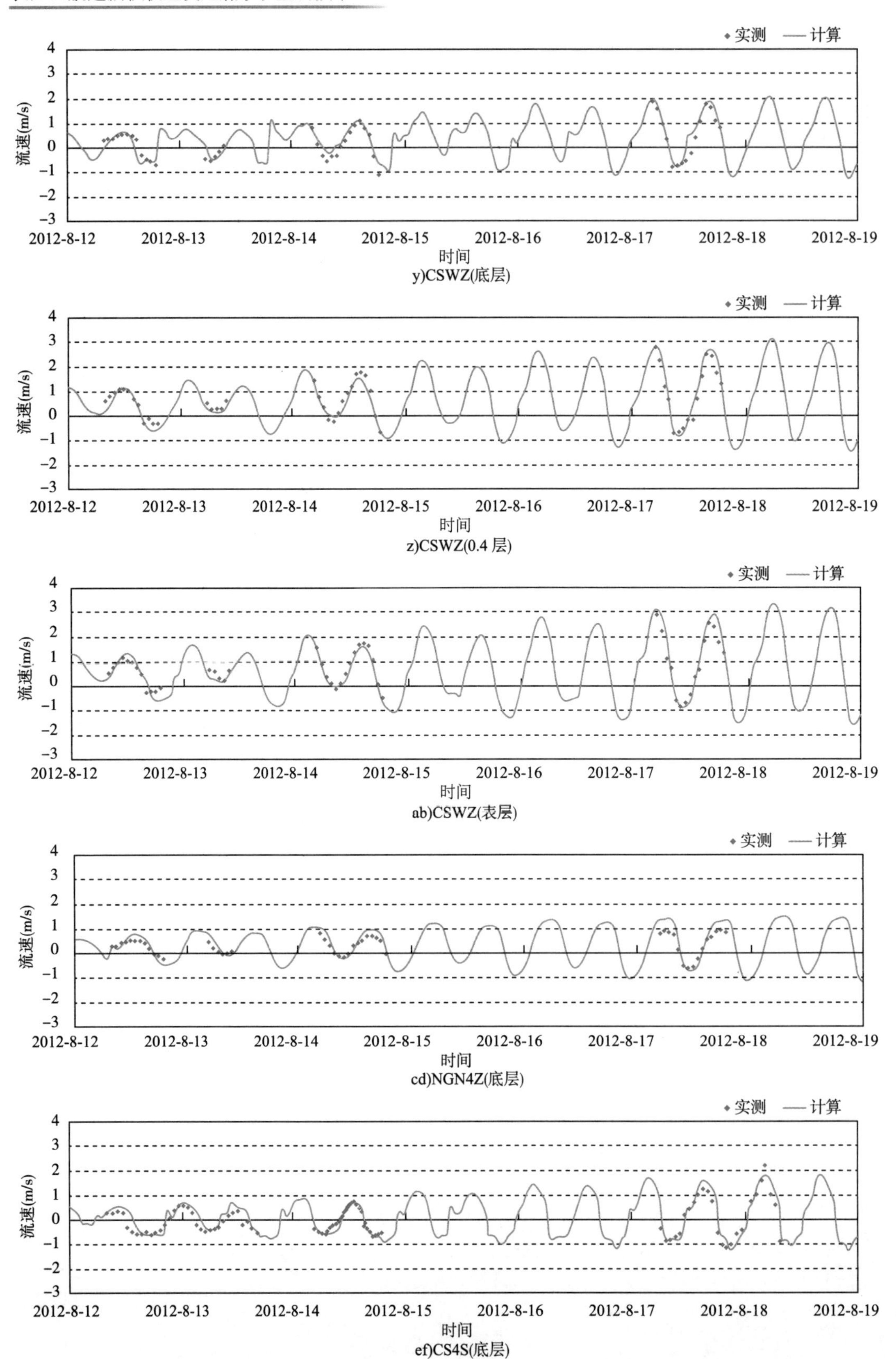

y)CSWZ(底层)

z)CSWZ(0.4 层)

ab)CSWZ(表层)

cd)NGN4Z(底层)

ef)CS4S(底层)

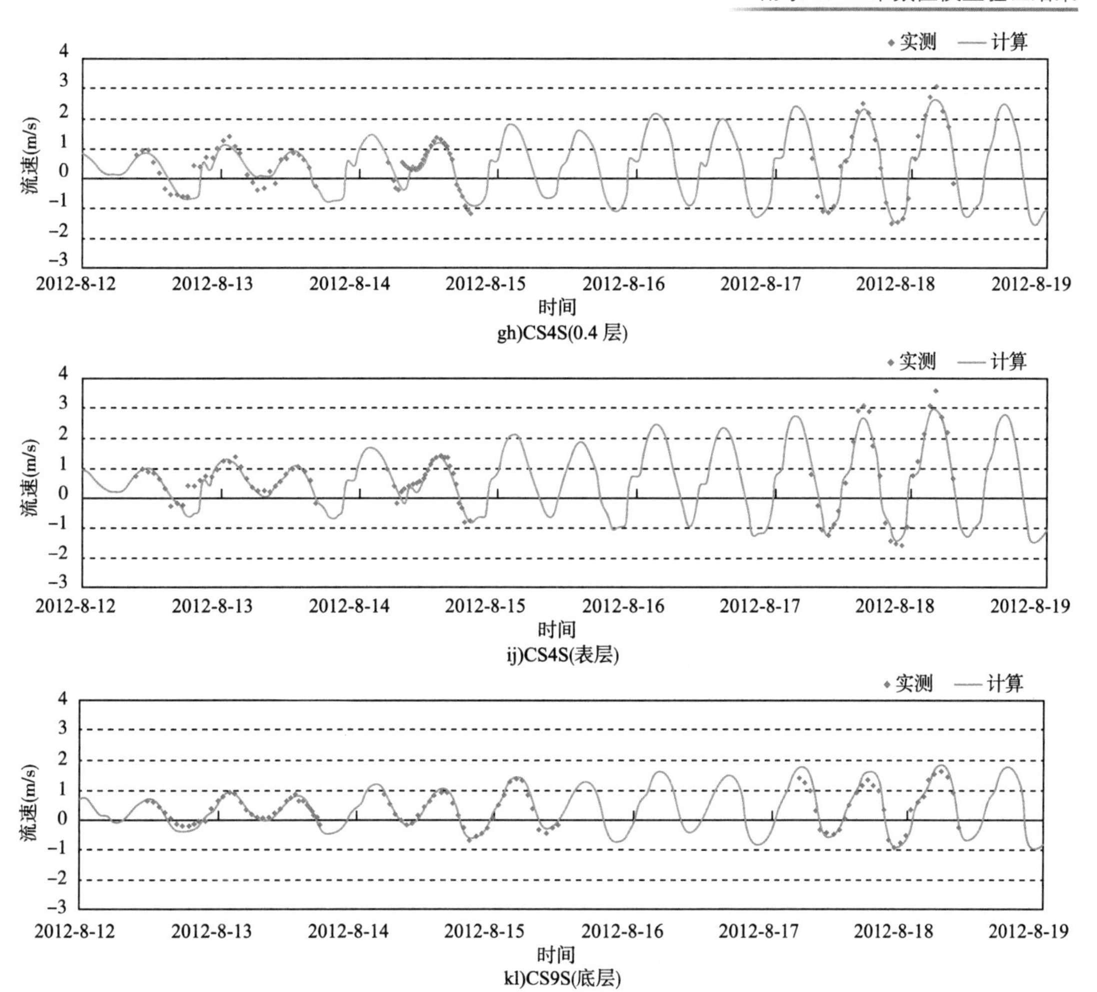

gh)CS4S(0.4 层)

ij)CS4S(表层)

kl)CS9S(底层)

B3：盐度过程验证

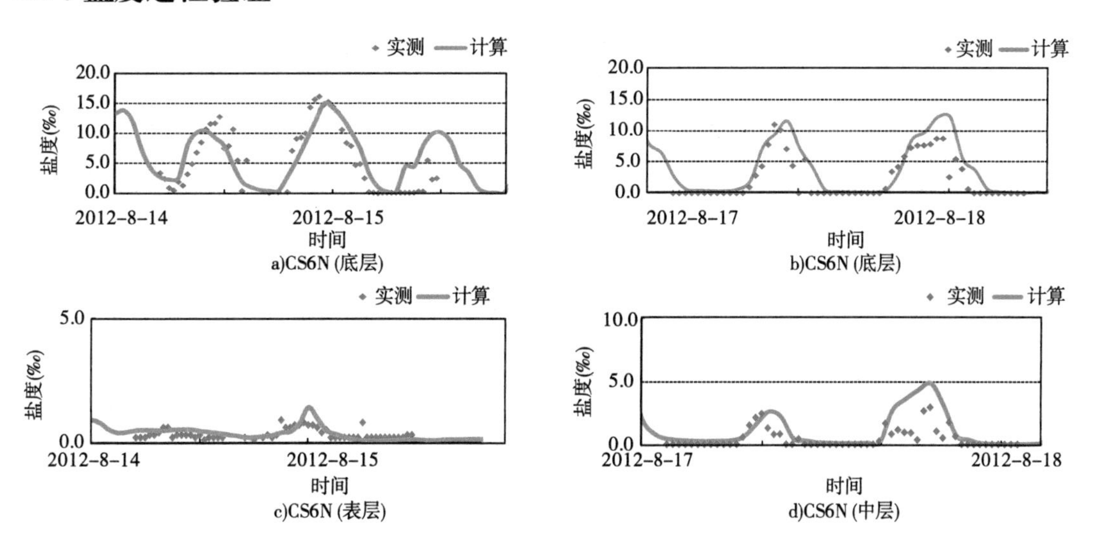

a)CS6N (底层)

b)CS6N (底层)

c)CS6N (表层)

d)CS6N (中层)

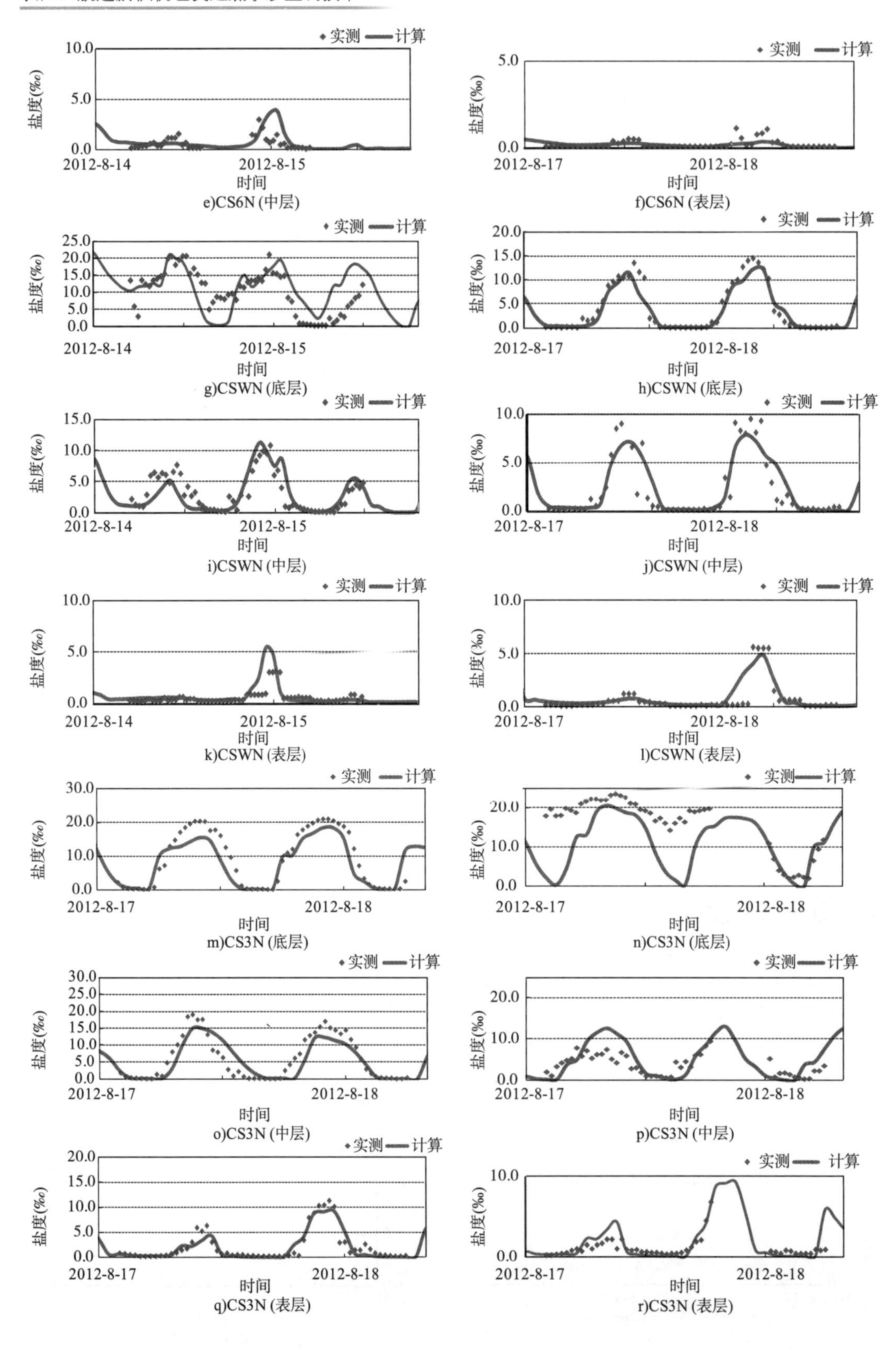
实测
计算
盐度(‰)
时间
2012-8-14
2012-8-15
2012-8-17
2012-8-18
e)CS6N (中层)
f)CS6N (表层)
g)CSWN (底层)
h)CSWN (底层)
i)CSWN (中层)
j)CSWN (中层)
k)CSWN (表层)
l)CSWN (表层)
m)CS3N (底层)
n)CS3N (底层)
o)CS3N (中层)
p)CS3N (中层)
q)CS3N (表层)
r)CS3N (表层)

B4：含沙量过程验证

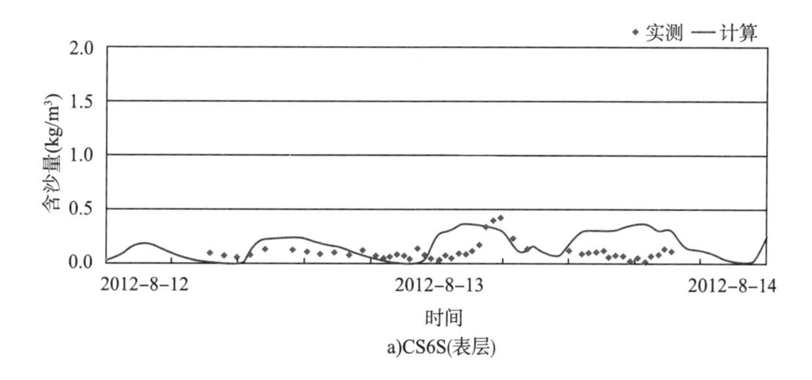

a)CS6S(表层)

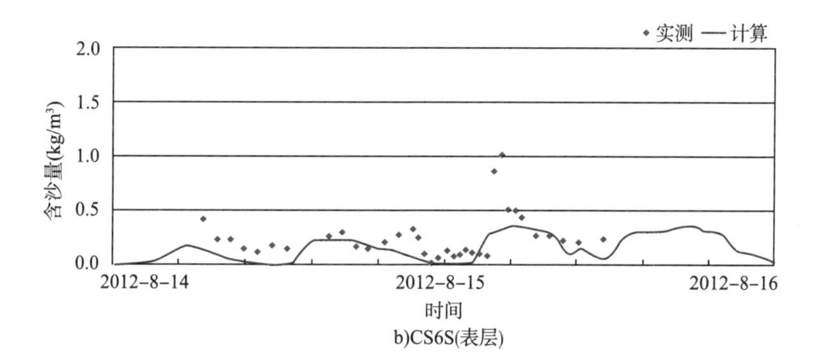

b)CS6S(表层)

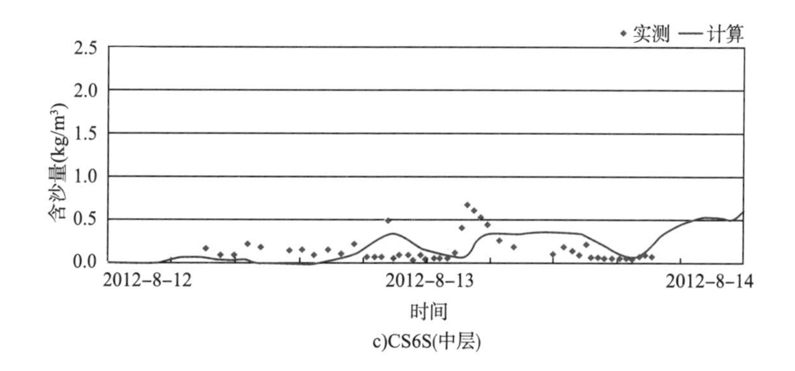

c)CS6S(中层)

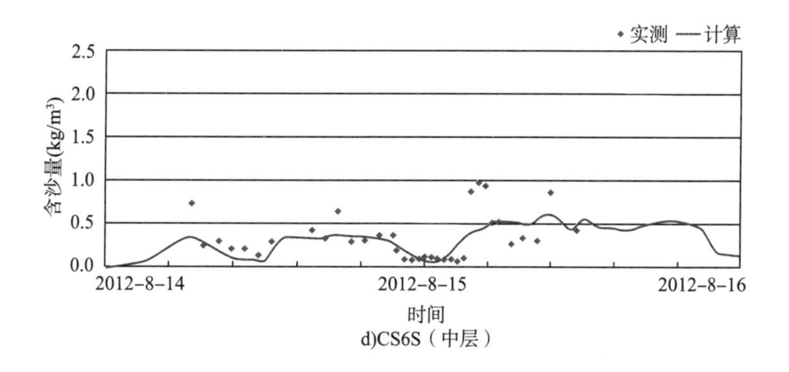

d)CS6S（中层）

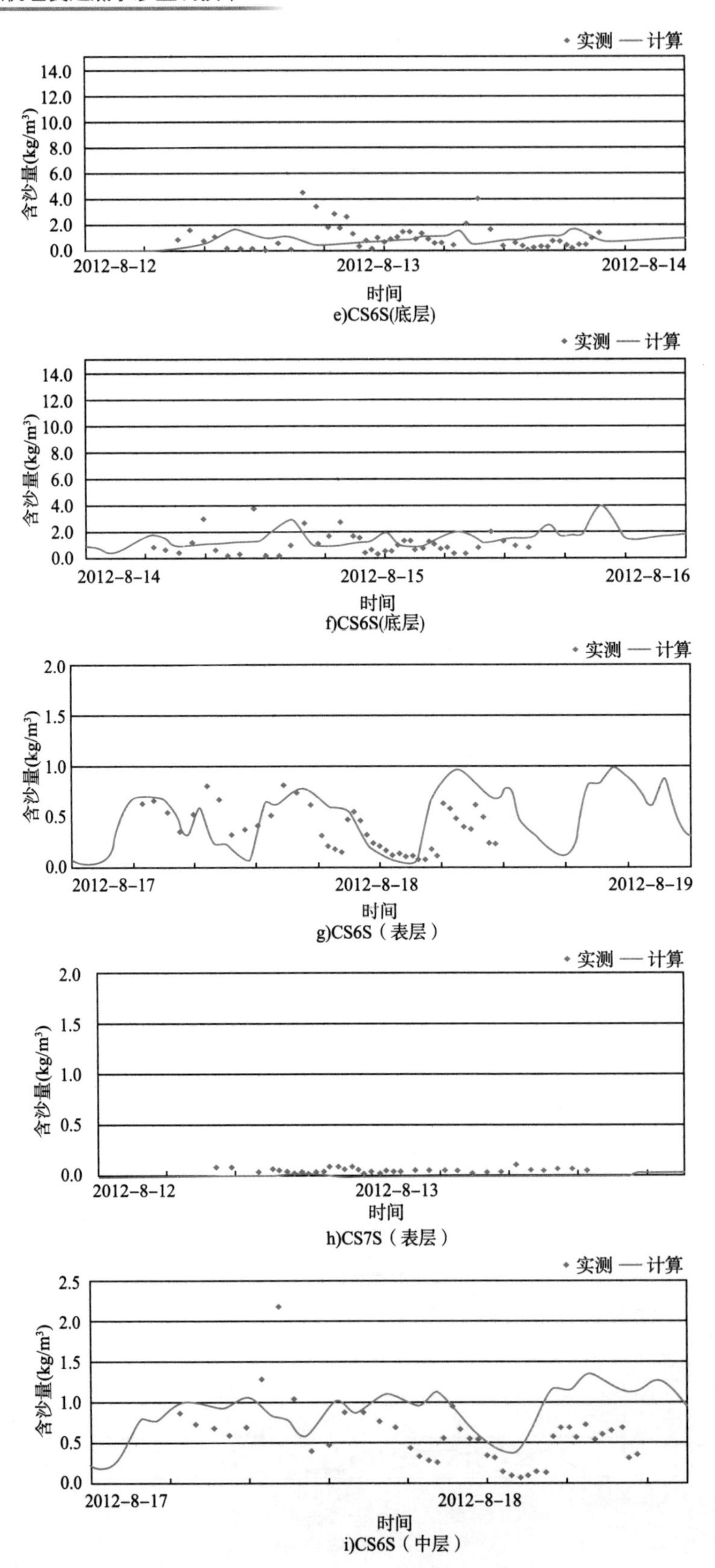

e)CS6S(底层)

f)CS6S(底层)

g)CS6S（表层）

h)CS7S（表层）

i)CS6S（中层）

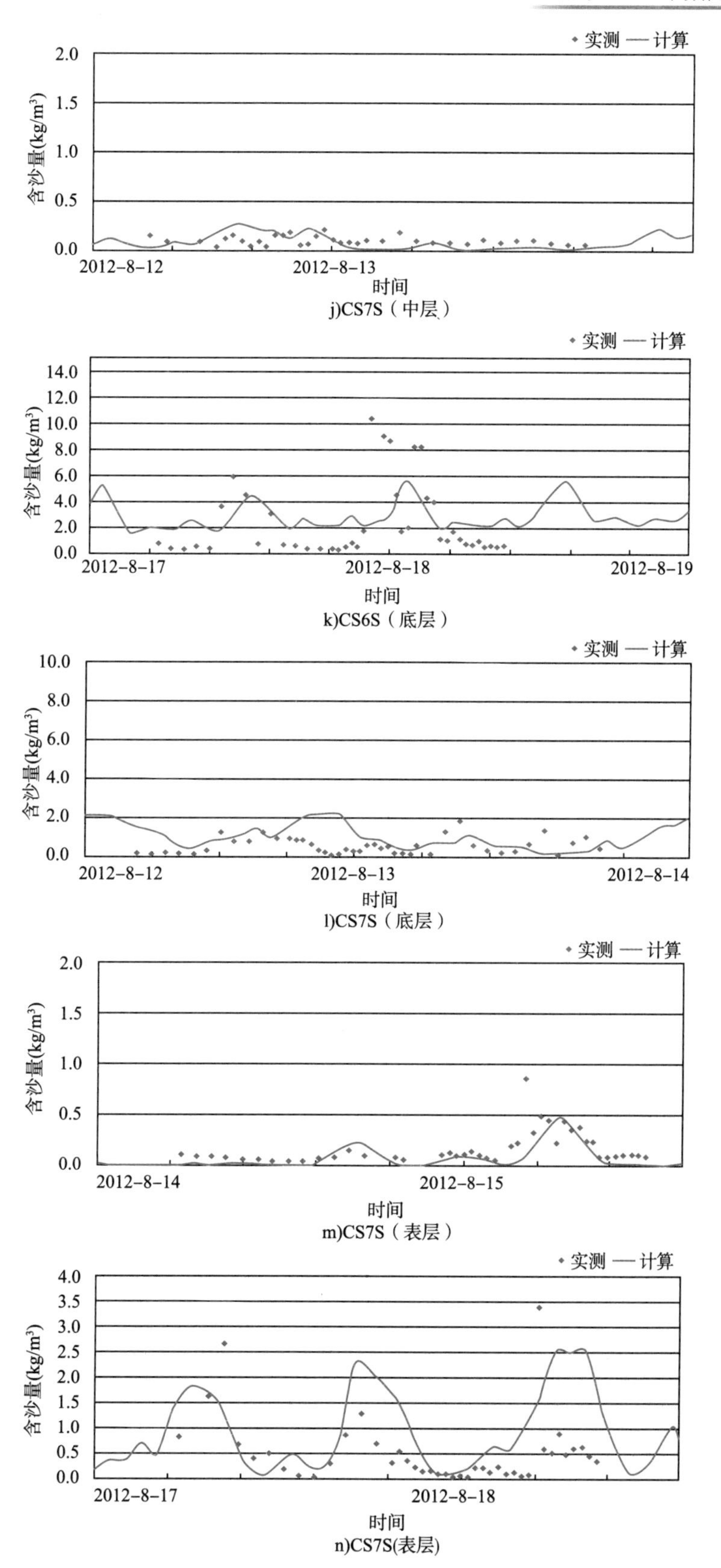

j)CS7S（中层）

k)CS6S（底层）

l)CS7S（底层）

m)CS7S（表层）

n)CS7S(表层)

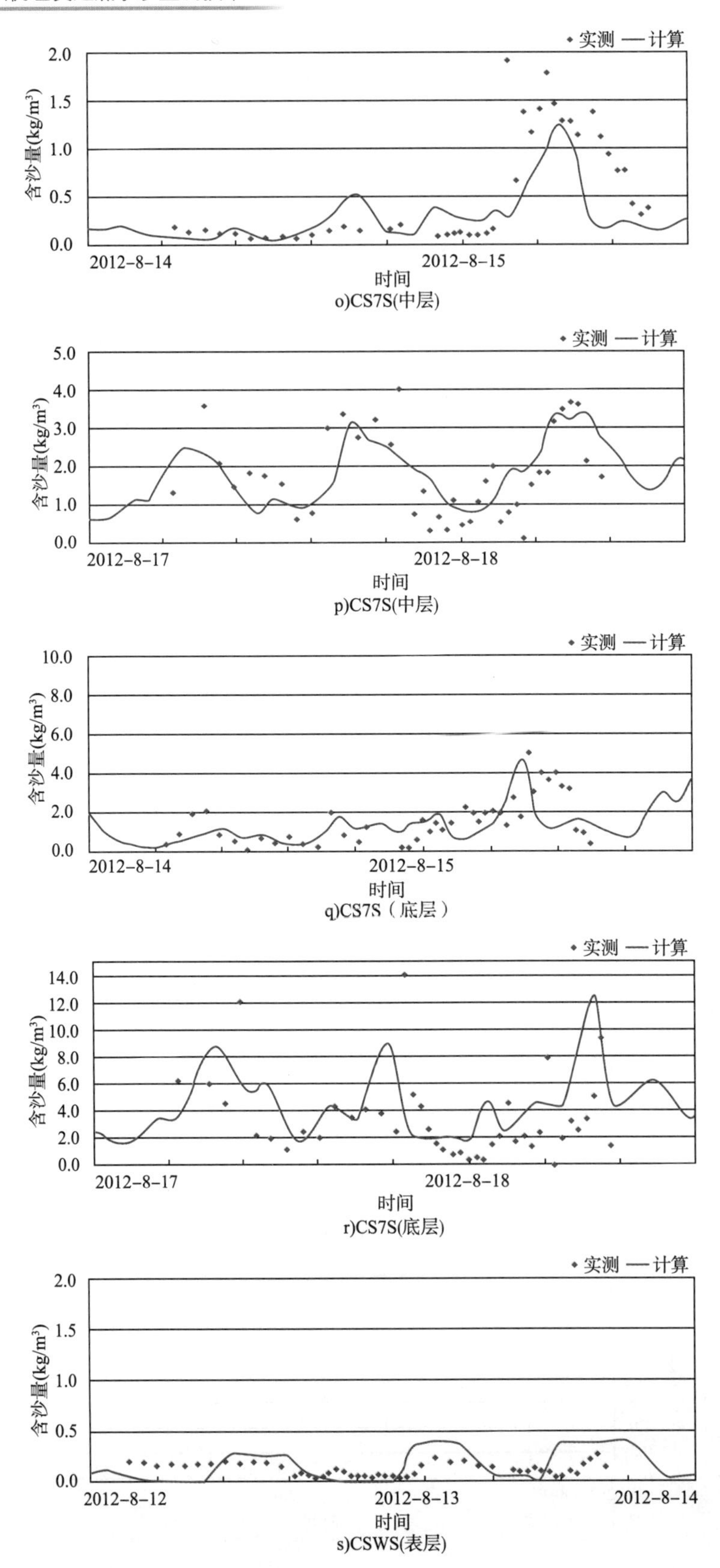

o)CS7S(中层)

p)CS7S(中层)

q)CS7S（底层）

r)CS7S(底层)

s)CSWS(表层)

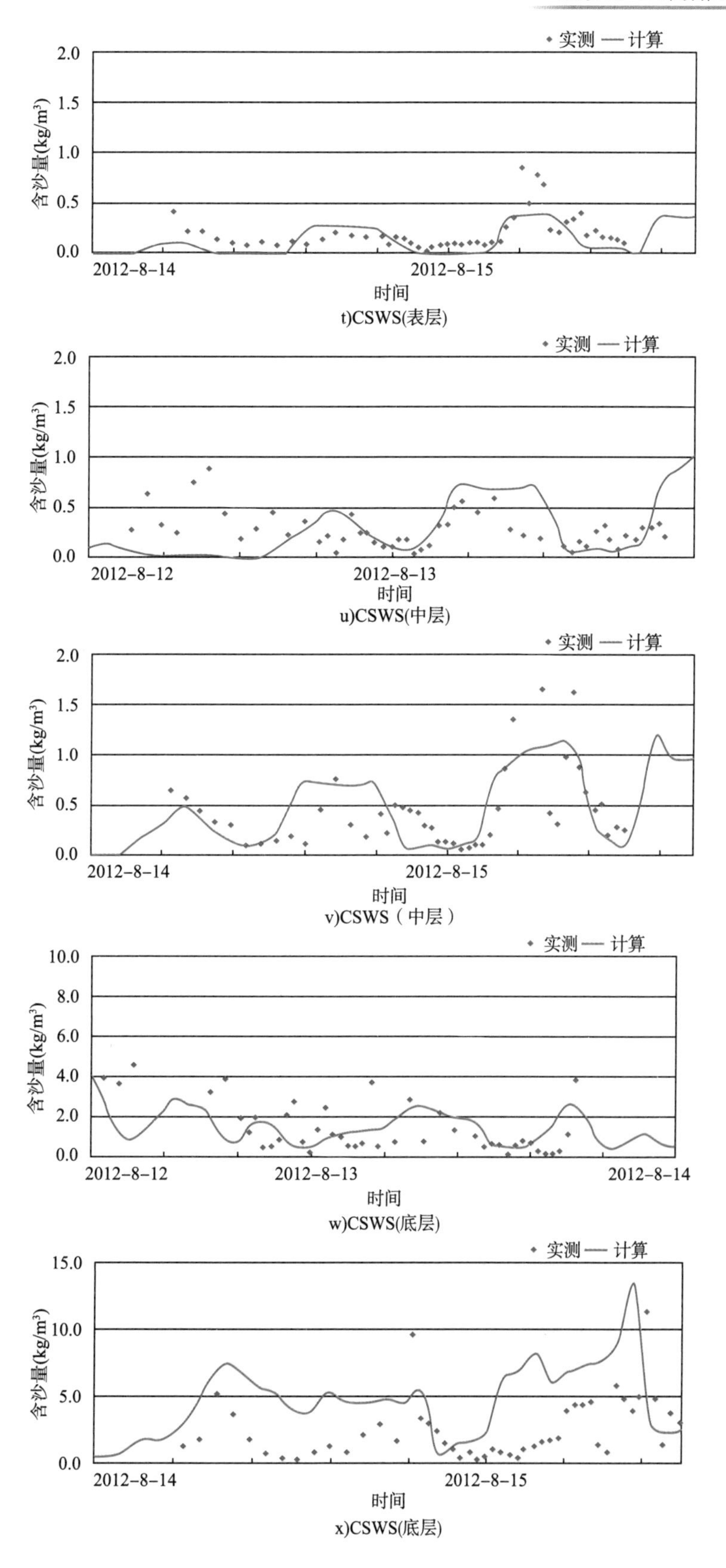

t)CSWS(表层)

u)CSWS(中层)

v)CSWS（中层）

w)CSWS(底层)

x)CSWS(底层)

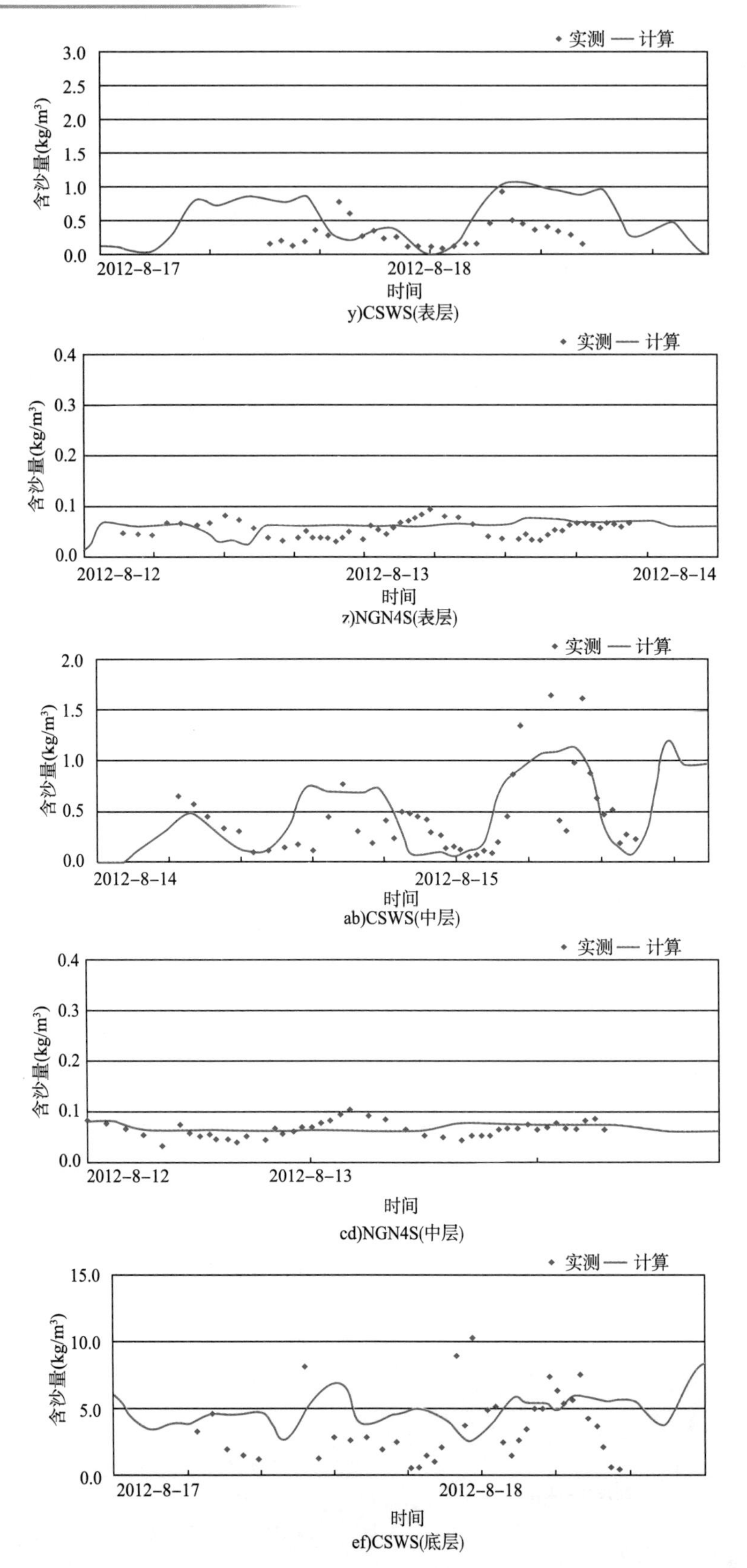
实测 — 计算
3.0
2.5
2.0
1.5
1.0
0.5
0.0
含沙量(kg/m³)
2012-8-17
2012-8-18
时间
y)CSWS(表层)
实测 — 计算
0.4
0.3
0.2
0.1
0.0
含沙量(kg/m³)
2012-8-12
2012-8-13
2012-8-14
时间
z)NGN4S(表层)
实测 — 计算
2.0
1.5
1.0
0.5
0.0
含沙量(kg/m³)
2012-8-14
2012-8-15
时间
ab)CSWS(中层)
实测 — 计算
0.4
0.3
0.2
0.1
0.0
含沙量(kg/m³)
2012-8-12
2012-8-13
时间
cd)NGN4S(中层)
实测 — 计算
15.0
10.0
5.0
0.0
含沙量(kg/m³)
2012-8-17
2012-8-18
时间
ef)CSWS(底层)

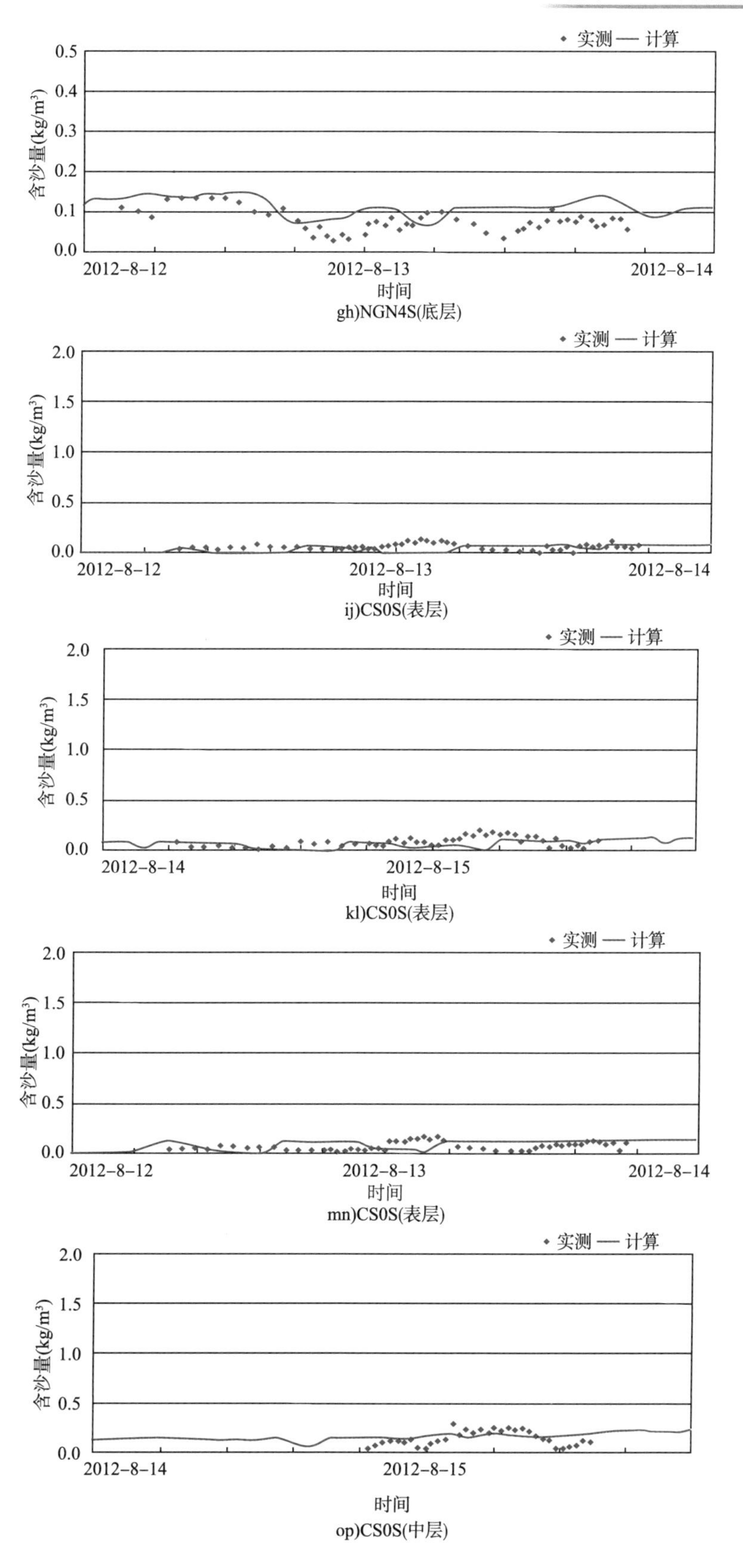

gh)NGN4S(底层)

ij)CS0S(表层)

kl)CS0S(表层)

mn)CS0S(表层)

op)CS0S(中层)

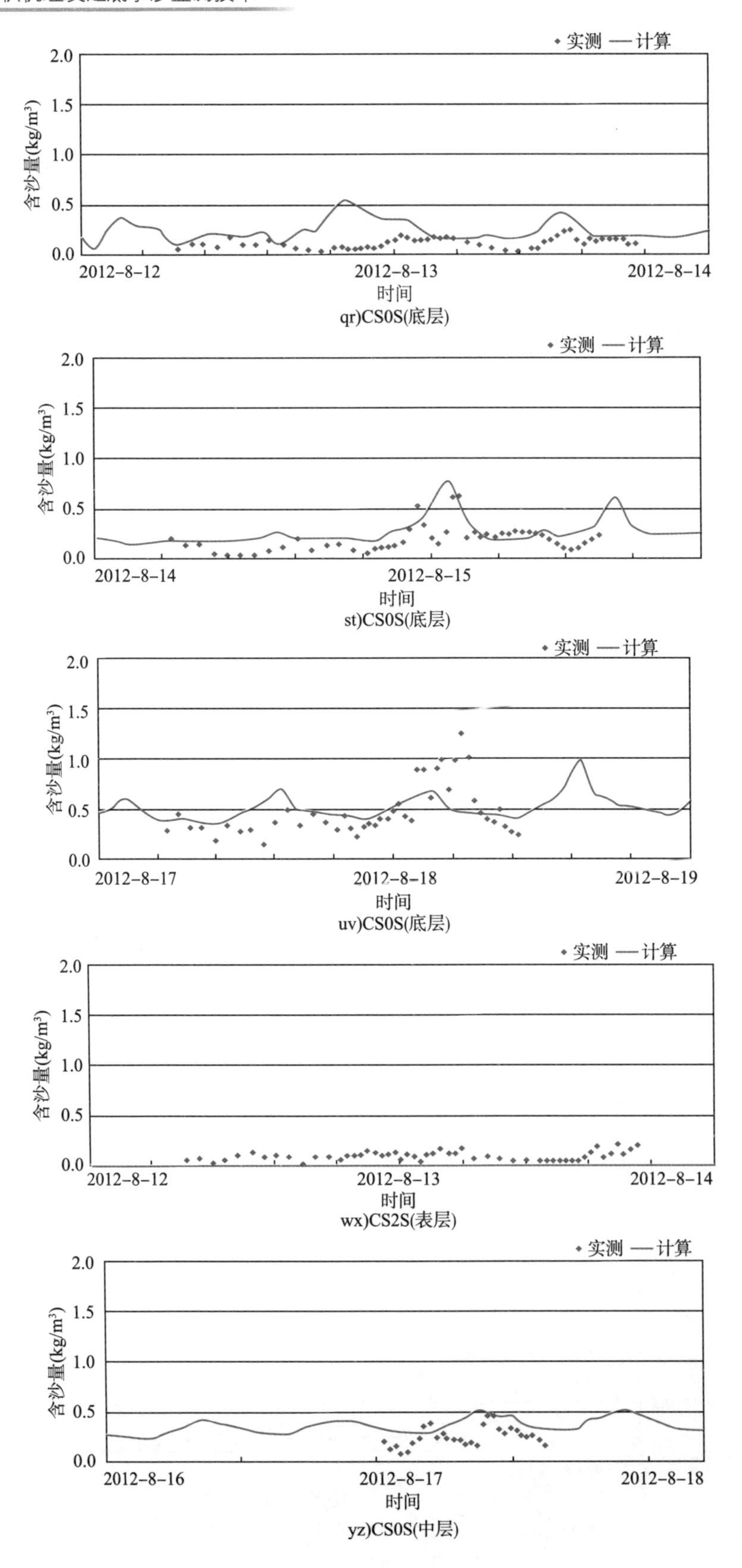

实测 — 计算
含沙量(kg/m³)
2.0
1.5
1.0
0.5
0.0
2012-8-12
2012-8-13
2012-8-14
时间
qr)CS0S(底层)
实测 — 计算
含沙量(kg/m³)
2012-8-14
2012-8-15
时间
st)CS0S(底层)
实测 — 计算
含沙量(kg/m³)
2012-8-17
2012-8-18
2012-8-19
时间
uv)CS0S(底层)
实测 — 计算
含沙量(kg/m³)
2012-8-12
2012-8-13
2012-8-14
时间
wx)CS2S(表层)
实测 — 计算
含沙量(kg/m³)
2012-8-16
2012-8-17
2012-8-18
时间
yz)CS0S(中层)

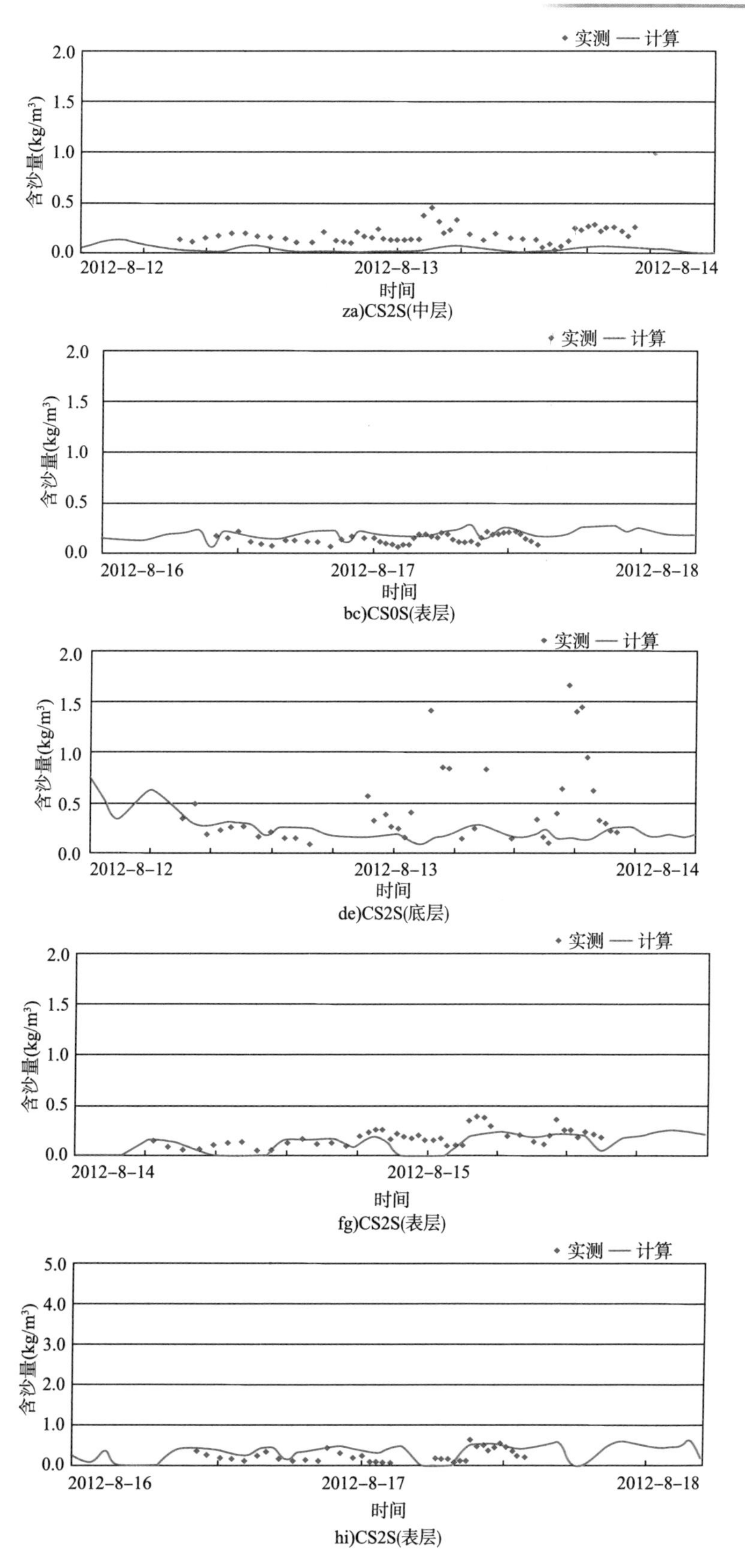
实测 — 计算
含沙量(kg/m³)
2.0
1.5
1.0
0.5
0.0
2012-8-12
2012-8-13
2012-8-14
时间
za)CS2S(中层)
实测 — 计算
2012-8-16
2012-8-17
2012-8-18
时间
bc)CS0S(表层)
实测 — 计算
2012-8-12
2012-8-13
2012-8-14
时间
de)CS2S(底层)
实测 — 计算
2012-8-14
2012-8-15
时间
fg)CS2S(表层)
实测 — 计算
5.0
4.0
3.0
2.0
1.0
0.0
2012-8-16
2012-8-17
2012-8-18
时间
hi)CS2S(表层)

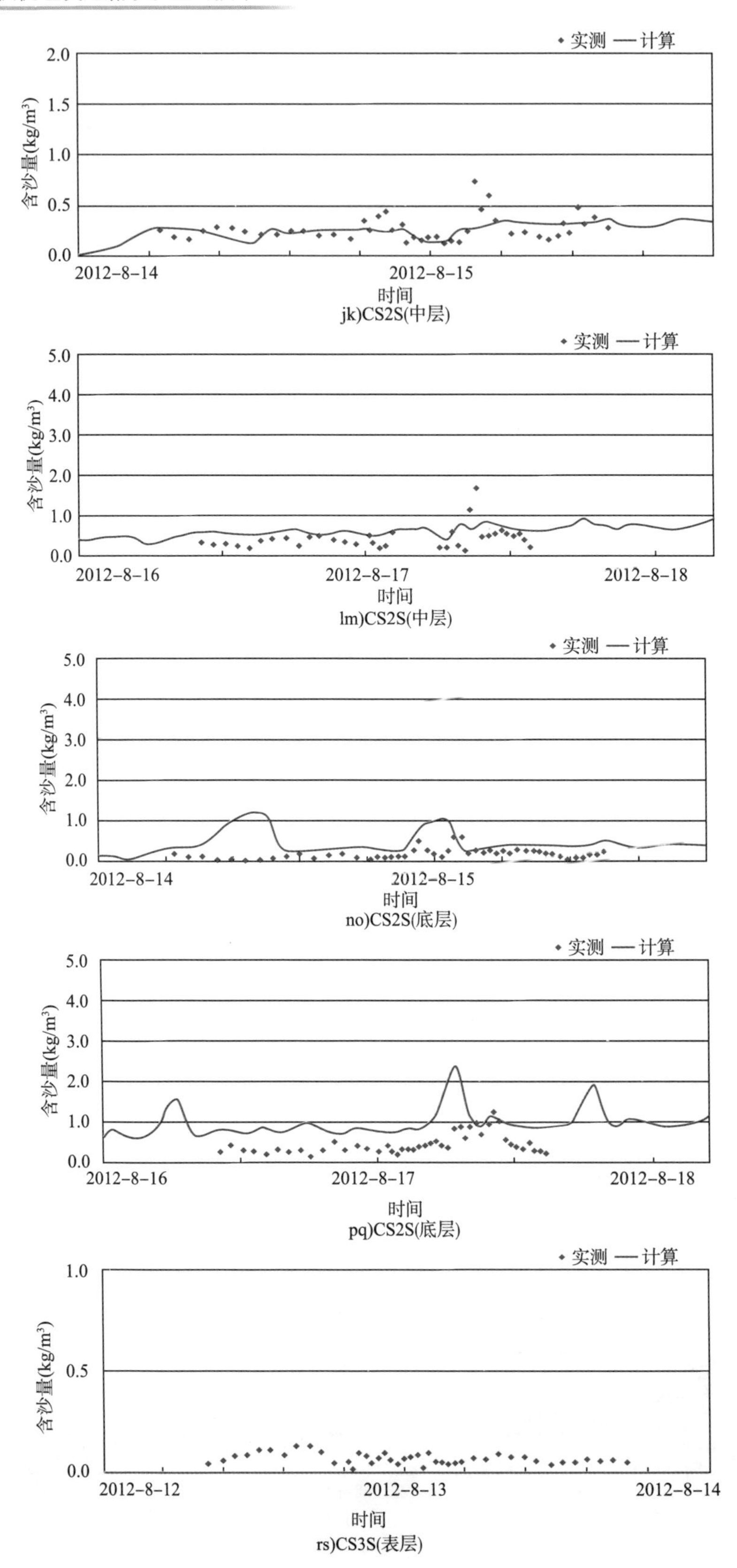

jk)CS2S(中层)

lm)CS2S(中层)

no)CS2S(底层)

pq)CS2S(底层)

rs)CS3S(表层)

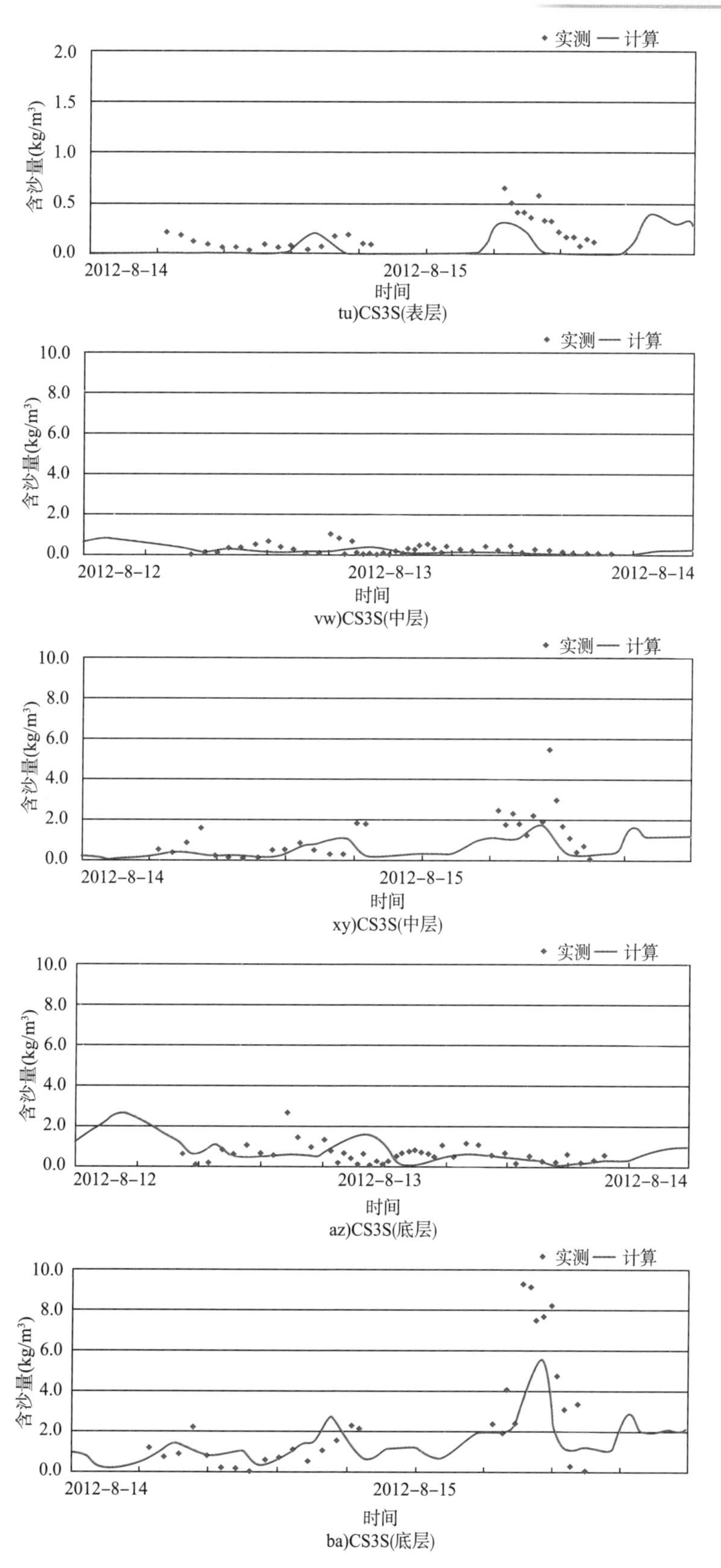

tu)CS3S(表层)

vw)CS3S(中层)

xy)CS3S(中层)

az)CS3S(底层)

ba)CS3S(底层)

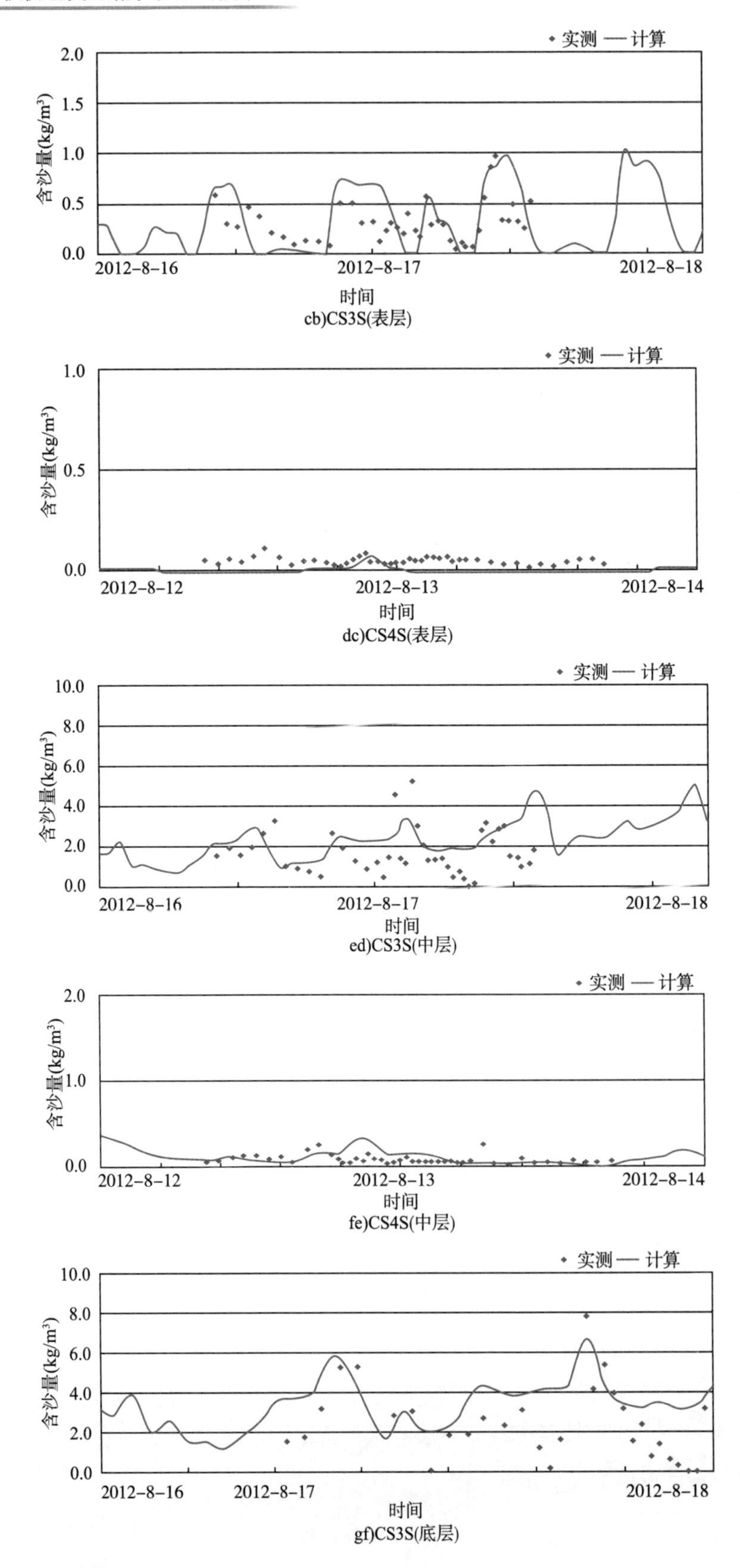

cb)CS3S(表层)

dc)CS4S(表层)

ed)CS3S(中层)

fe)CS4S(中层)

gf)CS3S(底层)

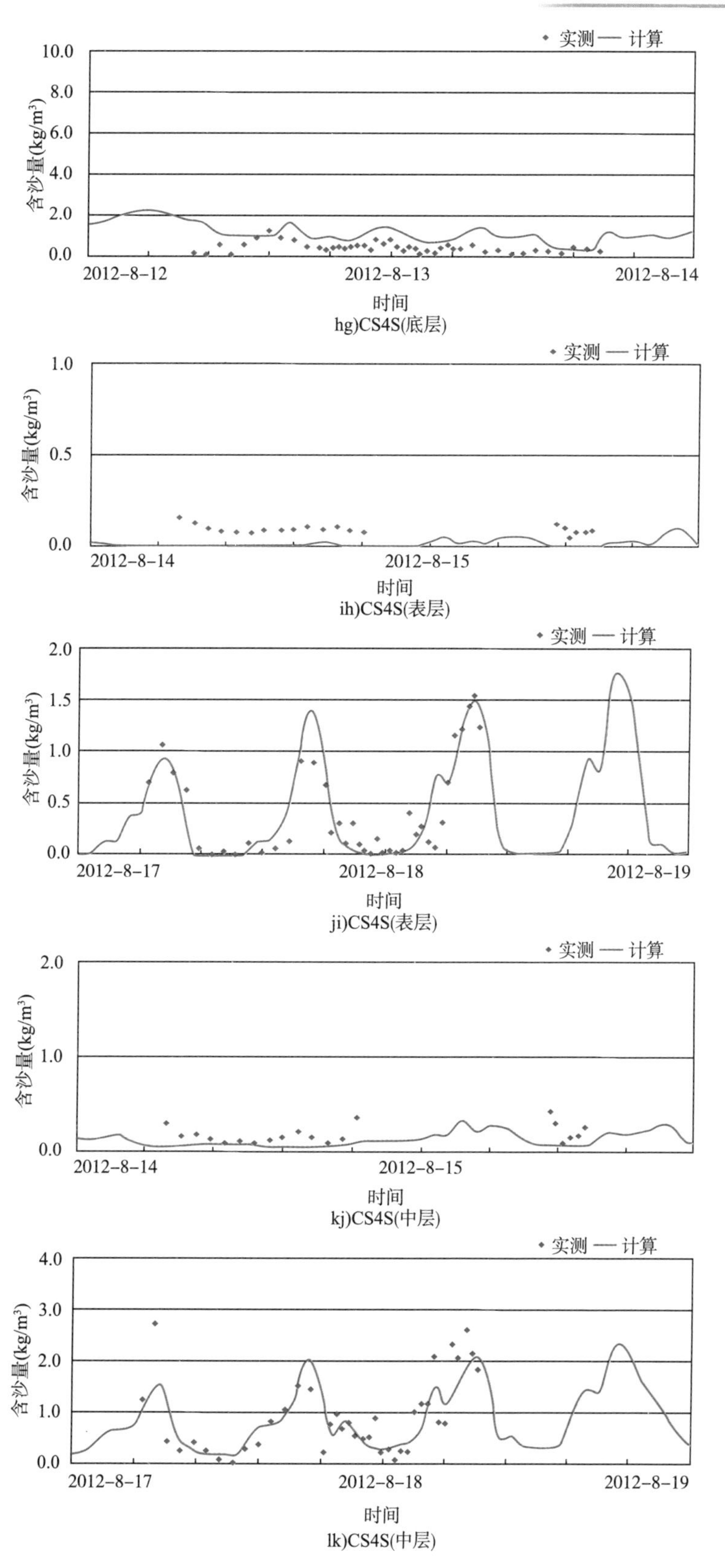

hg)CS4S(底层)

ih)CS4S(表层)

ji)CS4S(表层)

kj)CS4S(中层)

lk)CS4S(中层)

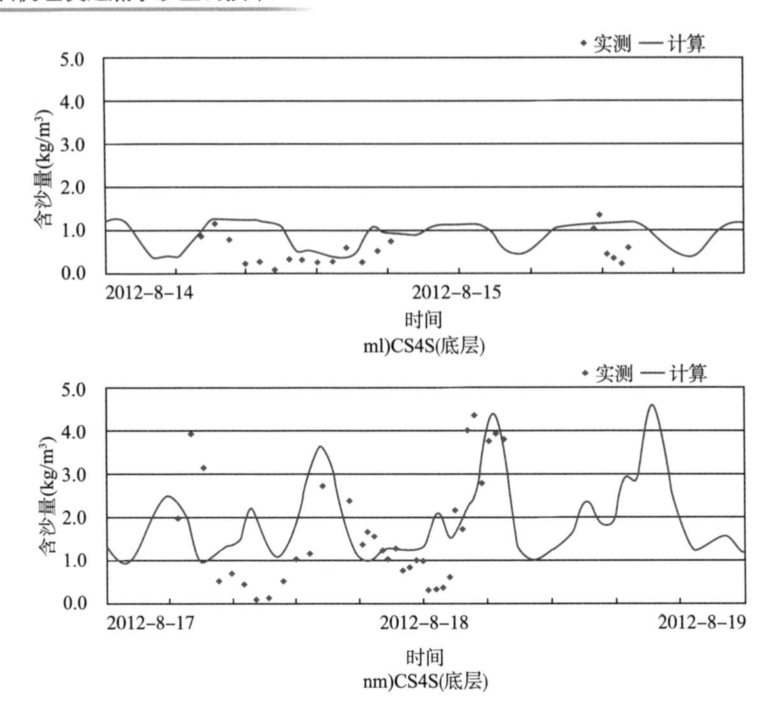

◆实测 —计算
5.0
4.0
3.0
2.0
1.0
0.0
含沙量(kg/m³)
2012-8-14
2012-8-15
时间
ml)CS4S(底层)
◆实测 —计算
5.0
4.0
3.0
2.0
1.0
0.0
含沙量(kg/m³)
2012-8-17
2012-8-18
2012-8-19
时间
nm)CS4S(底层)

附录 C：北槽及周边水域涨落急垂线平均流速矢量分布

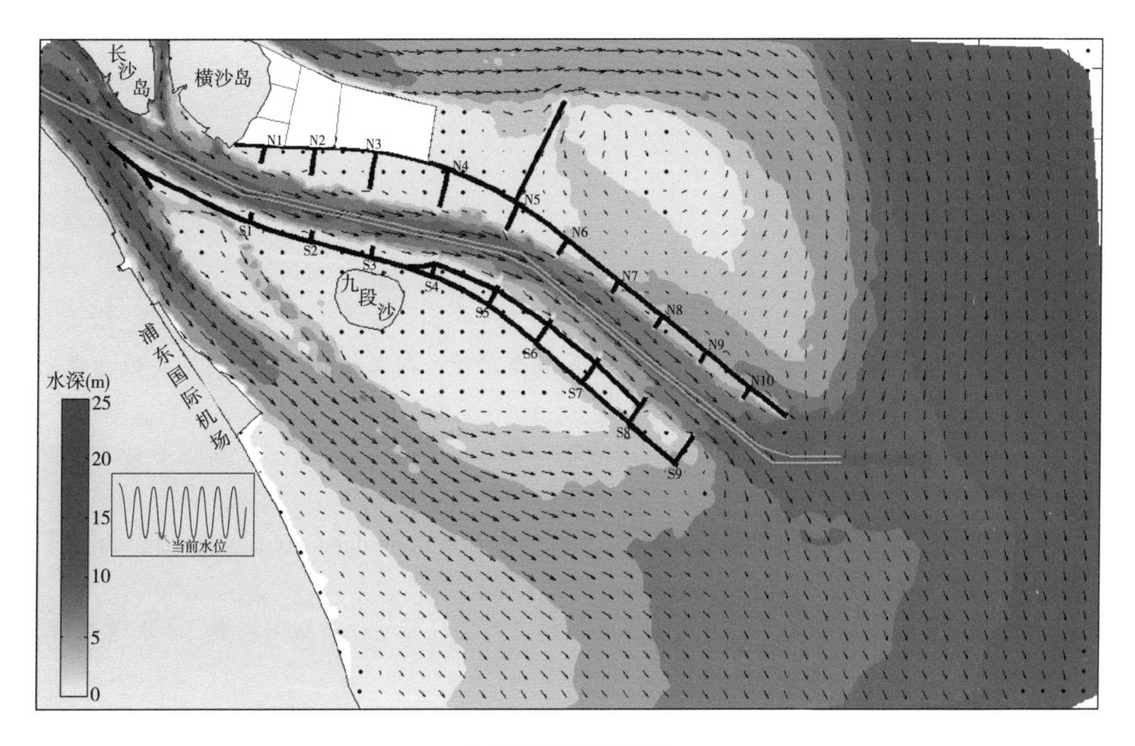

a）落急平均流速矢量分布

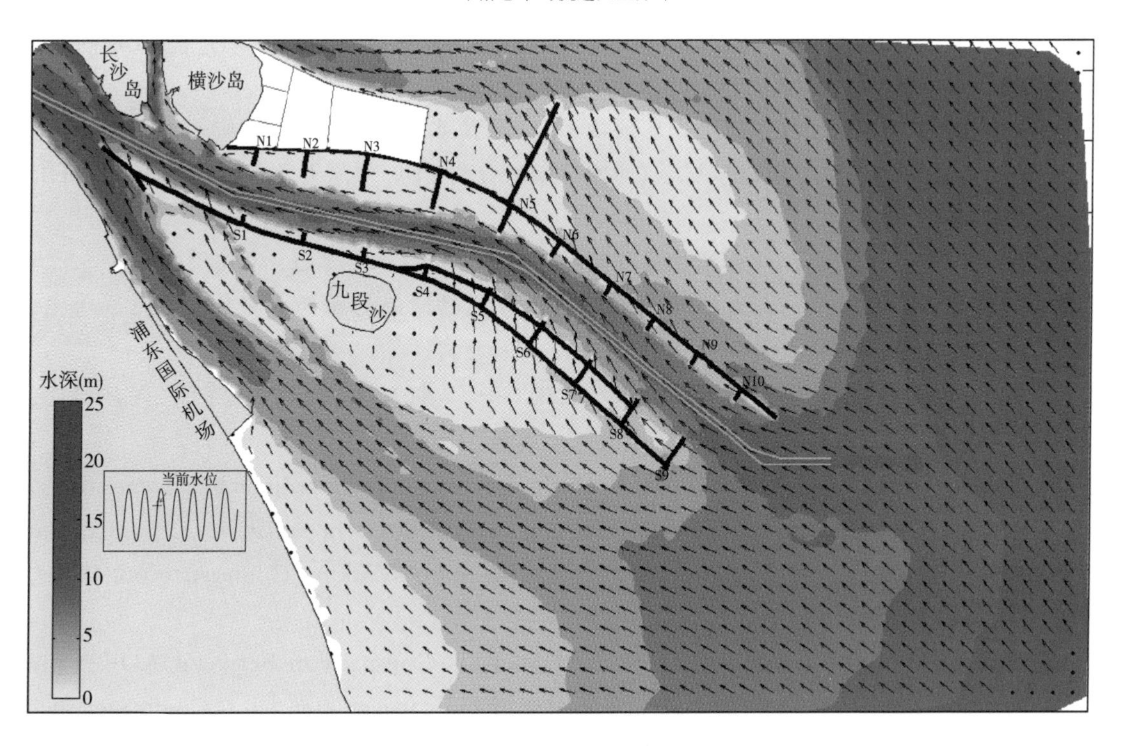

b）涨急平均流速矢量分布

参 考 文 献

[1] 张国安，虞志英，何青，等 . 长江口深水航道治理一期工程前后泥沙运动特性初步分析 [J]. 泥沙研究，2004 (6): 31-38.

[2] 周海，张华，阮伟 . 长江口深水航道治理一期工程实施前后北槽最大浑浊带分布及对北槽淤积的影响 [J]. 泥沙研究，2005 (5): 58-65.

[3] Mikkelsen L, Mortensen P, Sorensen T. Sedimentation in dredged navigation channels [J]. Coastal Engineering Proceedings, 1980, 1 (17).

[4] 曹祖德,侯志强,孔令双 . 粉沙质海岸开敞航道回淤计算的统计概化模型[J]. 水道港口，2002 (4): 253-258.

[5] Men éndez A N, Castellano R. Simulation of sedimentation in an estuary due to an artificial island [C] //4th International Conference HydroInformatics. 2000 : 232-246.

[6] 金镠,虞志英,陈德昌 . 淤泥质海岸浅滩人工挖槽回淤率计算方法的探讨[J]. 泥沙研究，1985 (2): 1.

[7] 顾伟浩 . 长江口北槽航槽回淤强度预估 [J]. 上海水利，1996 (4): 43-44.

[8] 钟修成,任革 . 长江口拦门沙航道(北槽)回淤分析[J]. 河海大学学报(自然科学版)，1988 (6).

[9] 顾伟浩，高煜铭 . 长江口北槽挖槽段回淤率估算 [J]. 水运工程，1988 (4): 3.

[10] 关许为，顾伟浩 . 一九九○年寒潮对长江口北槽回淤影响的分析 [J]. 泥沙研究，1992 (1): 55-60.

[11] 刘杰,徐志杨,赵德招,等 . 长江口深水航道(一,二期工程)回淤变化[J]. 泥沙研究，2009 (2): 22-28.

[12] Jay D, Orton P, Kay D J, et al. Acoustic determination of sediment concentrations, settling velocities, horizontal transports and vertical fluxes in estuaries [C] //Current Measurement, 1999. Proceedings of the IEEE Sixth Working Conference on. IEEE, 1999 : 258-263.

[13] Holdaway G P, Thorne P D, Flatt D, et al. Comparison between ADCP and transmissometer measurements of suspended sediment concentration [J]. Continental shelf research, 1999, 19 (3): 421-441.

[14] Hill D C, Jones S E, Prandle D. Derivation of sediment resuspension rates from acoustic backscatter time-series in tidal waters [J]. Continental Shelf Research, 2003, 23 (1): 19-40.

[15] Gartner J W, Cheng R T, Wang P F, et al. Laboratory and field evaluations of the LISST-100 instrument for suspended particle size determinations [J]. Marine Geology, 2001, 175 (1): 199- 219.

[16] 汪亚平，高抒. 用 ADCP 进行走航式悬沙浓度测量的初步研究 [J]. 海洋与湖沼，1999，30 (6): 758-763.

[17] 高建华，汪亚平，王爱军，等. ADCP 在长江口悬沙输运观测中的应用 [J]. 地理研究，2004，23 (4): 455-462.

[18] 兰志刚，龚德俊，于新生，等. 现场粒径分析仪与 ADCP 同步测量悬浮沉积物浓度的粒径修正方法 [J]. OCEANOLOGIA ET LIMNOLOGIA SINICA, 2004, 1 (35): 385-392.

[19] 原野，赵亮，魏皓，等. 利用 ADCP 和 LISST-100 仪观测悬浮物浓度的研究 [J]. 海洋学报，2008，30 (3): 48-55.

[20] Peter D. Thorne, Daniel M. Hanes. A review of acoustic measurement of small-scale sediment processes [J]. Continental Shelf Research, 2002, 22 (4): 603-632.

[21] Merckelbach L M. A model for high-frequency acoustic Doppler current profiler backscatter from suspended sediment in strong currents [J]. Continental Shelf Research, 2006, 26 (11): 1316-1335.

[22] 张瑞瑾. 河流泥沙动力学 [M]. 2 版. 北京：中国水利水电出版社，1998.

[23] 钱宁，万兆惠. 泥沙运动力学 [M]. 北京：科学出版社，1983.

[24] 曹文洪，舒安平. 潮流和波浪作用下悬移质挟沙能力研究评述 [J]. 泥沙研究，1999，(5): 74-80.

[25] 中华人民共和国行业标准. JTJ 211—87　港口工程技术规范 [S]. 北京：人民交通出版社，1988.

[26] 张庆河，侯凤林，夏波，等. 黄骅港外航道淤积的二维数学模拟 [J]. 中国港湾建设，2006，(5): 6-9.

[27] Jago C F, Mahamod Y. A total load algorithm for sand transport by fast steady currents [J]. Estuarine, Coastal and Shelf Science, 1999, 48 (1): 93-99.

[28] 费祥俊，舒安平. 多沙河流水流输沙能力的研究 [J]. 水利学报，1998，(11): 38-43.

[29] 邢云，宋志尧，孔俊，等. 长江口水流挟沙力公式初步研究 [J]. 水文，2008，28 (1): 64-66.

[30] 韩其为，何明民. 恢复饱和系数初步研究 [J]. 泥沙研究，1997，(3): 32-40.

[31] 余明辉，杨国录. 平面二维非均匀沙数值模拟方法 [J]. 水利学报，2000，(5): 65-69.

[32] 余明辉，胡春燕. 湖泊整治工程二维水沙数值模拟 [J]. 武汉水利电力大学学报，

1998，31（6）：7-10.

[33] 张细兵，董耀华．河道平面二维水沙数学模型的有限元方法[J]．泥沙研究，2002，(6)：60-65.

[34] 曹振轶，朱首贤，胡克林．感潮河段悬沙数学模型——以长江口为例[J]．泥沙研究，2002，(3)：1.

[35] 唐建华，梁斌，李若华．强潮河口悬浮泥沙浓度垂向结构分析——以杭州湾乍浦水域大潮期为例[J]．水利水运工程学报，2009，(2)：39-43.

[36] 时钟，朱文蔚．长江口北槽口外细颗粒悬沙沉降速度[J]．上海交通大学学报，2000，34（1）：18-23.

[37] 窦希萍．长江口深水航道回淤量预测数学模型的开发及应用[J]．水运工程，2007（B12）：159-164.

[38] 金镠，虞志英，何青．关于长江口深水航道维护条件与流域来水来沙关系的初步分析[J]．水运工程，2006（3）：12.

[39] 李孟国．海岸河口泥沙数学模型研究进展[J]．海洋工程，2006，24（1）：139-154.

[40] 金镠，虞志英．淤泥质海岸挖槽回淤预测的沉积动力学途径：以杭州湾试挖槽为例[J]．泥沙研究，1999，(5)：34-43.

[41] 曹祖德，孔令双．往复流作用下泥沙的悬浮与沉降过程[J]．水道港口，2005，26（1）：6-11.

[42] 窦国仁．再论泥沙起动流速[J]．泥沙研究，1999(6)：1-9.

[43] 万兆惠，宋天成，何青．水压力对细颗粒泥沙起动流速影响的试验研究[J]．泥沙研究，1990，(4)：62-69.

[44] 王兴奎，邵学军，李丹勋．河流动力学基础[M]．北京：中国水利水电出版社，2002.

[45] 乐培九，方修洋．非恒定流垂线流速分布规律的初探[J]．水道港口，2002，23（2）：54-59.

[46] 乐培九，朱玉德，崔喜凤．二度非均匀流流速分布初探[J]．水道港口，2006，27（4）：205-210.

[47] 宋志尧．平面潮流数值模拟中底床摩阻系数的修正[J]．水动力学研究与进展(A辑)，2001，16（1）：56-61.

索　引